情绪资源

Emotionen als Ressourcen

[德国] 耀勇（Jan Glasenapp）著

东南大学出版社
SOUTHEAST UNIVERSITY PRESS
·南京·

图书在版编目(CIP)数据

情绪资源 /(德)耀勇著. — 南京:东南大学出版社,2022.5(2024.8 重印)
ISBN 978-7-5641-9849-7

Ⅰ.①情… Ⅱ.①耀… Ⅳ.①情绪-通俗读物 Ⅳ.①B842.6-49

中国版本图书馆 CIP 数据核字(2021)第 245963 号

责任编辑:郭 吉 夏莉莉 责任校对:子雪莲 封面设计:余武莉 责任印制:周荣虎

情绪资源 Qingxu Ziyuan

著　者	耀勇(Jan Glasenapp)
出版发行	东南大学出版社
社　址	南京四牌楼 2 号　邮编:210096　电话:025 - 83793330
网　址	http://www.seupress.com
电子邮件	press@seupress.com
经　销	全国各地新华书店
印　刷	广东虎彩云印刷有限公司
开　本	700 mm×1 000 mm　1/16
印　张	17
字　数	330 千字
版　次	2022 年 5 月第 1 版
印　次	2024 年 8 月第 3 次印刷
书　号	ISBN 978-7-5641-9849-7
定　价	68.00 元

* 本社图书若有印装质量问题,请直接与营销部联系调换。电话(传真):025-83791830。

专家推荐

阅读此书，理解我们的情绪，提升处理情绪的灵活性，让情绪成为我们人生的一种资源。

——钱铭怡　北京大学心理与认知科学学院教授

情绪是生命的基本力量。本书有助于了解它们，并将它们作为资源。

——Ma Haas-Wiesegart　德中心理治疗研究院首任德方主席

情绪皆资源，无论正性的还是负性的。

——方新　北京大学心理咨询与治疗中心主任

识别情绪，理解情绪，接纳情绪，并把它作为一种资源，使我们的生命更为丰富多彩！

——张岚　四川大学华西医院教授

在此之前，您可能从未这么仔细地想过，情绪竟会如此细腻、奇妙和有张力。翻开此书，开启惊艳的情绪之旅。

——王纯　南京医科大学附属脑科医院教授

来访者往往是因为体验到过多的"消极"情绪才来找我们，但祸兮福所倚，福兮祸所伏。《情绪资源》这本书将帮助我们更好地理解情绪的功能，并利用情绪工作。

——李飞　湖南湘飞心理咨询有限公司创始人

序

我们经常用高兴、愉快、焦虑、抑郁、郁闷等来说明我们自己的情绪状态。然而，现实生活中，大多数人并不是总能准确地认识及描述自己的情绪状态的。我曾经让我的研究生收集所有描述情绪的中文词汇。她完成后告诉我有400多条。当时我也很吃惊，没想到中文中有这么多词汇用于描述情绪。这也许可以说明情绪的丰富性，成分的复杂性。用单一的词汇可能难以准确描述，常常需要叠加，用多个词汇从不同角度才能说清楚情绪状态。

我在门诊经常需要询问就诊者的情绪状态如何，然而，我发现用"你的情绪怎么样"，就诊者常常回答没什么，好像是说很平淡，没有什么起伏，没有什么特别，不是很好也不是很差。而用"你的心情怎么样"时，他们常常回答没有遇到什么事，好像是说没有遇到什么刺激。"情绪"好像被理解为描述情绪的状态，而"心情"则是被理解为有没有遭遇什么事情。虽然"情绪"和"心情"几乎是同义词，但是，每个人的理解却不一样。

大多数人不太会经常内省，关注自己的情绪状态及体验，而是更多地关注现实的得失、利益等。我们对孩子和学生的培养非常注重学习，当然这个"学习"主要指的是知识，不太关注包括情绪识别以及情绪把控。但其实，最终决定人是否能够顺利、愉悦地生活，可能更多地取决于自我把控和人际交往。情绪识别与把控就是其中最重要的部分之一。

除了不清楚自己情绪的确切状态外，人们更加不知道情绪是如何产生的。不同时间遇到同样的事情，产生的情绪反应可能完全不一样。情绪的产生大家都以为是对某一种事物或者遭遇的认知所带来的体验，但是，大家可能并不知道情绪的产生还与文化、哲学、环境、生理基础等等都存在关联性。

如果我们知道自己的情绪状态，也知道产生的原因，那么我们能够把握和调节情绪吗？还是由着情绪控制我们，变成情绪化？

各种心理障碍都是以情绪障碍为中心的，情绪常常是最强烈的体验，也是就诊、造成痛苦的主要原因。情绪障碍是精神科处理的最主要的问题。心理治疗师和精神科医生面对大量的情绪障碍患者，一方面要能够确切理解情绪障碍的表现和可能的原因，另一方面也要掌握指导情绪调节的各种方法与策略。当然，心理治疗师和精神科医生也经常面对这种情况，需要充分把握了解自己的情绪，进行适当的调整。

Jan Glasenapp(耀勇)是德国的心理治疗师和督导师，具有丰富的经验和能力，同时也是德中心理治疗研究院的德方成员，中德高级心理治疗培训认知行为治疗项目的德方教师。他在培训中展现出来的丰富的知识、准确的把握、细致的分析给学员留下深刻的印象。

他的这本《情绪资源》回答和解释了上述问题，并分别阐述了情绪的定义与成分、情绪的形成、情绪的潜能、情绪调节、情绪智力与情绪能力、各种心理障碍中情绪的成分、情绪相关的心理治疗，内容丰富，深入浅出，通俗易懂，同时，讲述了多种情绪调节策略与训练方法。

作为中德高级心理治疗培训认知行为治疗项目的同事和朋友，我非常愿意在这里推荐耀勇老师的这本书，相信对于中国的心理治疗师和精神科医生理解情绪、把控情绪以及治疗情绪相关问题会非常有帮助。

祝愿更多的心理治疗师和精神科医生了解情绪相关问题，更好地帮助就诊者。

德中心理治疗研究院中方主席　张宁
2020 年 12 月 31 日于南京随园

前 言

> "根本来说,旅行的佳境,就是当人们有所感觉的时候!"
>
> ——Fernando Pessoa

中国是一个地大物博的国家。能够来到这个国家旅行并因此结识到许多友善和热心的人对我而言是一大幸事,其中一些人后来与我成为很要好的朋友,对此因缘际遇我不胜感激。

在广义的世界范围内,人们都在无差别地承受痛苦。许多原因是生活境况造成的,比如贫困、气候变化、暴力和犯罪,但也可能是源于社会性的、政治经济性的以及家庭性的变故和传统定式的瓦解。现代社会要求建立一个人们能够在其中和谐共处的生活和发展的世界。与此相对,个体性的心理痛苦深深根植于我们的感知、自我评价和情绪变化过程。心理学和其他人文科学的任务便是更好地理解这一痛苦并指明一些能够走出痛苦的道路。

人类的痛苦作为一项普遍性和全球性的挑战也只可能在全球性和多学科原则的合作框架下被解决。因此,我很高兴能够借此机会突破国家和文化的界限进行科学知识的交流。能够受邀到中国进行心理治疗的教学工作让我倍感荣幸,特别是这本书的出版。

情绪可能是人们生活中非常不可思议的一环,它让我们的生活充满乐趣并给我们提供了生活的动力。但另一方面,所有生活中的痛苦也在其中被展示得淋漓尽致。感知和接受情绪以及它的资源并掌握好过多和过少情绪性之间的平衡对我们作为个体单位的每个人来说都是一项不言而喻的挑战。为了找到一条合适的中间道路，我们需要有效地协调心性和理智，这条中间道路将引导我们深入探究智慧并伴随我们生活的始终。

在这本书中，您将看到频繁出现的旅行比喻。因此，您可以将这本书当作心理治疗中为情绪之旅配置的旅行手册来翻阅。我希望它能成为您在治疗病患工作中的得力助手。

我到中国旅行不仅仅是以教学为目的，我自己也在旅行的过程中学习。在中国，我领略到了它充满魅力和振奋人心的现代化，同时我也深深折服于它博大精深的传统智慧。

在过去几十年里，正念疗法发展成为心理治疗的一个核心组成部分。没有正念作为支持的话，我们可能忽略掉许多情绪过程以及它们的成因——这同时包括我们自身的和其他人的情绪。直到去了中国，我才切实体验到超越心理治疗手段意义之外的真正的正念的深度。

在此，请允许我对 Ma Haas-Wiesegart(马·哈斯-维泽加特)表示诚挚的感谢，通过她的邀请我才得以成为中德班的老师。在中德班里，我遇见了许多优秀的老师：钱铭怡，张宁，方新，张岚，程文红，李箕君，郑宁，李艳苓，王纯，乔慧芬，李飞，范方，马宏伟，借此机会，我要对他们表示诚心的谢意。

通过中德班和其他继续教育机构我结识了许多学生、助手和翻译人员，他们的工作热情和助人为乐的态度强烈震撼了我。

此外，我还要对大和尚明海、他作为住持的柏林禅寺，以及与我一同在那里进行禅修的同修们表示特别的谢意，特别感谢他们提出的那些富有智慧的见解。

感谢薛文佳在图书出版过程中提供的帮助，在此对她、负责全书编辑的夏莉莉以及她所在的让该书最终得以出版的东南大学出版社表示由衷的感谢。

在此，我衷心祝愿您在工作和生活中都能一直享受着美妙的情绪之旅，或者借用葡萄牙诗人 Pessoa 的一句话——旅行的佳境，就是当人们有所感觉的时候！

/ Contents /

目录

第一部分 基础

1 情绪
- 1.1 什么是情绪 ... 2
- 1.2 对模糊性的描述：情绪的不同层面 ... 4
- 1.3 教学法的图像比喻：情绪，一块蛋糕 ... 6
- 1.4 目标：将情绪及其潜能视为资源 ... 19

2 适应性处理情绪方式
- 2.1 调节型——智力型——能力型？ ... 23
- 2.2 情绪和认知如何相互沟通？ ... 25
- 2.3 情绪调节 ... 27
- 2.4 情绪智力 ... 32
- 2.5 情绪能力 ... 36
- 2.6 目标：扩展有关调节型、智力型、能力型处理情绪方式的知识 ... 39

3 不适应性处理情绪
- 3.1 不适应性处理情绪的后果 ... 42
- 3.2 看待心理障碍的新视角？ ... 43
- 3.3 不适应性处理情绪方式的临床综合征 ... 47
- 3.4 不适应性处理情绪方式的原因 ... 50
- 3.5 目标：处理情绪方式的合理性 ... 52

4 处理情绪方式的改变
- 4.1 临床心理治疗中的情绪 ... 56
- 4.2 一个教学法的图像比喻：行为疗法的导航图 ... 59
- 4.3 在心理治疗和咨询中的情绪工作 ... 63
- 4.4 一些情绪工作的方法理论 ... 65
- 4.5 目标：另一个过程 ... 73

第二部分 实 践

5 实践中的情绪作为资源

6 准备：有关空间和时间的问题
   6.1 什么时候开展情绪工作？关于适应证   80
   6.2 情绪有个什么样的房间？如何将其纳入治疗方案   85
   6.3 什么时候最好不要进行情绪工作？有关禁忌证   91

7 情绪作为资源的实际应用
   7.1 概述   96
   7.2 流程和框架   98

8 模块1：让情绪发声并识别情绪
   8.1 步骤1：整理词汇表   100
   8.2 步骤2：整理形式的关联   103
   8.3 步骤3：加深和巩固练习   105

9 模块2：理解情绪的意义
   9.1 背景   116
   9.2 治疗程序   119
   9.3 高兴   123
   9.4 悲伤   125
   9.5 害怕   128
   9.6 愤怒   130
   9.7 厌恶   133
   9.8 吃惊   134

/ Contents /

10 模块 3: 理解自己的情绪体验
    10.1 背景   142
    10.2 模块流程   144

11 模块 4: 理解与生平经历的关联
    11.1 背景   158
    11.2 模块流程   160
    11.3 想象力训练   168
    11.4 叙事治疗   171
    11.5 自我状态的工作   172

12 模块 5: 改变情绪风格和激活新的潜能
    12.1 背景   183
    12.2 模块流程   188
    12.3 改变情绪风格的前提   189
    12.4 支持情绪体验和减少过度调节   194
    12.5 减少高强度的情绪体验和学会合理的情绪调节策略   202

13 模块 6: 日常生活中的情绪作为资源

14 在不同工作领域的情绪作为资源
    14.1 心理治疗   233
    14.2 咨询和指导   235
    14.3 督导和自我体验   239

Literatur.   244

第一部分
基　础

> 我过去常常认为我的头脑是最不可思议的器官，然后我意识到了是哪个器官这么告诉我的。
>
> ——Steve C. Hayes

1 情　绪

1.1 什么是情绪

每个人都知道情绪是什么，
直到我们被要求去给它下一个定义。
——Fehr & Russell，1984，464 页

概念的定义

　　简单的问题往往是最棘手的，特别是当这些问题由患者或者那些涉及情绪工作的人提出来的时候。因为情绪是一个模糊的研究对象，相当于英语中的 fuzzy objects（模糊对象）(Faßnacht, 1995，他这样来称呼情绪为人的行为，并且以此委婉地表达了他在研究中遇到的困难)。随着人们研究的细致深入，我们领会到情绪的模糊性只增不减：每个人都认识情绪，每个人都体验过它——即使在强度上或多或少有所不同。情绪是最真切的人性的表象，而且发生在每一个当下。每天，从起床到晚间的电视新闻报道到我们入眠，它都一直陪伴着我们。当今世界，情绪已经是一个众人皆知的概念，尽管就自身而言它并不能被在语言上精确定义。开篇的引言已然揭示了这一点：每个人都知道情绪是什么，直到我们被要求去给它下一个定义。

　　在第 1 章中我们将进一步界定情绪的模糊性。既然选择的切入点是情绪这个概念本身以及此概念与其他同类概念之间的区别，作为开篇，我们就首先进行第一项关于"情绪"概念的定义工作。

　　情绪　广义而言，作为上位概念的"情绪"既包含了参与其中的

全部变化过程,又包含了各个变化在这个整体过程中的内在相互协作;其中既包括身体性的变化过程,如通过面部表情和姿态的表达,也包括生理唤醒和荷尔蒙变化;此外,还包括通过感觉产生的认知活动和对唤醒情绪的客观对象的评价;它既是伴随情绪的主观性心境的再现,同时又是在动机系统驱使下的变化过程,因而也包括情绪相关的行为;最后,它也表示在人类发展中的学习情绪的过程,以及文化对每个独立个体在情绪感受过程中产生的影响。在狭义的视角下,这一概念首先被应用于情绪作为客观化了的观察对象层面,即应用于它的"公开性"上,特别是那些与情绪相关的身体性的变化过程。

基本情绪(又称普遍情绪或者基础情绪) 似乎情绪质量的某一等级是可以超越文化界限,它具体体现为那些普遍相类似的表达方式和经验方式。一些学者认为,这些特征是先天的、由基因编译好的情绪程序。从发展心理学的观点来看,基本情绪的发展始于那些在新生儿身上已经可以被观察到的预兆性情绪(precursor emotions)。引人思考的是,试图将基本情绪系统化的各种方法理论最终却对其定义依旧莫衷一是,我们至多可从它们之中提炼出一些被反复提到的相似点:高兴,悲伤,恐惧,厌恶,惊奇。这些也奠定了我们这本书的基础。

初级和次级(复合)情绪 初级情绪更多地指那些先天性的范式模型和很早就能从儿童身上被观察到的情绪。因此,它们几近等同于基本情绪。相反,次级情绪很大程度上受制于社会关系中的互动和学习过程以及文化价值观,而且它们在儿童成长阶段后期的某个时间点才显现出来(如羞耻、骄傲)。Greenberg(2006)将次级情绪理解为一种更为特殊的机制,即某些次级情绪可以覆盖其他一些初级情绪,这当然会导致某些心理问题。例如,一场死气沉沉的哀悼会可以压抑某人原本愤怒的感情基调,前提是他认识到在这样一种氛围中表达愤怒是不被接受的。

对把情绪评价为"积极的"或者"消极的"做法的反驳

将情绪评价为"积极的"或者"消极的"出现在许多人——甚或(很遗憾地)出现于很多学者的日常生活用语之中。这种评价立足于人们的体验。如果某些情绪与一个积极的、愉悦的经历联系在一起,对它的评价也因此变得积极;而其他一些被感受为痛苦的或者不舒服的情绪则有了消极的效价。这本书的核心观点是,情绪的唤醒机制虽然可以是积极抑或是消极的,进而在这个角度也可以被评价为积极或者消极的,然而,对情绪本身做出积极或者消极的评价与情绪作为资源的工作乃至对它潜能的利用都是背道而驰的。因此,本书将摒弃这种表达方式。

情绪资源 // Emotionen als Ressourcen

适应性情绪与不适应性情绪　Greenberg(2006)引入了适应性情绪和不适应性情绪的概念来规避积极/消极的这种评价性的表达方式。适应性情绪指的是一种健康的、直接而明确的感觉,它可以作为我们行为的准绳。适应性情绪是有益的而且可以被转化为明智的行为(当然,对明智行为的界定并没有固定的统一标准)。不适应性即非健康的情绪,常与危机性的学习经验甚至是创伤经历联系在一起,并且根据其强度会引发抑郁乃至人际关系冲突。由于人们面对不适应性情绪时会茫然而不知所措,且自觉难以应对,因此人们通常试图逃避它们。

元情绪　元情绪既表示我们对情绪所做的认知性理解,也再现了我们的情绪面对它自己时的状态。我们对自己和他人的情绪作何想法与感受?元情绪决定了我们处理情绪的方式。既然元情绪可以覆盖对初始情绪的体验,它在这个意义上更贴近于次级情绪。

感觉　与情绪一词不同,感觉更多的是一种日常的表达方式。它被应用于普遍性层面,而这一层面涉及的是那些并非按照情绪一词本义去理解的"情绪"所产生的现象(例如"我感觉浑身没劲!")。在科学研究中,感觉——与"公共性"情绪相反——指的是那些"私人"的,主观的,以及不能客观上被准确概括的情绪中的一部分。我们怎样感觉一个感觉,一种情绪?

情感　在德语语区,情感一词表示的是情绪中着重强调短时性、高强度性以及有意弱化行为控制力等特征的一组下属分支概念。因此,它经常被用于法律判决中,例如在判定某人是否具备刑事责任能力时。在临床治疗领域,这一概念得到了更为广泛的应用,例如作为情感障碍的上位概念。在英语语区,此概念(affect)作为上位概念囊括了一系列情绪变化过程(Gross & Thompson, 2007)。

心境　一方面,情绪更多地表示在某个特定时间段内的变化过程,它可以从几秒、几分,到几小时来计数;另一方面,心境指的则是从几天到几个月的情绪状态。在这一状态中,作为情绪唤醒机制的客体对象相对来说是无足轻重的,因为它的情绪变化过程在某种意义上已经是一个独立自主的整体。一些学者也因此称其为背景情绪(例如 Damasio, 2000)。

这本书将着重讨论情绪(emotion)这个概念。此概念的拼写中包含了"动"(motion)一词,因此,在引入这个概念的时候,它最关键的意义之一已然不言自明。情绪推动我们——去做抑或者不去做!

1.2　对模糊性的描述:情绪的不同层面

我们在试图定义情绪的时候不得不一再面对它的模糊性。总结归纳各种不同的情绪理念已被证明是件极为困难的尝试。根据 Ben-Ze'ev(2009)的说法,卷帙浩繁的有关情绪的观点和理论有如一片原始森林,人们很容易在那里迷失方向。

形形色色的与情绪相关的定义和理论随着时间的推移产生。它们或是经过反复推敲而以极其繁冗的方式表述出来,或是完全借助于通俗易懂的日常语言。1981年,Kleinginna已经命名了92种不同的情绪定义和概念——而在过去30年里,这个数目有增无减。

随着情绪的定义工作的推进,Holodynski(2006)提出了这样一个观点,他认为导致目前只能如百衲衣一般东拼西凑的情绪定义方式以及总结出统一性的情绪概念之难的根源在于缺失一个具备整合能力的范式:无论神经科学,还是人类学、心理学、哲学、文化研究,或者历史学,都是从斑斓多姿的情绪世界中汲取各色各异的方法论营养,但迄今为止,我们却没能将这些精妙的方法论整合起来。

尽管如此,我们还是可以相对准确地界定情绪的模糊性。下列几个方面尽可能地反映了不同学科间的可协调一致性,虽然这种一致性在它们各自内部的体现程度有所不同(Holodynski,2006)。

身体层面 情绪——不同于日常话语系统的理解——有一个可依据身体性反应证实其存在的现象层面。我们"觉察"到情绪。即使身体性活动是某种情绪的必要条件,但它是否同时也是促成情绪体验的充分条件,是不能下一个绝对的定论。

质量层面 毫无疑问,人的情绪可以分化为不同种质量,而且这种分化随着年龄的增长有所改变。但是,它能够具体分化为哪些情绪质量是不能一概而论的,因为与之相关的描述和理论体系同样是森罗万象(另见Wolf及其他学者的表格概览,2012,18页)。

形式层面 有关该层面理论的出发点是,每种情绪质量都有一种特有表达形式,这种形式在表现为可以具象成身体变化的"公开"的、可观察的和可测量的一面(表情,手势,外周神经生理变化和中枢神经生理变化)的同时也有"私人性"的一面,也就是说显现于主体的内观之中。这样被推测的形式的特有性是否当真毫无争议可言是值得商榷的,也就是说,在哪种程度上,相似的表情和手势确实有可能被作为不同情绪质量的表达来看待(反之亦然)。

功能层面 情绪有一项特有的功能,不同理论根据其方法论的差异在强调这项功能时也有不同程度的差异。原则上我们可以说,情绪通过它的信号功能和它根据主体的目标和价值观对行为产生的驱动力作为中介联结了一个人的内心体验和外部生活环境。重要的是,它还因此保障了人的基本生存。由于情绪在绝大多数情况下都参与到心理障碍的形成过程中,随之而来需要考虑的问题是,它的信号功能如何在特定状况中退化为功能性的失调。

调节层面 情绪与人的其他心理活动过程处于紧密的相互作用之中,例如与意识、注意力、记忆、评价、行为计划以及各种生理活动过程。这种相互作用是一个动态过程,进而形成了回向性和反馈性的联结。与其他复杂的心理活动一样,我们对于此过程的方向性问题,即先有鸡还是先有蛋,也不能做出定论。也就是说我们很难明确指出，情绪在心理活动过程中到底更多的是其原因还是结果。

文化层面 暂时搁置情绪在质量、形式和功能的意义上具有多大程度的普遍性这一基本问题，许多研究表明，文化因素本身，特别是个体在社会化过程中获得的来自同伴的评价，对情绪的影响不容小觑。因此，个体的情绪体验不仅仅是由先天基因决定，而且也与个人的学习经历和该学习过程所处的文化背景息息相关。在情绪的文化层面问题中探讨的是，借由文化层面的沟通渠道在多少程度上是普遍有效的，并且这些普遍有效的沟通渠道又是如何终止在人的个体性上。

上述基础的情绪层面在这本书中占据了举足轻重的位置，而且它们也一再被应用于临床实践中。情绪质量可以在帮助结构化繁杂的情绪体验的同时找出命名相应体验的恰当语汇。情绪的形式对于认知情绪体验——不仅对于自己的体验来说——具有决定性意义。因此，我们会特别强调情绪的功能及其意义，因为它更便于我们开展情绪作为资源的工作。理解情绪与人的思考和行动的相互作用和找出合理的论证适应性处理情绪方式的理论支持对于我们进行理性且有效的情绪调节来说是必不可少的。最后，文化层面拓展了个体检视自己学习经历中的情绪体验的观察视野，并由此也拓展了对情绪体验产生决定性影响的环境背景因素。

1.3 教学法的图像比喻：情绪，一块蛋糕

为了便于在教学之中更浅显易懂地解释情绪的多样性和它的产生及其意义，我们这里选择蛋糕作为情绪的图像比喻。

这其中，神经科学又以最细节化的方式再现了蛋糕的所有原材料和它们之间的相互作用——类似于蛋糕中的化学反应：身体性的，外周神经性的和中枢神经性的生理活动过程。得益于不断更新的现代治疗方式，这些活动过程可以被越来越准确地描述出来。

心理学试图解释蛋糕的配料何时，以何种方式，按何种时间顺序，以及在何种条件下能够被混合在一起——这是烘焙的手工艺过程。其中不仅涉及原材料之间的相互关系，而且更多关乎它们与周围环境的关系。而工艺本身——就像在真正的蛋糕烘焙过程中一样——对原材料之间的相互作用产生了莫大的影响：蛋糕只有严格遵照搅拌，和面，静置，塑形和烘烤的流程才能被制作出来。根据制作方式的不同，我们可以利用相似的原材料做出种类截然不同的蛋糕。

最后，哲学解释了这块蛋糕的意义是什么，以及它究竟为何存在。

最终留给人的任务是，吃掉自己的这块情绪的蛋糕，并且品尝它的味道。所有对它的产生机制的描述都仅仅是该体验过程的陪同，而不能代替体验本身。

1.3.1 情绪蛋糕的原材料:作为基础的神经科学

身体作为情绪的舞台

情绪变化过程与身体相关的观点是一切神经科学方法论的立足点。像所有其他心理活动过程一样,一个人的情绪体验也与他的身体紧密相连:

- 与所有对他人可见的身体变化相关(例如由供血量变化引起的面泛红晕或者面色苍白)。
- 与荷尔蒙活动(例如肾上腺素和催产素的分泌)和可测量的生理变化(例如心跳减弱或者加强)相关。
- 与神经活动(例如神经传递素的分泌)和通过现代治疗工具同样可以测试到的脑部中枢神经系统的激活相关。

也就是说,情绪产生于相应的各种身体变化的相互作用以及它们的结果之中,就像 Damasio(2000,345 页)一语中的地指出:"身体是情绪最重要的舞台。"他将情绪定义为一个复杂的、由对某个引发机制做出的化学性和神经性反应共同组成的集合态,而且该机制通过其组织协调功能有利于保持躯体的生命状态。这些生物学意义上被决定的先天性的活动过程组成了一个由刺激机制到情绪级别(更恰当地说是情绪质量)的等级量表。学习经历和文化因素影响着情绪,而且由它们各自不同的表达方式和意义产生了一个处在个体性和文化性两端之间的浮动区间。例如,由于条件反射机制,所有人们生活中的客观对象——从汽车到牙刷——原则上都被渗透了某种情绪性投射。绝大部分的情绪活动过程都是自发性的,也就是说,并非是通过意识活动引起并且维持的。因此,关于情绪的影响效力具有意愿性色彩的假设几乎很难自圆其说。

有关情绪诞生于何处以及如何诞生的观点在过去几十年里历经了戏剧性的变革。最初人们将它定位于脑部结构之中,并且很长时间以来都认为已经在脑边缘结构中找到了它。在当时,人们尚且推崇情绪是一种封闭而内在的精神能力这一观点,并且认为在大脑中已经发展出了这样一个独立存在的能力系统。直到今日,随着研究方法的改善,特别是针对不同脑区功能受损患者专项研究的增加,确定情绪发生位置的研究工作得以全面展开并拓展到记忆、学习乃至行为的领域,从而帮助我们更好地理解了情绪如何参与到复杂的情绪神经元回路系统中。

尽管如此,我们还是可以进一步明确有哪些具体参与到回路过程的脑部区域以及它们对这些情绪活动做出了何种贡献,而且在这项研究中,我们几乎每时每刻都能收获到令人振奋的新知识。上述所列便是情绪这块蛋糕为之存在的不可或缺的原材料。

来自神经元回路系统的配料

"情绪处理器"(Braus,2011,31页)位于大脑皮层间的交接处,特别是处于前部扣带回、腹侧前额皮层和种系发生过程中较旧的皮层下的脑部区域(间脑和脑干的下端延伸部分)。这是"我们头脑的腹腔"(同上),具体来说它包括了杏仁核、海马、前部扣带回、丘脑、脑岛、下丘脑的一部分、伏隔核和丘脑前核。下文中将会进一步介绍其中一些配料。

杏仁核 该区域广泛地参与到快速识别、评价和存储情绪相关的刺激,引发吃惊的积极事物,但也包括特殊的危险事物。鉴于它与掌管记忆内容的海马体的紧密联系,它呈现了"情绪记忆"。杏仁核位于理解能力的中心位置,该理解能力涉及害怕和恐惧以及相关的学习过程。按照"先行动,再思考"的口号,突发性恐惧反应的流程——按照 LeDoux(2001)所能证明的观点——分为两种截然不同的方式。如果杏仁核根据与已知形态的相似性将刺激机制识别为威胁模型(例如一条蛇的视觉模型,抑或是他人具有攻击性或者拒斥性的面部表情),那么它直接激活了人的应激系统进行快速反应(<300毫秒)。相反,平行发生的信息加工则处在一个相对缓慢的过程中。如果皮层的加工过程做出了威胁不存在的判定,那么它将会抑制杏仁核的活动。杏仁核自身并非一个独立的单位(另见 Braus,2011,33页),通过侧杏仁核到达杏仁核的信号有两条出路:

➢ 通过中央杏仁核完成"被动的恐惧反应"(静止不动,"假死")的激活,但是也会有一种不确定的恐慌和防御反应。

➢ 通过基底杏仁核形成主动性反应(危险规避,"生活还要继续")。

心理治疗的目标在于将两条加工途径更好地平衡起来,并且通过大脑皮层区域和杏仁核的"重新接线"来抑制杏仁核的反应。由于已经被杏仁核习得的恐惧模型不会凭空消失,消除恐惧这一理念在针对条件反射性的恐惧时是不奏效的。因此更奏效的做法是通过前额叶皮层区域的抑制性神经元来影响杏仁核的活动(就像舒服的音乐可以抑制行为一样)。同样,杏仁核(连同前段脑岛和腹侧前部扣带回)被强化的激活性能也同样见于抑郁症。通过接下来发生的消极经验被高强度地感知以及加工,这种"消极情绪地图"的根本性激活性能也会随之不断强化自身。

海马体 这一毗邻杏仁核的区域在与其他脑部区域共同协作下实现了记忆功能。它影响了工作存储器,新的记忆内容的储存,以及动作规划和空间定位。前部海马体更多地对新的刺激做出反应,而后部海马体则偏重于处理加工熟识的刺激以及它们与行为活动的关联。

前部扣带回 这一区域保障了情绪、认知和行为本质上的整体性,同时履行了对前额叶皮层的"督导"职能。

脑岛 在情绪和有意识的感受过程的影响下，脑岛区域整合了脑部感觉中枢的信息，例如对疼痛、热和气味的感知，并且对"我感觉如何"（没有言说出来的）这一问题做了回答。特别是它还参与到了直观和移情的心理活动过程之中，因而它也为关于"我面前的人感觉如何"这一问题提供了某种说法。

伏隔膜 生物学意义上的奖励系统的一大部分位于该区域。当人们渴望收益，处于性兴奋状态，或者在享用一板巧克力，抑或在收听安逸的音乐和看到友善的面孔的时候（而不友善的面孔则会激活杏仁核），它就会被激活。

小脑 它不仅协调着动力机能，它看起来还像某种适应性的过滤器参与到所有情绪性和认知性活动变化的调制过程，比如生成，特别是在适当时机生成情绪性的表情和手势的时候。

感觉一个感觉

神经元围绕情绪进行的活动——如上文所述——很大程度上是在对相应的情绪唤醒机制和其流程的无意识状态下进行的。无数关于脑损伤患者以及在受损区域的手术后这些人的临床表现的研究能够证明，人们有能力根据先前获得的情绪体验做出反应，而并非一定要回忆起相应的唤醒机制或者专注地感知到它们（例如 Damasio，2000；LeDoux，2001）。

因此，现代神经科学的核心问题之一就是被体验、被感受到的感觉是如何从神经元的情绪活动过程中产生的。

我们如何感觉一种感觉？

针对上述问题，Damasio（2000）区分了情绪、与某种情绪相关的身体性变化、感觉、对这种情绪的感觉，以及对我们有这种情绪的感觉的认识。在他看来，对一种情绪的感觉处于自发性的、无意识的身体性过程和生成更高层次的思考的意识过程二者之间的交接处。

他描述了情绪意识的生成过程：特定的情绪唤醒机制会引起某些机体的变化，例如客体对象会被进行视觉上的处理和表征。"至于客体对象是否能被意识到或者被再次识别出来是无关紧要的，因为对客体对象的意识以及对客体对象的再次识别都不是整个循环继续下去的必要条件。"（同上，自339页起）

来自加工客体对象的信号导致了特定神经元区域的激活，而这些神经元区域已具备对特定唤醒刺激的类别进行反应的机制，客体对象便隶属于相应的类别(情绪唤醒区域)。

情绪唤醒机制的区域引发了若干身体性的和其他脑区内的反应。这些反应释放了一系列构建情绪的身体性和脑部反应。

这是情绪的"身体反馈回路",它又再次在丘脑和前部扣带回的神经元系统中被呈现出来。它们以这种方式向人们传达了在自己的身体中发生了什么(原型自我/Proto Self)。但是Damasio(同上)也描述了另外一种可能的运行机制,即"类身体反馈回路"。在这一回路中,身体相关变化在感觉中枢网络中被表征出来。即使两种运行机制在情绪的产生过程中都是可能发生的,但对于感受情绪来说,真正的"身体反馈回路"要比"类身体反馈回路"重要得多。

感觉的发生过程还在继续:在皮层下和皮层区域的底层神经元网络结构中产生了身体状态的变化,且无所谓这些变化是通过"身体反馈回路""类身体反馈回路"产生,还是在二者结合后的共同作用下引发的,由此产生了有意识的感觉。神经元活动的这一模型在神经元结构的次级秩序中再次被表征出来,而有意识的感觉便由此随着对它们进行反思的可行性的成立得以被认识。

总结

神经科学的知识给我们认识情绪的角度带来了根本性的变革。情绪不再仅仅局限于大脑中位置明确的边缘区域,而是变成了理解诸如意识、记忆、学习和行为等核心变化过程的关键。Damasio将研究的途径由情绪拓展到了意识:"意识像感觉一种感觉那样感觉自己,而如果它感觉自己像感觉一种感觉,那么它也许也就是一种感觉"(374页,节录自原文)。只有这种有意识的感觉才能计划出特定的适应性反应。因此,对于作者来说并不存在理智和情绪的对立:情绪是思维和决定活动作为整体的一个组成部分。过少的情绪与过激的情绪都会有损于理智。处于适当的情境和程度中的情绪恰恰是一个辅助体系,它并不会撼动"理智"这幢大厦。因此,它也并非昂贵的奢侈品。(同上,57页)

LeDoux(2001)同样也标榜理智和情绪的协调统一。但他并不主张大脑皮层在认知性的情绪系统过程中处于绝对的支配地位,而是更多地强调了"大脑皮层和杏仁核的协作性"(326页),也就是"理性与激情更和谐的共融。"(同上)

在感叹现代神经科学知识理论的魅力的同时我们却要保持警醒:究竟该学科能否通过依次描述各个变化过程便可全盘把握整体——即某个情绪体验作为一个过程的整体性,毕竟整体大于各个部分的总和。或者我们借音乐作比:作为解释音乐欣赏体验必要条件的关于乐器、音色和乐谱的知识是否同时也是解释该体验的充分条件。LeDoux 自己对此有着如下论述:"大脑状态和身体反应是情绪的蛋糕胚材料,而有意识的感觉则是装饰材料,它为情绪蛋糕浇上了糖霜淋面。"(同上,325 页)

1.3.2　烘焙:情绪的心理学

为了巩固我们开篇介绍的教学法的图像比喻,现在我们将根据所需的原材料详述烘焙的过程:时间、方式、参与者,之后还会牵涉烘焙"技艺"的发展。这是心理学的一个重点:尽可能详尽地描述情绪变化过程的综合性。鉴于这种综合性,心理学将情绪视为多种不同心理活动系统之间相互交融的产物,更确切地说,将情绪的变化过程视为这些系统间关系的建立过程。这其中不仅仅涉及人与自己内心之间关系的建立,而且很大程度上也关乎人际关系之间的变化。

我们什么时候烘焙? 关于情绪反应的登场

虽然有关情绪的理论不胜枚举,但是它们之间仍存在着一致观点:情绪虽然属于日常现象,但是它并不是随意登场的。

如果我们可以把生活看作是一个相对复杂的刺激——反应的链条,那么这一序列的串联成型并不是意外作用的结果,而是为了达成一些目标。这些目标首先是为了短期内满足身体的基本需求,其次是为了满足和保障其他形式的基本需求。其中,核心需求是渴望(另见 Epstein,1993):

➤ 亲密关系(我们希望与提供给我们保护和安全感的监护人亲近;根据个人学习经验将由此产生一种稳定的亲密关系模式。)
➤ 方向和控制(我们渴望一个尽可能大的行动空间;根据学习经验将由此产生一种稳定的自主性和控制点的模式。)
➤ 享乐原则 / 回避痛苦(我们渴望那些令人愉快的、充满欢乐的事情并且回避那些不舒服的、令人痛苦的事物。)
➤ 自我价值提升和自我价值保护(我们渴望那些让我们体会到自己能干、有价值和受欢迎的场景,同时,我们会回避与此相反的场景。)

这些基本需求又和一个人占主导地位的动机和价值观密切相关。

情绪的出场基于两个条件:

(1) 如果发生了标志性的,或多或少能够被专注地感知到的内在或者外在刺激的改变。

(2) 如果这种改变对个人来说有深刻的意义,即关系到上文所提的基本需求、动机和价值观。

同时,基本需求还有两个核心功能:A)通过对场景进行评估,情绪给我们和他人释放了一个相应的信号,从而传达出"某些重要的事情发生了"这样一个信息;B)情绪唤醒了出于某些需求或者动机而要改变现状的准行为状态(见图1-1)。

图1-1　情绪的引发条件和功能

情绪以上述方式激活并强化了动机性的行为图示(scheme),它既可以指向亲近行为(满足需求为目的),又可以指向回避行为(保障需求不受侵害为目的)。例如,我们着手改变了与我们基本需求息息相关的周遭环境,引发这一改变行为的动机既可以是因体验到譬如高兴情绪而发起的亲近行为,也可以是因体验到譬如害怕情绪而发起的回避行为。

情绪即刻充实着当前已生成状况(实有)和短期乃至长期目标(应有)之间的留白。

情绪依据对个体而言的重要性所做出的主观评价视角,而后在此基础上进行了实有和应有状况之间的对比。与此相反,基于逻辑思考完成的二者间的对比则更符合保持合理距离的客观视角。

最后我们有两点要讨论,这种应有和实有的对比以及由此得出的评价a)在多大程度上是自发的(基于先天条件)和在多大程度上是上一个有意识的、被深思熟虑过的(高认知性的)过程,以及b)这个心理过程在多大程度上是一个纯粹的身体性的和在多大程度上是一个纯粹的精神性的过程。

Gross和Thompson(2007)总结了情绪的几个基本特征:

➢当人们置身于一个他们认为的目标相关的场景时,情绪就会登场。
➢情绪是一个涉及身体各个部分的表象的集群:主观感受、行为、中心和外周神经性的生理变化过程。是它让我们这么做的!
➢情绪一方面有着优先性的地位,它拥有打断和转移我们当前正在进行的事情的注意力的能力。另一方面它也不能避免与其他心理活动过程的同步竞争关系,同时它也服从于社会性条件。因而它也并非不可调整。

我们如何烘焙?关于心理系统之间的相互作用

情绪产生过程中的这个"如何"问题是一面情绪研究历史的镜子。身体性变化与评价过程在情绪产生过程中被整合为一体,而评价过程本身又再次受到了文化层面和学习经历的影响。对此有建设性的做法是将不同的基本观点以最可行的方式融会贯通起来,下文我们将结合Holodynski(2006)撰写的简明易懂的入门读本来介绍。

"情绪是被感知到的身体对特定动因作出的反应!" 这个也许是有关情绪的最古老的理论,将情绪描写成一个结构化的且明确是身体性的对特定情绪动因的反应,例如一条映入眼帘的蛇。因而,情绪是从天生的评价过程中诞生,评价本身不是必须要被意识到(例如"蛇是危险的!"),而且对自己特定身体变化过程的(例如心跳加速、出汗)感知也不是必须要被意识到,虽然它可以被观察甚至测量出来。情绪因此变成了一个与之相符的行为(例如在蛇面前逃走)。

对情绪的主观感觉是内在感知身体变化的结果,例如感知到自己面部表情(面部反馈假设),也就是说,我感受到了害怕,因为我已经预设了我的身体会按照典型的害怕情绪的指征做出怎样反应。

特别是 Ekman(2010)已经能够证明,即使能被观察到的情绪表达——即情绪的形式——可以完全超越个体和文化的界限进而可以被归属于某种情绪质量之下,但这在日常生活中却并不是那么单纯。喜悦、悲伤、害怕和愤怒或许能够,但不是必须一直以同样的、普遍性的方式表现出来。就像 Ekman 认定的那样,人们掌握了那些根据场景决定论而被改变了的普遍的"情绪表达规则"(displayrules)。一些研究特别表明了情绪体验在自己的身体变化不被感知的情况下也能发生。现代神经科学的观点指出,情绪相关的身体性变化过程的改变不是必须真实发生,情绪通过身体变化的心智表征同样能被感知到("类身体反馈回路",另见章节 1.3.1)。

"情绪是关于具体动因的思考和判断!" 这一组理论基本是基于 Niko Frijda 的工作成果,它们不再以对情绪形式的观察以及参与到其中的身体变化过程为依据。这些理论聚焦于情绪功能和它们与人的动机和目标的联系。如此一来,情绪变化过程变成了一组特殊的认知过程。他们的基本观点是,人们会对来自他们周遭环境的信号做出它们在多大程度上有利于抑或不利于自身目标的区间做出评估。这些评估一方面有别于边缘系统的条件反射(例如人们会自觉把手从炙热的灶台抽回),另一方面,它们也不同于有意识的评价过程,或者是基于语言逻辑的知识而形成的评价过程。情绪在此行使的是一种调节功能,它以服务于动机的方式确保了随之相应的准行为状态的生成:"情绪的质量取决于个体赋予了当前发生事件在满足自身的行为动机上所具有的意义。它产生了一个特殊的关联意义……并且引发了呼应于该关联意义的准行为状态"(Holodynski,2006,18 页)。

这个功能性的情绪方法论虽然令人信服,但它也不可避免地让人提出一个关于情绪的问题:这些情绪究竟还能否与思考区分开? 或者像 Holodynski 写到的:一个人什么时候能够确定他真实地感觉到了他的情绪,而且不仅仅是相信他感觉到了?"冷认知"和"热情绪"(Lazarus,1991,144 页)的具体区别到底在哪里? 一个人赋予当前场景的意义可以偏离于他所掌握的有关该场景的知识并且最终甚至可以主导他的行为(例如,就像在只有较低风险的场景中也存在害怕情绪那样,这种害怕同样会导致对该场景的回避行为)。

所以，就像情绪的"情态模型"（Gross & Thompson, 2007）那样，较新的功能性理论方案强调了情绪调节着整个身体的变化过程：体验、行为和神经生物学系统的反应。这些身体性过程将会再次作用回情绪的变化过程，它们自身将成为引发情绪的（内在）场景，由此生成了复杂的场景——反应的链条。

"情绪是一个自我组织的心理系统！" 这一理论将关于复合型动力系统的知识应用到了人的变化过程上。根据这种理论，情绪被理解为自我组织的系统，它与认知系统（评价）、身体系统（身体过程的变化）和行为系统交互影响。这种内向的心理变化过程同时又处于和周遭环境的交互影响中，即与社会关系背景相互作用。稳定的情绪解释模式随着个体的发展而成型，它们变成了动力系统的吸引子[1]，并再次对其他的发展变化过程施以影响。当前的方法理论，解释了属于某个特定人格的情绪反应模式是如何产生的，以及各个根据自身角度虽然无关紧要的情绪体验如何在日后持续影响其他情绪模式的发展变化。情绪模式的发展划分为三个不同的时间层面：

➢ 以秒和分计算的情绪发展周期。
➢ 以小时、天和周计算的心境（作为强化了的情绪吸引子）的发展变化。
➢ 以月和年计算的基于不断重复的情绪体验和心境而形成的一种情绪人格。

虽然自我组织理论有着许多闪光点，特别是它能很好地出示来自其他学科的经验科学层面的证明，同时还尤其强调了系统——周遭环境之间关系的重要性，但将这些知识应用到人的活动变化的时候，恰恰因为人的高度复杂性和由此导致的经验抽样困难而以失败告终。因此可以肯定的是，一方面在情绪过程中杂糅了无数其他的活动变化过程，然而另一方面，准确获取对该杂糅过程的认识（比如通过抽样——译者注）又是不确定的，这种认识不外乎是"把已知的事实以另一种方式重新阐述了一遍"（Holodynski, 2006, 31页）。

"情绪是社会的建构，它们产生在一种文化背景下的互动性学习过程之中。"之前的理论都强调了情绪的心理变化过程的内在性一面。而这种着眼于社会文化角度的方法论除此之外还突出了社会关系互动和文化价值背景与情绪的相关性。而随着学习过程的积累，这些因素可以拓展由基因决定的人的天生素质（另见 Friedlmeier, 2010）。这让每一座基本情绪的大学看起来都或多或少被打上了特定文化的烙印，甚至是属于特定文化的情绪的烙印（例如，撒娇 amae 是一种只能在日本文化圈中被描述到的充满矛盾情感的依赖感）。因此，情绪能够在社会关系的互动中被共同建构，然后再以这种方式一体化到每个人的发展变化中。一个人承载的文化背景不仅为他提供了天生情绪成长所需的框架，同时被这一框架固化的意义评价模型还决定性地影响情绪的自身发展。这一框架被理解为情绪共同体。

---

[1] 微积分和系统动力理论中的概念：每个系统都有朝着一个稳定态发展的趋势，而这个稳定态就是吸引子。同理，作者将该概念类比为成型的情绪的解释图示作为个体发展的稳定朝向。

Rosenwein(2010)将此定义为"对情绪的评价和情绪的表达方式持同样观点的社会群体",或者"共享共同或者相似的利益、价值观、情绪风格和情绪评价的人群"(第56页)。Reedy(2010)认为,在特定的社会条件下还同时存在着情绪统治秩序,它允许一种情绪体验凌驾于所有个体之上。作者认为,人种学和历史学科的许多情绪相关研究都表明,"每个集体都有情绪的理想模型和规范,而满载情绪内涵的宗教仪式、信条、祷告、誓言铸就了这些规范"(第43页)。在现今的时代,媒体则在传播有效情绪的表达运作规则中扮演了越来越重要的角色。

即使这种社会文化角度的方法论并不能解释情绪自身的概念性,但它也着实提供了许多有意义的补充。因此,为了理解情绪,我们在体验它们的时候不仅需要去观察当前的身体反应和评价过程,还要在一个纵剖面图的视角下统观个体的社会化过程和相关的文化环境。此外,这种方法论还强调了语言在传播情绪质量和其情绪含义时的重要性。最后,即使是对情绪的科学观察和在治疗过程中对情绪的利用也不可违逆那些值得反思的文化条件。

总结

我们可以用 Holodynski(2006)的话总结上述讲到的基本观点:在情绪中涉及的是一个功能性的自我组织的心理系统。之所以是心理系统,是因为情绪系统与其他心理系统并行存在而且相互融合。之所以是自我组织性的,是因为它在一系列条件的复合作用下发展起来,它不仅和其他心理系统交互影响,还与环境相互影响,往往一个很小的诱因就会在日后的发展过程中引发重大的结果。之所以是功能性的,是因为情绪在一个人的处境和动机之间起了调节作用,而且它的目的导向性构成了改变处境的初始动因。

与情绪系统融合到一起的心理系统至少有评价系统、动力系统(连同表达反应和准行为状态)、身体调节和感觉系统(作为情绪的主观感受)。这些系统随着平行发生的心理变化过程被激活,并随之通过不间断的反馈回路持续强化或者抑制着它们自身。

情绪工作的定义

"情绪是一个自我组织的心理系统,它以满足自己的动机为标准对内在以及外在与场景相关的动因做出评价并触发适应性的、特定情绪所属的表达反应和身体反应。这些反应可以通过身体反馈回路作为感觉被主观地感知到并且和造成情绪的动因串联起来,以至于(可能)发起以动机为目的的行为,当然,这些行为既可以在自己的也可以在互动伙伴的推动下生成。"
(Holodynski, 2006, 166 页)

还有许多其他关于情绪的定义。这些可能(但不是必须)是教授情绪知识的基础。但它们对于治疗师和咨询师来说也是一项验证自己掌握的关于情绪的综合性和模糊性的知识的基础,有时候也会是拓展自己知识的基础。

我们如何提高烘焙技艺?

情绪的发展心理学 "如何"烘焙在一些层面上是以天生机制为基础,而在另一些层面则是通过文化类的上层建筑而被传达的。此外,这一"如何"是随着个人生平经历的发展而变化发展的,而我们首先关注的是它的"常态"发展。

Holodynski(2006)描述了下列几个在儿童心理发展过程中情绪处理方式的特征(另见 Kullik & Petermann, 2012; 以及有关不同年龄段的情绪发展见 Kunzmann, 2008):

➢ 情绪质量及其多样性随着早期生理年龄的增加而增加。情绪表达的频率和强度日后随着年龄的增长而降低。
➢ 情绪会"去身体化"(Malatesta & Haviland, 1985, 在 Holodynski 处被引用,同上,第 3 页),这表示,情绪表达和身体反应随着年龄的增长会越来越难以从外界被观察到。
➢ 情绪调节以及自主根据强度、持续时间和类别对情绪进行调整的能力随着年龄的增长而增长。

根据发展心理学理论,这些看法可以从三个过程来理解:A)在儿童时期的心理发展过程中,真实的身体反馈的意义对情绪产生的影响力是在逐步降低的,而心智表征(另见上文讲到的"类身体反馈回路")的重要性则不断上升。B)首先,监护人作为儿童的行为模板在他们情绪处理方式的生成中扮演了关键角色。这些模板会逐渐被儿童内化吸收,而内化程度的提高主要体现在从人际间的情绪调节方式到内在自我的情绪调节方式的转变。C)通过习得的象征和符号不断增加,例如以语言的形式,情绪表达方式从身体表达转型为符号表达。

为了能够将各种不适应性情绪处理方式的成因和它与心理障碍的发生之间的关系进行更好的分类,在之后的章节中我们还会再次讲到发展心理学中有关情绪的产生和分化的观点(另见第 3 章)。

1.3.3 蛋糕的意义:哲学和情绪

在之前的章节中,我们讲述了情绪这块蛋糕的原材料、它们之间的搭配组合以及所具有的功能,但是从这些方面来阐释情绪的图示能否足够明确地揭示情绪这块蛋糕的意义,仍是一个值得商榷的问题。探索意义的任务不出意外地落到了哲学上。

情绪的意义在哲学中有一段多舛的历史。在感觉已经成为经典哲学的研究对象之后，针对这一模糊对象的哲学研究沉寂了许久。搁置的原因被 Döring（2009）归结为情绪在哲学内部作为愿望的心智过程和作为（被）确信的心智过程的划分中的模糊地位。愿望指的是以精神改变世界，而确信的心智过程则刚好相反，是世界改变精神。情绪并不适用于这一分类。它们一方面作用于精神，但另一方面也同样作用于世界。因此人们时常讨论，鉴于这个研究对象的模糊性，我们究竟还有没有可能提出一个大一统理论，或者说还能否赋予关于"这些"情绪以存在的意义。

该讨论中核心的哲学论题是，相较于认知，情绪占据了什么样的价值地位。这一问题导致了将情绪等同于确信和判断的认知派理论学者和更愿意强调情绪的主观（身体性）感受的感觉理论派拥趸之间的一场争论。最终，这一争论的结论是：a）情绪的体验与情绪的认知功能之间的联系要比与判断功能之间的联系更为紧密，以及 b）要从道德行为的角度强调情绪的动机层面。

情绪的意向性和它的评价——表征性的内容

基于第一个结论，今天我们尝试着把两个方面融合起来：一方面，主张情绪一直以来都是"质量和强度共同作用下的产物，即感觉（feelings）"（Döring，2009，14页）的观点并不难被接受。另一方面，情绪却不仅仅局限于这种体验，而是指向世界的，它们具有意向性。比如害怕是指向引发恐惧的动物而存在的，而且它将世界以一种特定方式表征出来，例如动物都是危险的。意向性是对"指—向—某物—存在"这种关系的表达（Ben-Ze'ev，2009，57页）。表征所呈现的评价取决于这些评价对于主体及其需求的意义。因此，情绪有着"评价——表征性的内容"（Döring，2009）。同时，身体或者身体性的感觉体验不仅是一个附属，而且是"对被感觉到的评价（felt evaluation）"（Helm，2002）所做出的评价的组成部分。

疼痛是一种情绪吗？

对情绪的表征性内容的强调已经表明疼痛在哲学的角度看来并不是一种情绪，因为它不以表征为基础。例如，在主体将动物作为危险表征的时候，疼痛不会像害怕那样把作为诱因的衣服破损表征出来（另见 Döring，2009，19页）。

这种指向世界的评价具有核心性的动机化功能。Helm（2002）指出，每种情绪要么符合一个"消极的"，要么符合一个"积极的"评价。消极评价中对世界的体验是痛苦的，而积极评价中却是充满乐趣的。因此，情绪通过它们的评价——表征性的内容帮助人们意识到了作为他们行动动机的基本需求，而且通过接近和回避模型来帮助人们实行享乐原则或者回避痛苦。

情绪资源 // Emotionen als Ressourcen

情绪作为我们行为的根源

但是情绪和它们的评价不仅局限于"某种程度上盲目的推动者的角色"（Döring，2009，16 页），它们不仅是以目标为导向的行为动机，而且提供了针对该目标的特定的行为根源且因此构成了道德行为的基础。在分析我们行为的根源以及"为什么"这个问题的时候，我们已经"为我们心中的理所当然设定了'一个自主的'或者能自主决定的行为者的存在为前提，他们有能力在这些根源的基础上自己决定自己的行为。"

只有通过情绪的表征内容这些根源才能变得理性化，或者可以被验证。这样一来，一种表征——例如"动物是危险的！"——可以被证明是对的或者错的，并且还由此得证这一情绪性反应是合理还是不合理的。

Ben-Ze'ev（2009）具体论述："从常态性的意义来说情绪是理性的，因为它们在给定的状况下从根本上都是一种合理性反应。但这并不意味着，仅仅因为理性思考参与了情绪的产生过程所以情绪在描述性的意义上也是理性的。我们可以理性行事，并不因为我们时刻反思着我们的行为。"（第 152 页）

只有当引发情绪的客观对象也在事实上揭示了被表征的价值特性时，也就是说只有当一个正确的表征被显示时（Berninger & Döring，2009），情绪才具有合理性。Berninger 和 Döring 根据 Mulligans 有关情绪合理性的思考继续拓展：当且仅当它们的认知基础是正确表征的时候，情绪才是合理的，而且情绪反应也因此具有了合理性（第 436 页）。根据 Ben-Ze'ev（2009）的观点，情绪在如下情况中可被证实为是有问题的："（a）当它们不符合当前状况的要求的时候，以及（b）当它们被过分渲染的时候"（同上，151 页）。"关键剧本"会帮助我们判别一个反应是否能被论证为合理的（Sousa，2009，130 页），这些剧本是整个社会化发展过程的结果，在这一过程中，特定的情绪性反应和其特征在特定的场景中被联系起来。"关键剧本包括了两个层面：首先是场景类型，它提供了这个特殊的情绪类型的特有对象……第二个层面是指一组特征性的或者适应场景的'正常'反应，而这一被视为习以为常的规范首先表现为一种生物学意义上的特性，之后会很快变成一种文化特性。"（第 131 页，节选自原文）。

哲学对情绪工作的实用性贡献是：通过深入分析情绪反应和情绪对象的合理性"使有关情绪反应的争辩有了理论依据"（Berninger & Döring，2009，438 页，节选自原文）。

以这种方式体现的其实是从情绪哲学到价值观和伦理学的一条哲学回路。因此，情绪连同它所评价——表征的内容让我们能够通过现有价值观的特点来理解世界并且以该价值观为指向行事。

主体是建立在相关情绪的基础上的:"这样一来,情绪能够赋予它的主体以客观的行动根源,无论是以直接的方式,即它们自身内部已设定好、随时可以启动的根源,或者是以间接的方式,即它们能够论证某个规范性判断的合理性。"(同上,47页)

我赋予某件事情的价值——哪怕欣赏一次日出,在本质上都不能与我当时的情绪割裂。评价如果没有情绪便是自毁根基。

总结

哲学对情绪表现出的兴趣是一件可喜的事情,它为情绪作为资源的工作做出了建设性的贡献。在哲学中虽然不乏对无法与身体过程割裂开来的感觉的讨论,但它强调的重点依旧是情绪的评价——表征功能,而且哲学对情绪的看法无疑是认知指向性的。这一功能最终让道德行为成为可能。而且,哲学在关于情绪在多大程度上能够论证道德行为的合理性的问题上持一个开放态度,因为情绪并不像判断力那样具有一个概念上可被理性理解和归纳的实质内容。在哲学的语言系统中可以这样表述:"为了避免谬论的产生,认知学派的学者必须提供一套可信的关于被情绪以臆测性方式表征出的有特定价值意义的特征存在论和认识论理论。紧承这一问题哲学还需要回答,这些具有特定价值意义的特征在多大程度上构成了行为的原因和动机,以及它们的存在多大程度上兼容于现代科学对世界的解释方式。"(Döring,2009,49页)

这些看法会在后面的实践部分被再次提及。那时候将会涉及的内容有:a) 处在潜能之中的情绪被作为我们行为的根源来看待,b) 根据关键剧本验证它的合理性,c) 在治疗——咨询的实践框架中展开对于情绪合理性的讨论——就像 Berninger 和 Döring(2009)所说的"有理有据地进行辩论"(第438页,节选自原文)。

1.4 目标:将情绪及其潜能视为资源

情绪并非奢侈品,
而是人在为此而斗争时使用的一个复合性工具。
——Antonio R. Damasio

一方面,情绪是一种与日常生活高度相关并且在现代日常生活中极为普遍的人类生活现象,每个人都认识它,而且在体验它;另一方面,情绪也是模糊的客观对象,人们越是尝试仔细去观察它,它自身的模糊性便益发凸显出来。所以情绪长期以来游离在科学研究的中心视域之外也是理所当然的。而近些年来,人们对它的研究兴趣有了长远的增长,而且这一增长为在不同文化和社会条件下进行的科学研究均带来了有目共睹的成果。

各个学科在各自的方法论框架内都提高了情绪研究的比重。但给它下一个精确定义的困难并没有因此有丝毫减退,情绪这片原始森林让那些试图一探究竟的人只得望洋兴叹。

为了不失大局,我们可以将情绪的不同层面加以区分。基于这一目标,我们在这章中引入了一个教学法的图示——蛋糕的图像比喻。借助这一图示我们可以将各学科的基本研究方法简明地讲解给那些涉及情绪工作的人:神经科学揭示了蛋糕的配料,而且它几乎每天都在更新并拓展关于这些配料之间相互作用的知识。心理学解释了情绪这块蛋糕的烘焙过程、条件以及参与这项工作的人员组成。最后,哲学研究的对象是这块蛋糕的意义。

既然整理出它的概况并非易如反掌,那么我们要如何让患者和其他来访者了解情绪的潜能,以至于他们确实想要视其为资源加以利用,并同时还不会那么快就感到索然无味。

在此,我们有必要强调情绪在人类生活的关键层面所扮演的特殊的枢纽角色功能。(相关内容另见情绪网理论,Bohus & Wolf,2009,167页起)

情绪的潜能

情绪的潜能可以通过它在人类生活不同层面之间的协调作用而被认知。也就是说,情绪处在各个层面的交集中,在此,它既昭示了不同层面间相互调节的需求,也因此行使了调解功能。作为关键层面我们将介绍:

文化 这一层面包含了:a)规范性文化,即产生决定性影响的情绪共同体,在某些情况下也包括那些情绪统治秩序连同它们的情绪风格、表现形式以及评价范式;b) 根据个人与具体互动对象相处过程中积累的学习经验而形成的个体性文化。

身体 这一层面包含了先天获得和后天养成的感知与反应模式,它的生成既可以是物理意义上实际发生的(即"身体反馈回路"),又可以作为"表征性的、精神性的模式"(即"类身体反馈回路")来理解。

需求 这一层面包含了在应有和实有的持续性对比关系的背景下对给出场景做出的评价,其中,"应有"是根据人的基本需求、目标、动机和价值观来定义的。评价这一概念既包括了一个解析性的、偏重逻辑型处理方式的较慢的评价过程,又包括了一个自发生成的、较快的评价过程。

行为 这一层面也可以被称作动机、活动或者行动。它包括了行动主体以自身目的为标准分析周遭环境和他因此根据自身需求做出的亲近型或者回避型的改变行为。

在应有—实有之间的持续对立态势中,一些具有决定性意义并且被明确感知到的改变要求人们必须协调和沟通上文列举的层面,情绪会立即在上述层面的交汇处执行相应的协调功能。此时的情绪便作为沟通过程中的标志和调节信号出现,而进行中的整合过程可以终止或者重新开启其他一些心理变化过程。

一旦人的基本需求被遏制,情绪便会释放出调节需求的信号,调动准行为状态,以便按照动机为标准改变周遭环境(见图1-2,坐标轴"去向")。

情绪在来自情绪共同体的决定性的文化行为规范和来自个人学习经验和包括了肢体性、荷尔蒙乃至面部表情和手势变化的整个身体过程的个体性行为规范之间实现了沟通功能(见图1-2,坐标轴"来源")。

诚然,这些层面并非独立存在。就像身体变化过程可以成为行动的直接动机(例如一些特定的恐惧反应),文化系统中被传承的学习经验决定了评价模式(但也决定了身体反应模式以及情绪表达模式)。上述领域之间是相互交融的,但正是情绪肩负了它们之间的沟通协调功能。

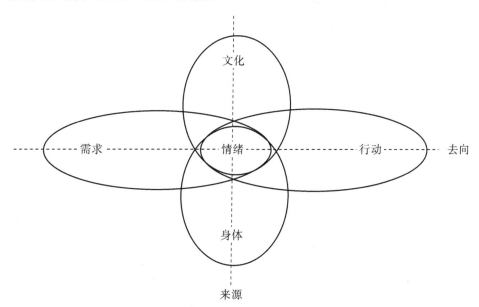

图1-2 情绪和它在各个生活层面集合中的枢纽功能

由此,情绪的潜能体现在何处便一目了然。在下一章阐述不适应性情绪处理

情绪资源 // *Emotionen als Ressourcen*

方式和它们与心理障碍的关系之前,我们将首先讲述在人们以适应性策略处理情绪之时,它的潜能是如何被利用的。

总结

情绪是模糊的研究对象。我们只能基于身体、类别、形式、功能、调节作用和文化层面来描述它们。

各个学科研究情绪的方式方法宛若灌木丛一样庞杂且繁复。以教学之便我们采用了蛋糕的图像比喻来展示它。

在这一图像比喻中,神经科学揭示了蛋糕的原材料。这些情绪处理机制被逐一分解并精确地呈现出来,同时,它也为理解情绪缔造了物质基础。

心理学描述了烘焙过程,这里是指将情绪系统与其他系统之间的"关联建立起来"。除此之外,它还展示了情绪在不同生活阶段和时期是如何发展演变的,以及他人如何参与到这一发展过程之中。

哲学阐释了这块蛋糕的意义,这里特指它的评价——表征性的内容,并且这一阐述是以道德行为为框架进行的。哲学强调了情绪作为行为根源的含义和依此根源来验证情绪是否合理的必要性。

情绪提供了一种潜能。这种潜能体现在情绪作为文化、身体、需求和行为之间的沟通和协调载体时的枢纽功能上。

2 适应性处理情绪方式

2.1 调节型——智力型——能力型？

脱离于感觉的思考是非理性的。
——Fritz B. Simon

　　第 1 章我们将情绪描述为与日常生活有着高度相关性的模糊的科学研究对象。情绪处于诸如身体、文化、需求和行为等现象的交集处。情绪的潜能正是体现在它在这些集合的交汇处所行使的沟通和协调功能。既然在第 1 章我们已经较详细地探讨了这一潜能的来源、方式以及指向目标，那么在第 2 章我们将把重点放在人们如何利用这一潜能。

　　过去几年，所有学科在情绪研究中提出的中心命题几乎全部落在人们有能力以多种方式自发而主动地对情绪施以影响，由此情绪便不再是仅仅依附于一个综合性变化过程的变量。在这个主动影响和分析情绪的过程中，我们不难看到情绪对人，确切说对人们的自我和人际间的调节功能。因此，情绪非但不是被极致的理性认知过程所扬弃的砂砾，相反，它恰恰应该连同它的潜能被一并纳入这个过程。

　　主动利用情绪的潜能对于健康的乃至成功的生活规划有着建设性意义。我们在这里将遵循 Greenberg(2006)的观点将这种情绪的利用方式称为适应性的。但不同于 Greenberg 的是，情绪本身不会被我们视为是适应性的或者不适应性的，而仅仅是处理情绪的方式（另见 Westen & Blagov, 2007；Horowitz 等人, 1996）。适应性处理情绪的方式与认知能力、自我价值的感知能力以及与他人稳定关系的维持能力有着密切关联(另见 Znoj & Abegglen, 2011)。

同时,我们还可以将适应性处理情绪方式的发展趋势简要概括为:从控制情绪到调节情绪,从随意到理性的情绪使用方式,最终从自发而盲目到被习得后的得心应手的情绪使用方式。

调节的意义和控制的无意义

相较于情绪调节,情绪控制或者控制情绪更为耳熟能详。即使在心理学的专业框架中,情绪控制也一直被称为专业工作的目标。这一说法默认了一个能够有效控制情绪的管理机制的存在为前提,而按照神经科学的说法,这一机制的存在是不可考的。人们越是努力试图控制那些不受欢迎的情绪,它们通常会变得益发强烈。"实际上我们认为情绪的控制策略所展示出来的往往是个中问题,而非解决方案。"(Ciarrochi & Godsell, 2006, 95页)。比如我们可以从如下角度来看这个问题,哪个恐惧症患者没有试图控制自己的害怕心理——然而也只是徒劳。在此背景之下,"控制"这一术语在情绪体验中应被避免使用,它实质上隐射的恰恰是控制的不可能性。

对此,即使在情绪研究的学科领域之内也存在着不同的概念,但它们大部分情况是彼此重合的,在这些一致性的基础上我们将在下文首先进一步明确这些概念。

情绪调节 情绪调节这一概念是诸多情绪研究的关键词。简而言之,所有的情绪本身自初始状态就已经是被调节过的。我们之所以称其为被调节过的,是因为无数的心理变化过程都无一不影响着情绪的产生、表达、体验和被它激发的行为(详见第1章)。然而,情绪调节也特指主动影响情绪的心理过程。这里,我们又可以继续按主动程度细分为:1)被内化为自发性的、被习得的心理过程,2)深度心理学和动力心理学涉及的无意识发生的调节机制,再到 3)有意识的、有计划的反思性的情绪调节措施。狭义而言,情绪调节指的是对从引发情绪的场景到对情绪反应的整个情绪发展流程施以具体影响。情绪调节的不同策略可以被很好地观察和描述出来。广义而言,情绪调节指的是所有通过主动对情绪加以影响来建构符合自己目标和价值观的生活时所采取的措施。

情绪智力 情绪智力已经变成了近年来的热门理念,特别是在需要为主动且有意识的情绪利用行为赋予一个独立存在的意义的时候——该意义在此便体现为智力。一个能够熟练以特定方式利用自己的情绪以达到预定目标的人可以被视为情绪智力高的。随着诸多相关科普文章的发表,这一理念变得炙手可热,由此,它的论调也现身于许多应用领域中,但却鲜少见于心理治疗领域。对情绪智力具有哪些变化特点存在着不同的见解,同时,情绪智力这个概念的解释图示也根据方法论的不同而各异,而这些不同和各异一定程度阻挠了我们在学科角度上接受该理念的建构。我们不能确定那些所提到的情绪智力层面究竟是一个人稳定的特质,就像他的智商那样,还是更偏重那些可以被训练和提升的具体能力。

  情绪能力 情绪能力的理念可以回溯到许多关于情绪智力理论的思想,而且它们以相近的方式描述了一系列能力。同时,关于哪些情绪能力确实是举足轻重的存在着诸多莫衷一是的见解。但相应的情绪能力的理念却拒绝使用智商这一口号式的表达方式以及对某一可能很难被影响的特征的设想。对能力的关注更多的是强化了对可被教授和可被习得的技能的设想。能力一词凸显了情绪的知识性层面以及教学的任务,即传播知识和通过练习对它加以利用。

  三种理念(情绪调节,情绪智力,情绪能力)都有着广泛的覆盖面,以至于在它们之间出现概念性的重合在所难免。情绪调节策略可以被具体化落实到每条每项,它们奠定了适应性方式处理情绪的基础。情绪智力和情绪能力保留了情绪调节的一些方面,然而通过其他一些技能的引入二者又对情绪能力进行了拓展。相较于情绪智力,情绪能力的理念更多强调了这些技能的可教授性。

2.2 情绪和认知如何相互沟通?

你能感觉到我怎么想的吗?
——施瓦本地区谚语

  简而言之:它们沟通得越来越好!一些人甚至极端到质疑它们之间是否真的有差别,所以在几年之后可能真的再无人有心提出这个问题。

  研究历史概览 情绪和认知的割裂有着几百年的传统。它见于哲学中,因为哲学将情绪感受的地位比作一匹受控于理智的野马。它见于神经科学中,因为很长一段时间里神经科学家相信他们在淋巴系统中已经找到一片供情绪世界发生的封闭区域,该区域处于高级神经皮层的控制之下。LeDoux(2001)将研究情绪总结为理性科学的一面镜子:"由人性的虚荣和语言沙文主义衍生出来的结果是,更为原始的脑功能被阐释为对新发掘的脑功能的否定。"(见 78 页)

  即使经典的认知科学理论试图将情绪仅仅作为一种特殊的认知形式来看待,它也并不能因此消除预设中作为前提存在的二者间的对立,确切说,它只是即刻吸收消化了这种对立。现代的以认知理论为导向的研究方法在情绪和认知过程之间的相互影响和它们对我们行为的作用之间做了进一步的区分。

自上而下加工和自下而上加工 Ochsner 和 Gross(2007)较为细致地描述了情绪和认知系统之间交互作用的过程：当某一刺激机制直接而迅速导致了行为冲动的激活（例如看见一条蛇时即刻发生的恐惧反应），同时情绪系统指定了余下发生的大脑皮层的加工工作的时候，才会发生自下而上的加工过程。另一方面，对一个情境的不同评价也会导致不同的反应。一个自上而下的加工过程意味着脑皮层的（评价）活动对情绪系统的调适。情绪反应最终诞生于两种加工方向的共同合作之下。与此同时，通过对引发情绪的场景或者刺激机制的选择以及通过对注意力的控制，自上而下的加工过程能够借助自下而上的加工过程而达到直接影响情绪产生的目的。即使自下而上的加工已经发生，自上而下的加工仍然能够凭借依据基本价值观和目标实现的重评对它施以调节性的额外影响。反过来说，自上而下的加工只需借助对引发情绪的刺激机制的心智表征而并非一个真实存在的刺激机制实体便可促成情绪变化过程的发生。

情绪生物 哲学最终也承认情绪应被视为一个被检验过的以价值观为导向的行为的根本原因。因此，哲学正是以这种方式架起了一座联系情绪和理性的桥梁。客观角度来看，情绪相较于判断是造成我们行为更为有效力的动因。但前提是行动者能够意识到自己的情绪并且承认它是行为动因（另见 Döring, 2009）。任何一种情绪都可以胜任这一角色。情绪提供了可以丰满理性判断的评估。"看来我们不再是一个平均分裂为理智和"本能倾向"的物种，我们的"本能倾向"化身成为对情绪的感觉进而变成了理智不可分割的一部分：从理性生物变成了本质上的情绪生物。"（同上，59 页，引自原文）

认知型和本能冲动型的无意识 拒绝对人这一概念进行笛卡儿式的（我思故我在）纯理性建构和扬弃精神和意识一体性得以让我们的视野捕捉到了一系列感知无意识的心智变化过程（LeDoux, 2001）。这种"认知型无意识"有别于弗洛伊德的"本能冲动型无意识"。弗洛伊德属于第一批阐述了情绪和认知之间相互交织关系的学者。防卫机制可以调节特定的、不舒服的情绪。这些机制的运作原则上是无意识进行的，而且源于特定的来自学习经验中遇到过的冲突（例如产生于愿望或者"本能欲望"和道德评价之间的冲突）。弗洛伊德已于 19 世纪末证明，将人的存在理解为理性的、情绪能控的生物在日常生活的诸多经验面前不过是一纸空谈。这一视角在 20 世纪以各种不同的方式影响并创造了诸多心理治疗学派。而现今我们想要再去探究它也许要借助新兴的科学视角和方法论。

和平共存 当今看待情绪和认知关系的角度最终落在一种和平共存的状态——如果一切理想的话。这一状态中两种加工过程展开了彼此间的对话，而非一方控制另一方。因此，对我们而言更为重要的是更好地理解二者间的关联，或者说理解情绪和认知的交流以及彼此相处的方式。

情绪研究中关于情绪和认知共存方式的核心理念是情绪调节,在 2.3 章节中我们会进一步讨论。

2.3 情绪调节

没有认知的情绪是盲目的,
而没有情绪的认知是空洞的。
——Manfred Wimmer

> **相关理念**

现今,伴随着人们对情绪的关注和深入研究,对它的调节工作也越发重视(相关概况介绍见 Gross,2007;Egloff,2009)。情绪调节理念的建立首先见于发展心理学中关于儿童情绪发展过程的叙述,随后也见于成人的情绪发展中。

> **案例**
>
> Lazarus 和 Folkman (1984) 通过在餐厅等餐时间过长的事例来描述心理调节过程。可能引发问题的因应方式是指向周遭环境的,并试图通过强烈的愤怒表达以达到改变服务结果的目的。情绪相关的因应则是指向自身的,并试图对愤怒的动因做出重评(例如以同理心来设想可能是由于服务生工作负担过重)。因此,我们在处理情绪时有多种选择——针对在餐厅用餐而引发不满的这一事例,人们可以选择今后不再造访此餐厅,和前台服务人员商量自己可以接受的等待时间,当感知到一触即发的情绪临界点时去调整它的表达方式(将怒气诉说出来而非嘶吼出来),或者根据自身的价值取向将情绪质量按优先等级排序,从而强化其他更符合自己价值观取向的情绪质量(例如将同理心置于愤怒之上)。而通常情况下,所有上述策略是杂糅在一起发生的。或者像 Gross 和 Thompson (2007) 强调的:"连同全部那些你已有的东西一起扔掉。"(英文原文:"Throwing everything you've got at it.")

情绪调节的发生总是以综合性的和交互影响的形式发生。狭义上，情绪调节的理念并不涉及调节由情绪引发的其他心理过程（例如注意力、评价和行为），它的侧重点在于利用这些心理活动来或多或少地主动调节情绪。因而，情绪调节是一个连续性发生的整体，它是由无意识的、不假思索的、自发的调节过程到有意识的、需要假以思索的、反思性的调节过程组成的。对此，Westen 和 Blagov（2007）引入了外显和内隐的情绪使用策略的区分，它们的长处和适用性范围各有不同。

所有的调节策略都默认内在的心智表征和时间意识两种能力为前提，以此为基础，人们才能在学龄前习得主动调节情绪的能力。Holodynski（2006）提出了情绪调节策略发展过程中的两个关键层面：

> 谁在调节：这里涉及从外在的或者通过监护人施加的人际间的情绪调节方式到内在的或者与自己内心进行的情绪调节方式之间的转变。其中，家长和孩子们在情绪调节中的相互影响构成了亲密关系的基础（Kullik & Petermann, 2012, 104 页）。

> 如何调节：这里涉及调节方式从情绪的身体表达到越来越偏重通过语言来实现情绪调节的发展变化。只有在能通过语言传达的表征层面上才存在进行有效的、前瞻性的情绪调节的可能（Rimé, 2007, 他强调了讲述情绪体验这一行为本身对人有重大的调节意义）。

分析调节策略的着眼点在于理解：

> 人们如何根据自己的目标来主动地影响情绪的表征（影响表征的时间点、延迟、时长和强度等）。

> 人们如何以适当的方式减少或者增强不符合或者符合期待的情绪。

> 人们如何调节发生在自己身上或者他人身上的情绪（内在和外在的情绪调节）。

我们的立足点是情绪的信号功能：它们会在某个标志性改变发生的时候登场并释放出调节需求的信号。情绪的优先地位允许它们首先打断当下正在进行的行动和思考活动。接下来，它们启动了适当的处于内心与周遭环境之间的关系以服务于以动机为目的的因应行为。某个具体的调节需求之所以产生，是因为情绪主导的反应和人的当前目标之间发生了冲突。

情绪调节策略

Gross 和 Thompson（2007）以情绪的情态模型（另见第 1 章）为基础，根据下列要素——情境、感知、评价、反应，区分了它们各自相应的调节策略。他们称这四组情绪调节策略的第一组为前摄调节。因为它们已于情绪反应发生前结束了。与此相对，他们称后一组调节策略为后摄调节。

场景选择 制定该策略的判断依据是某些唤醒特定情绪的场景完全没有或者只是有目的地被造访。它格外强调前瞻能力，因为这一策略是以我们有过硬的内在心智表征能力为前提，也就是说我们必须首先能够准确表征出在某种特定场景下应该以何种方式做出情绪性反应。这其中难免会有错误的预估，因为单纯的经验性知识并不是称职的情境选择的顾问。另外，我们往往采取避免某一特定情景的做法而达到短期内的解脱，但实际上却埋下了长期的祸端。例如，基于可预料到的对某种特定生活方式的恐惧而不去造访相关地点。场景选择无疑是外在情绪调节手段的核心策略之一，例如，当家长和自己的孩子在一起时会避开某些地方或者时段来避免孩子的某些可预料的情绪反应。然而这种做法实际上也是以家长可以表征出孩子可能出现的不同情绪反应为前提。

场景调整 这一策略的主旨在于使现有或者已被选择的场景最大程度上符合自己（或者他人）所期待的情绪反应。这可能意味着为自己的治疗选择一位友好的牙医，为某个浪漫的夜晚悉心挑选一个烛台，根据需要灵活地转变对话主题，也可以是为诊疗所房间设计赏心悦目的颜色搭配。场景调整时常会与情境选择策略重合，然而，我们更多地理解后者为一个崭新的场景。作为外在情绪调节的手段之一，场景调整体现为以不大肆渲染自己的情绪为原则而在他人面前表达自己的情绪，例如，去诉说某些情绪而不是恣意宣泄。

注意力控制 这一策略是父母最早传递给自己的孩子的情绪调节策略之一。它将注意力转移到已发生情境的另一些方面，在某些情境下，即使闭目塞听便足以改变那些已经显现出来的情绪反应。除了直接干预感觉器官，我们也可以通过强调其他的感知功能来转移注意力（比如在看牙医的时候听听音乐）。正如通过正念训练而达成的有目的性的集中精力也同样可被认为是注意力转移。

认知改变 这一策略开始于评价过程并试图调整或者改变作为情绪体验基础的对某一具体场景评价。例如，对课堂测试有恐惧情绪时，可以在测试之前中性化对它的评价认知："课堂测试对我以后的生活并不重要"，或者当下体会到的竞争压力，用"我有意愿做"来替代"我必须做"这种表达方式（另见 Barnow 等，2011）。在这一策略中，验证情绪反应的根源和合理性尤为重要。这种分析方式使得在其他评价背景下应用自身的情绪体验成为可能。

反应调整 前文所提到的策略是应用于情绪反应的准备阶段，而反应调整这一策略则力求改变已经步入发生流程的情绪反应。它的方法论首要作用于可以被强化或者弱化情绪表达，例如，当人们需要隐匿情绪或者需要以别的情绪来掩饰真实情绪的时候。这种情况下，强化对特定情绪的表达在原则上意味着对此情绪感受的增强，比如被表现出来的喜悦。但是反过来看，这种策略并不能产生同样的效果：虽然没有被表现出来的喜悦会削弱对喜悦的感受，但是，没有被表现出来的愤怒或者恐惧却不能自发地减少已被感受到的情绪，甚至常常适得其反。随着年龄的增长，语言的使用在调整情绪表达时扮演了越来越重要的角色。

对情绪调整策略的研究

上述提到的策略有着很强的可操作性，因而也是关于情绪的重要科研对象。通常来看，情绪的重评（reappraisal）被作为先行式被关注的调节策略（antecedent-focused），而压抑情绪表达（suppression）作为回应式被关注的调节策略（response-focused）来研究（Barnow等，2011）。其中也不乏性别和文化的影响因素：女性经常使用重评的方法，而男性更多会选择压抑；在西方文化中我们更多地观察到的是重评的现象，在东方文化中压抑手段更为常见（同上）。

Aldao和他的同事根据他们统计的成果得出结论：心理障碍的形成和发展与诸如迟疑不决、回避情绪引发的场景和压抑情绪表达等的情绪调节策略密不可分。相反，重评或者解决问题等策略似乎引发的更多的是有利的影响。在一项针对经常观看富有情绪冲击力的电影的健康人群的研究中，Wolgast等人（2011）证明了接受性的情绪调节策略相较于重评更容易发展为对不适情绪的容忍。

随着时间的推移，一系列研究成果显示，情绪调节策略均有一个生物学基础（Herpertz，2011）。例如，Kühn等人（2011）证实了位于背内侧前额叶皮层的灰质与频繁使用压抑等情绪调节策略之间的相互关联。

情绪调节策略的调查问卷

有关情绪调节策略的调查问卷不胜枚举。下述我们选择性罗列出一些可应用于成人临床治疗的纸质问卷版本：

情绪调节量表（ERQ）（Gross & John，2003） 这个简短的测评由10个条目组成，它集中针对上述提到的两种基于Gross的情态模型的情绪调节策略：重评（reappraisal）和压抑（suppression）情绪表达。德语文献对此方法的发展和评价由Abler和Kessler（2009）完成。静态测评中该问卷的质量被评估为良好，并被认为值得推荐给情绪调节研究以及临床实践使用。

情绪调节困难量表（DERS）（Gratz & Roemer，2004） 这项测评由36个条目组成并将情绪调节的难度量化为6个等级：（1）不接受情绪反应；（2）目标行为有困难；（3）冲动控制困难；（4）情绪意识；（5）掌握情绪调节策略；（6）清楚理解情绪。作者为我们提供了一套优秀的内部结构完整而连贯的测评标准。

认知情绪调节问卷（CERQ）（Garnefski等，2001） 这项测评通过36个条目梳理了情绪调节的9个维度。它的简化版本包含了其中18个条目（Garnefski & Kraaij，2006）。它的测评标准的质量被评估为合格，因此，该测试被认为适合于情绪调节研究和临床工作的应用。德语版本已出版（Loch等，2011）。

Kullik 和 Petermann（2012）为我们提供了关于哺乳期和幼儿期的情绪调节——诊断标准调研方法的最新进展，抽样既可以借助标准化行为观察的录像，也可以通过父母的调查问卷。

> **总结**

情绪调节策略没有绝对的好和坏。Gross 和 Thompson（2007）指出，依心理分析学派的观点，防卫机制通常被认为是消极的而被拒斥，但即使是因应策略也不完全脱离于心理评价。根据这个观点，情绪调节的存在意义在于在行为背景和文化的影响下来改善或者恶化事态。因此，同一种策略（某些过度的情绪表达，如嘶吼）在一些情境中可能是有帮助的，而在另一些状况下却适得其反。在特定的（创伤性）生活经验中，情绪失调甚至可以是幸存的关键或者能起到一些至关重要的作用。

因此，功能性的、灵活应变的情绪调节方式通常不会导致严重的心理障碍（Aldao & Nolen-Hoeksema, 2012），而且它会被看作是保障可行性生活方式的重要辅助手段（Brandtstädter）。不同于压抑情绪，能够使用重评的策略意味着强烈体验过被期待的情绪，拥有优秀的工作能力、融洽的社会关系和高于平均水平的生活满意度（Barnow 等，2011）。

虽然对情绪调节策略的研究工作已经取得了长足的进展，但是 Gross 和 Thompson（2007）仍指出了许多尚待解决的问题：情绪的产生和情绪调节过程具体在细节上是怎么相互影响的？情绪调节是怎样随着年龄的增长而发展变化的？外在的情绪调节和亲密关系之间有着怎样的关联？情绪调节与其他形式的自我情绪调节又有着怎样的联系？这意味着我们必须要彻底研究所有的情绪调节策略（不仅仅是着重研究重评和压抑）并深化针对各个策略和特定心理障碍之间关联的研究（Barnow 等，2011）。

总体而言，我们可以确定，反思性的情绪调节方式展现了一个综合性的心理变化过程。为了能够实践这种策略，我们必须首先能从自己和别人身上感知到情绪，接受它，理解作为其基础的心理评价，创造其他可行的反应方式，并且能够反思这些反应中哪些看起来更为合理，同时还要尽量回避条件反射行为和冲动行为。

为了能够以上述方式更符合自己预期目标地进行反思性情绪调节，把有关情绪的陈述性知识和程序性知识相互制衡地结合起来是不可或缺的，这一结合的最终形态体现为类似于元情绪（Gottman 等，1996）的情绪调节的元表征（Holodynski, 2006）。

下文将要讲到的有关情绪智力和情绪能力的理念通过一系列相关能力定义了参与到反思性情绪调节的心智过程的复合性。

2.4 情绪智力

情绪本身就是智性的。
——Schulz 等，2006，62 页

基本理念

广义来看，情绪智力的基本理念要回溯到 Gardner 的学说，他致力于拓展传统的智力概念并建立了多元智力理论。他视人际关系智力为"理解他人的能力：他们以什么为动力，他们如何工作，怎样才能与他们协调合作。"（Gardner，1993，转自 Goleman 的引用，1997，60 页）这要求要能感知自己的情绪，区分它们，并且让自己被它们引导。

上述最后一点最终被 Salovey 和 Mayer（1990；Mayer & Salovey，1997）继承并在他们关于情绪智力的理念中得以拓展（另见有关 Schulz 等人的概论，2006）。

情绪智力的基础是明确承认情绪的潜能是能够被发现和利用的。Ben-Ze'ev（2009）认为情绪智力是智力系统和情绪系统的一体化。情绪智力可以让人以最优的方式认识和控制自己和他人的情绪。Ben-Ze'ev 视情绪智力为"对特定的更高级别的刺激形式的感受"（第 145 页）。在此，他强调了情绪智力与经典智力形式的相似处，即它们都应用于分析和应对场景的复杂性。

情绪智力的理念因 Goleman（1997）出版的同名科普读物而名声大噪，对许多社会科学的实践应用领域产生了不容小觑的影响。Goleman 以浅显易懂的文字讲述了如何获取情绪潜能。时至今日，肯定也有许多涉及情绪工作的人能从该作品中获益匪浅。情绪智力在书中被视为一个现代性的关键理念，它决定性影响了人们的工作和私人生活成功和健康与否。

除此之外，情绪智力作为实践相关的理念其影响也见于诸多不同的咨询实践领域——从心理自助（例如 Ernst，2005；Koemeda-Lutz，2009）到针对中学生的提高情绪智力的项目计划（Goetz 等，2006；Kals & Kals，2009；Niewiem，2010），再到工作生活中的情绪智力（Abraham，2006）和在其他一些领导能力中的体现（例如

Dietz & Geiselhardt,2000;批评意见同见 Sieben,2007;Fischbach,2009)。然而,对于是否应将该理论纳入心理学专业的学科系统中仍存在很大异议,因此,它在临床工作的实践中鲜受关注。

情绪智力的几个方面

Mayer 和 Salovey 在他们的理论中提到了一系列能力,虽然二人在 1997 年再版时对 1990 年初版中的该理论的相关论述做了轻微修改。总体来说,他们认为有四组技能"Set of Skills",或者技能的四个分支(根据 Neubauer & Freudenthaler,2006):

(1) 情绪的感知,评价和表达
➤ 能够根据身体状况、心境和想法识别发生于自己身上情绪的能力。
➤ 能够以语言、声音、表象和行为方式为基础识别在他人身上或者在造像、图画中被展现出来的情绪的能力。
➤ 能够正确表达与感觉紧密相关的情绪和需求的能力。
➤ 能够区别准确和不准确或者诚实和不诚实的感觉表达的能力。

(2) 情绪对思考的益处
➤ 情绪能够将注意力转移到重要信息上。
➤ 被唤起或者被前瞻到的情绪对各种不同的判断和决定都是有利的。
➤ 情绪意义上的心境更替有利于全面照顾到各种立场。
➤ 不同的情绪状态在不同程度上有利于各种形式的逻辑推理思考(演绎法 & 归纳法)以及在不同程度上有助于完成不同的被交付的任务。

(3) 理解和分析情绪,应用情绪知识
➤ 命名情绪之间相似性和识别不同情绪之间区别的能力。
➤ 解读情绪在关系之中所传达的意思的能力。
➤ 理解综合性的感觉的能力,比如同时登场的诸多情绪。
➤ 理解潜在的感觉转变的能力。

(4) 反思性情绪调节
➤ 对舒服和不舒服的感觉都保持开放态度的能力。
➤ 根据对情绪的信息内涵和有用性进行评估而让自己融入或者抽离情绪的能力。
➤ 能够在不同角度下反思式地看待情绪并具备全方位视角下的"元评价"的能力。
➤ 能够调节自身和他人情绪的能力,而且不会贬抑或者拔高每种情绪包含的意义。

情绪资源 // *Emotionen als Ressourcen*

有关情绪智力的研究

Mayer 和 Salovey 的理念在学科内受到了广泛的重视，继他们之后，又有许多有关情绪智力的理论被陆续提出（另见 Pérez 等，2006）。然而，在这些理论中，情绪智力到底应该被定位为能力还是人格特征依旧是模棱两可的。

按语

情绪智力：到底是什么在被测量？

Pérez 等（2006）鉴于下列两个关键特征总结了不同情绪智力理论之间的区分特征：

（1）按照情绪智力的模型对这些理论进行划分：纯粹能力模型（像 Mayer 和 Salovey 的模型）和综合模型，后者除了能力之外还兼顾了人格特征。

（2）按照情绪智力作为特质（特质情绪智力）和情绪智力作为能力（能力情绪智力）的不同观点进行划分，而且，它们分别以各自抽样调查的方法为导向。

特质情绪智力更注重于被试在需要测评的情绪智力领域中流露出的典型特征，而这些典型特征可以通过自我报告问卷的形式被强调突出。能力情绪智力则是以成绩最大化为原则，因而对其测评的时候也要使用相应的以成绩为导向的问卷。

由此可见，准确定义情绪能力是相当困难的。一方面，它与其他的智力和能力领域不乏重合之处；另一方面，它也与人格特征相重合（如大五人格，另见 Engelberg & Sjöberg，2006）。

上述这些在理论上的构建性困难自然而然也造就了方法论上的困难；特别是自我陈述这一方法并没有被视为一个进步，相反却因其随意性而被诟病。"实施心理学构建的第一步必须是范围的界定，也就是说需要明确这一构建所包含的方方面面或者基本组成元素。实际上，所有的情绪智力模型、调查问卷和测评都忽略了这一步且往往随意设定一个内容范围。"（Pérez 等，2006，205 页）。Goetz 等（2006）以同样的态度批判了中小学对情绪智力的培养："看起来培养中小学生情绪智力的实践操作似乎已经'超越'对它的理论研究，似乎它已不再依据对发展和实施这些培养项目不可或缺的经验研究结果。"（第 251 页）有意思的是，尽管有如此多的批判声音，但那些截然不同的测评——而且它们的不同又源于作为其基础的心理学理论构建的不同——却往往得出类似的结果并遥相呼应。这样看来似乎的确有一个情绪能力的共同核心,而迄今为止的有关智力和人格的理论尚未有能力完全领悟它。

Petrides 和 Furnham(2001)认为认知性的情绪能力有别于作为人格特征的情绪自主性。

继二人之后,Roberts 等(2006)总结了如下情绪智力理论的不可统一性的原因:情绪智力中并非只涉及一种构建,相反,情绪智力包含了多个维度,它们虽然内在相互区别但又是一个整体。这进一步体现在他们主张的情绪智力的四因素模型中:

(1) 天生的情绪气质。
(2) 情绪自信是一种坚定不移的信念,其根据是支持并控制情绪和人际间互动关系的能力。
(3) 情绪的信息加工(如情绪感知)。
(4) 隐性到显性的情绪知识和情绪能力。

总体而言,他们划分了与情绪智力相关的能力,而这些能力本身又组成了一个由天生能力到可通过语言传授的能力到元认知能力的连续整体。

情绪智力的抽样调查问卷

不同的情绪智力理论通过不同的测评手段反映出来。Pérez 等(2006)罗列了近 20 种不同的方法,并展示了测评情绪智力时会遇到的基本困难:被感知到和被表现出的情绪能力完全可能是相悖的(Simchen 等,2007)。自我陈述这一方法因其不准确性被排除在外,因而他们主张使用更能体现情绪智力能力水平的测评方法。

Mayer 和 Salovey 在 1999 年提供了第一份针对成人情绪智力能力的测评系统——多重情绪量表(MEIS)。随后,他们不断发展完善了这一测评方法。

Mayer - Salovery - Caruso 情绪智力量表(MSCEIT)(Mayer 等,2002) 以测评情绪智力为目的,Mayer 和他的同事在 MEIS 的基础上发展出一项属于他们自己的针对情绪智力能力的抽样方法。它立足于能力水平的测评并且照顾到了技能模型的四个分支以及它们各自的两个下属量表(Wilhelm,2006)。

支持计算机系统操作的德语版 MSCEIT 也已问世(Steinmayr 等,2011)。处理过程大概持续 30~40 分钟。测评统计的质量标准从满足平均分到优秀不等。这项测评特别适合人事选拔、人力资源开发和临床心理治疗。

Jagers 等(2010)创建了针对儿童和青少年的情绪智力的抽样测评方法。

> **总结**

情绪智力理念一方面已广为流行,并从根本上加深了身处不同生活领域的人们对情绪活动的兴趣。这一理念拓展了经典理论中的智力观念,同时强调了人生的成功与否不仅是由逻辑思考和数字——口头表达能力决定的。而另一方面,迄今为止它却在学术范围内并未受到广泛认可。

对情绪智力理念的批判首先针对的是智力的理念化。根据某些学者的意见,它仅仅属于纯粹认知能力任务的范畴。其次,该理念自身的可识别效度也颇具争议:在多大程度上情绪智力可以被视为一个崭新的理论建构而非"旧酒换新瓶"的行为?(Weis等,2004)

尽管如此,这些研究结果仍然证明了尚有一个与情绪相关的能力范畴存在,而现今的人格理论和智力理念还不具备完全认识它的能力。

接下来针对这些能力的科学研究分析的任务是更精确的区分它们,比如根据它们的来源。这能证明,将奠定情绪智力基础的心理学构建进一步具体化的做法是否有利于提升该理念的学科地位。在临床实践中,情绪能力的理念已经被普遍践行。在第2.5章节中我们将介绍这一理念。

2.5 情绪能力

> **理念**

不同于现有的情绪调节和情绪智力的理论方案,关于情绪能力并没有一个明确的权威性的科学文献。因此,与其将它视为封闭的理论系统,不如说它其实更是一个吸收了不同情绪研究理论方案的概念集合。

之前在情绪智力的背景下介绍过的大部分能力也同样出现在情绪能力的理念中,因此如何确切区分两种构建的问题尚待解决。

Seidl(2008)将智力和能力明确区分开来。其中,他把智力称为(天生的)工具,它的任务是加工(随着年龄增长而获得的)知识。根据他的观点,能力是通过已习得的技能对已获得知识的利用。这种利用方式因智力的先天性也是被先天掌握的,因而也可以不断被提高和改善。

由此,情绪能力理论侧重于改变这些能力的可能性以及教授和提高这一可能性的条件。Schellknecht(2007)描述有关婴幼儿(直至学龄前)的情绪能力发展过程,Kunzmann和von Salisch(2009)则着重研究了这些能力在其他人生阶段的发展变化。

情绪能力的层面

在德语界,情绪能力训练特别受到了 Berking(2010)的高度认可,并已成为提高情绪能力的一项标准方案。Berking 根据他的亲身临床经验和理论研究明确了七种相关的情绪能力(另见第 8 页)。

(1)有意识地感知自己的感觉。

这种能力意味着能够有意识地将注意力调整到相关情绪上。

(2)认知和命名自己的感觉。

通过这种能力,人们可以把对自己情绪的感知分别按照相关的情绪知识进行归类。这是有效处理情绪的前提。

(3)认知当下处境的原因的能力。

这种能力一方面可以帮助人们找到改善能力的切入点。另一方面,也让接纳和耐受情绪成为可能——如果没有可识别的改变可能性的话。

(4)从内在情绪上支持逆境中的自己。

这种能力是以能够使用其他调节策略为前提,因为它把情绪刺激框定在认知能力可把控的范围之内,同时也使其他有意识的因应策略的实施成为可能。

(5)对自己的感觉施以主动而积极的影响。

这种能力意味着以积极的心态主动调解痛苦的或者不被期待的情绪。

(6)根据需要接纳和耐受消极情绪。

当有目的性地改变不被期待的情绪不可能发生的时候,那么能帮助到我们的只有接纳和耐受它们的能力。它们实际上是我们在面对因逃避情绪而产生的长期恶果的自我保护措施。

(7)有能力直接面对情绪的逆境。

普遍来说,这种能力是提高情绪能力的前提,它同时还在每个具体场景中帮助我们达成目标和满足关键需求。

上述这些能力相辅相成,与此同时,Berking 认为拥有它们之中的两种互补能力是保持心理健康的关键。

➢有目的地支持被期待的情绪。

➢接纳和耐受不被期待的情绪。

在 4.4.6 章节中,我们将更为详细地介绍情绪能力的训练。

情绪能力的研究

目前已有一系列研究展示了情绪能力如何帮助应对生活向我们提出的要求。例如,Otto(2008)研究如下情绪能力:a)对情绪的关注,b)对情绪的清楚认知，c) 情绪的可控性。他明确指出，情绪能力与在复杂场景中的有效解决问题的行为能力、优秀的工作能力、泰然的心境密切相关。Götz 等人（2007）记述了有关在中小学培养情绪能力的积极效果。

情绪能力的测评方法

就像许多关于情绪理智理论之间的不同决定了它们所使用的测评工具也相互各异一样，有关情绪能力层面的理念之间的不同也造就了情绪能力的抽样测评方法的多样性。接下来，我们将列举在情绪工作的实践应用中的两个范例。

情绪能力的自我评估（SEK-27）（Berking & Znoj, 2008） 情绪能力自我评估的调查问卷和针对当前感觉和心境的调查问卷共同组成了所谓的情绪审查（EMO-Check），这是情绪能力训练的重要组成部分（Berking, 2010）。

SEK-27 通过 27 个条目对 9 个基本能力领域的典型特征进行取样。(1) 对感觉的关注；(2) 感觉的身体性感知；(3) 感觉的清楚认知；(4) 感觉的理解；(5) 感觉的接纳；(6) 韧性，即容忍情绪和耐受情绪；(7) 随时准备面对情绪；(8) 自我支持；(9) 调节能力。这些能力共同构成了情绪调节能力的总值。这一问卷调研的时间段是评估的前一周，因此，它也可以被用于疗程的评估和即时控制。

问卷的填写和评估只需短短几分钟，因此，它也是一个经济节约型的实用工具。测评系统的质量标准——信度、效度和变化灵活度等被评为从合格到优秀不等。

情绪能力调查问卷（EKF）（Rindermann, 2009） 这一测评成人情绪能力的问卷共包含 62 个条目，所涉及的范畴为：(1)自己感觉的认知；(2)他人感觉的认知；(3)调节和控制自己的感觉；(4)自己感觉的表达（情绪表现力）。该问卷分别有自我评判和他人评判两个版本。通过另外 32 个条目还可以获取到另外两个附加量表的结果：(1)调节和处理他人的情绪；(2)对情绪的态度。该统计调查的质量标准被评估为合格，而且现已有一份超过 600 人的常模参照评价。问卷调查时间预计为 10~20 分钟。

总结

情绪能力也已经成为情绪研究里的一个核心概念，并且对情绪相关工作的普及做出了不可估量的贡献。它将自己从情绪智力的概念中剥离出来，同时结合情绪能力强调要学习和提高相应技能。

虽然在论述情绪智力时已经强调过，但在此我们更需要批判性地再次说明一点：从根本上理念化情绪能力这个概念，即为它建立一个大一统理论是徒劳的。有关情绪能力的方法理论分别强调了不同的技能，而且这些技能大部分已经被描述为情绪能力的不同层面。

因此,上文对情绪智力所做的批判也完全适用于各个情绪能力理念的非同一性。

综上,情绪能力的理念实质上不过是让不同情绪能力层面间的捆绑关系显得不再那么松散。作为一个简明的统一概念以及随着各个具体能力的理念化作为具体可被教授和习得的能力,情绪能力为推广和培养适应性处理情绪方式做出了贡献。

2.6 目标:扩展有关调节型、智力型、能力型处理情绪方式的知识

在第 1 章中,情绪被作为一种现象介绍给了读者,它的潜能体现于它因身处身体、文化、需求和行动的汇合处而可能实现的沟通和协调功能。以适应性方式处理情绪的目标正是对这个潜能的利用。

情绪的冰山　许多人都已经可以很好地凭借直觉或是内隐的方式利用情绪潜能。其他涉及情绪工作的人则希望强化有关这种潜能的知识和对它的利用——这是临床治疗和咨询工作的中心任务。为此我们采用冰山这一比喻:那些具体的、有意识的被体验到的和被调节的情绪是冰山的顶峰,而冰山体的大部分则位于水下。在情绪处理中,这意味着大部分情绪作用于身体、文化、需求和行为的协调和沟通功能都发生在有意识的感知和加工范围之外。

拓展有关情绪的知识　对主动且适应性的处理自身的和他人的情绪方式来说,掌握有关情绪如何行使协调功能的陈述性和程序性知识是必不可少的(另见图 2-1)。

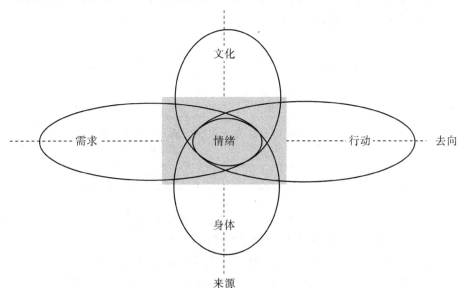

图 2-1　有关情绪在交集地带的协调功能(灰色底的平面交集为情绪)

（1）人们如何能够合理解读自己的身体信号和他人的表达？

（2）人们如何理解情绪作为他们的情绪共同体的普遍有效的表达方式？

（3）人们如何理解情绪作为个人生活经历中的决定性经验的特有表达形式？

（4）人们如何认知情绪背后隐藏的需求、目标和价值观，并因此可以找出验证自己和他人情绪的合理性的根源依据？

（5）人们如何能够利用这些知识来理解和鼓励自己和他人的行为？

从内隐到外显的情绪调节　有关适应性处理情绪方式知识的延拓让检验情绪调节的自发过程和隐性的对元情绪的内受成为可能。只有让这些策略和观点外显出来我们才能决定下一步如何利用情绪。同时也让通过外化内隐—不适应性策略为外显—适应性策略的方法而达成适应性处理情绪方式这一目标成为可能。

适应性方式处理情绪的维度　所有上述提到的有关适应性处理情绪方式的理论的共同点是积极主动对自身和他人的情绪体验施以影响的积极论调。灵活多变的情绪调节方法可以让行为主体在不同的场合中有所区分地做出反应，因而情绪智力和情绪能力被与有效的生活规划和私人生活或职业生活的成功联系起来。这其中便涉及下列两个中心维度的融合，Neubauer 和 Freudenthaler（2006）将有关情绪智力的不同方法论进行了系统化整合：

（1）对自己的关注和对他人的关注。

（2）情绪认知和情绪管理。

适应性方式处理情绪所需要的能力　对此，我们将情绪能力做了如下分组：

➤ 我应该怎样处理情绪？通过选择和改变唤醒情绪的情景，通过转移注意力，通过重评行动根源，以及通过灵活调整情绪反应和与之相应的表达方式，而实现反思性的和外显的对情绪发生过程的调节。

表 2-1　处理情绪方式的维度（Neubauer & Freudenthaler, 2006）

		焦点	
		自身	他人
情绪	认知	感知和理解身体性反应和评价	感知和理解面部表情、肢体动作和口头表达
	管理	内在调节	外在调节

➤ 我应该什么时候处理情绪？具备准确感知自己和他人的情绪和利用不同的元情绪的能力，以评价感知和确定情绪的合理性。

➤ 为什么我要处理情绪？将通过情绪而获得的陈述性知识和通过处理这些情绪而获得的程序性知识相结合，以便在解决问题时能主动应用这些知识并且以动机为导向来改善周遭环境。

> 哪些人格特征是有益的？对自己和他人的情绪体验的开放态度以及对情绪自主性抱有坚定信念。

上述观点的理想状态是进行情绪调节的个人能够以开放的态度面对它的情绪经历，积极主动地塑造他的情绪感受并表达，最终有能力依据他的基本需求和居于主导地位价值观的目标来利用情绪潜能。

处在情绪潜能和对它的适应性利用的对立面的是承受情绪带来的痛苦。与它密切相关的是心理障碍，一些处理情绪的尝试并不能改善这些痛苦，相反，它们常常激化问题。所以下一章我们将介绍情绪的不适应性处理方式。

总结

> 一个人拥有利用情绪潜能的能力表现为他能够主动影响自己和他人的情绪。

> 情绪与认知之间的理想关系类似一场合作性的、彼此尊重的对话，没有任何一方会剥夺另一方的话语权。

> 情绪调节小节提出了诸多不同的已经受科学检验的策略手段，在它们的帮助下，人们可以通过回避和改变引发情绪的场景，转移注意力或者调节评价过程，以及适应自己的情绪等手段来影响情绪。

> 情绪智力和能力呈现了一系列有益于适应性处理情绪方式的技能，而能力这一概念本身强调了这些具体能力的可教授和可习得性。在这些能力中，情绪的陈述性和程序性知识相互交融而建立了元情绪多元性的基础。这些能力可以来自天生的性格气质，也可以是通过人际交往或者元认知而习得的技能，它们与情绪的开放性和自主性密切相关。

> 情绪技能的划分标准可以按照关注对象的不同——自己或者他人，或者按照情绪认知和情绪管理来定义。

> 情绪技能可以被细分为4组：(1) 我应该如何处理情绪？(2) 我应该什么时候处理情绪？(3) 我为什么要处理情绪？(4) 哪些人格特征是有益的？

> 心理治疗和咨询工作的目标是检验隐性的对元情绪的内受以及拓展有关适应性处理情绪方式的陈述性和程序性知识。这条途径的必经阶段为：从内隐的非适应性情绪处理策略出发，通过将其外显而掌握适应性情绪处理策略的使用。

3 不适应性处理情绪

3.1 不适应性处理情绪的后果

在情绪里你就是个傻瓜
——出自《甜心俏佳人》中 Renee 的台词

第 1 章中,情绪被作为一个模糊的、却同时通过它的调节和沟通功能拥有着不可低估的潜能的研究对象被引入。在第 2 章中我们讲到了人们如何通过运用自己的智力和能力来积极地和适应性地利用这一潜能。而这一章中将会涉及不适应性的和其他一些有问题的处理情绪方式。

在调节自己情绪的方式上,人与人之间有着很大区别(John & Gross,2007;Krohne,2009)。这些区别并没有本质上的好坏之分,但是却影响着幸福感。

有效的情绪调节 不同情绪调节策略有的有效性也不同(Campbell-Sills & Barlow,2007),这表现在如何最小化不被期待的情绪后果以及如何能够满足恰当的目标和需求。它的功能性体现在被使用的场合。在这个意义上,某些短期有帮助的适应性处理策略实际上从长远看来却是百害而无一利的不适应性处理方式。而且,这些情绪的调节策略往往日后会发展为棘手的问题,例如,人们会通过回避一些重要的但却引起恐惧的情景来调节令人不舒服的恐惧情绪。

情绪调节的风格 基因分配决定的气质特征与人际交往中习得的经验相互交融,随之能够生成一种稳定的情绪调节风格,即习惯性模型。它源于个人自己和他的周遭环境施加的心理压力,这些压力可导致心理障碍的产生。情绪的调节风格影响了塑造一个人人格的基本图示,他会带着这些图示应对生活提出的一个又一个要求(Lammers,2007)。

不适应性情绪调节 原则上,在适应性情绪调节时产生的困难会对认知功能、自我价值评判和人际关系造成影响。Znoj 和 Abegglen(2011)具体描述了不合理的回避行为,认知性感知失真,缺乏冲动控制,缺乏屏蔽引发不适的想法、图片以及不安感的手段,缺乏做出形式上的符合场景行为的能力。

根据 Lammers(2007,21 页起)的理论,处理情绪的方式在下列情况中可能是不适应性的:

- 人们常常会在某些场景中体验到一些对该场景并不合理的情绪(例如"我一直觉得有负罪感!"【在并不是由说话者引发的冲突中】)。
- 人们体验到一些(虽然基本上是有益的)与他们所了解的价值观相冲突的情绪(例如"我知道,我不应该如此愤怒!")。
- 当体验到某些情绪时,人们会谴责自己(例如"我恨我自己,因为我当时感到了恐惧!")。
- 人们体验到不符合动机的强烈情绪。
- 人们不能合理调节强烈体验(例如在物质滥用或者自我伤害行为中)。
- 人们不能恰当表达对情绪的感受并且压抑它们。

所有上述策略都阻碍情绪资源的利用,增加了身体健康问题的风险,同时提高了心理障碍形成的概率。然而,这是……

3.2 看待心理障碍的新视角?

对情感本质的认识是病理心理学的基础。
——Eugen Bleuler,1926

现在我们回头来看开篇引用的 Bleuler 写于 1926 年的这句话时不由得感慨,现在人们已经可以从情绪一词含义的如此多层面来理解心理障碍。

LeDoux(2001)强调,情绪研究之所以有价值,是因为大多数的心理障碍都是情绪障碍。Thoits 已于 1985 年指出,大多数心理疾病的诊断都可以通过至少一个情绪相关的标准进行确定。Ochsner 和 Gross(2007)将半数以上《心理障碍诊断与统计手册》中诊断案例的病因归咎于情绪失调。根据 Wolf(2010)的观点,情绪能力的缺乏会对很多心理障碍造成深远的影响。同时,情绪调节的问题不仅仅与心理障碍相互关联,而且常常先行发生于心理障碍。

接下来我们可以列举一些心理障碍与失当处理情绪方式之间的联系。

情感障碍 心理调节的异常现象对狂躁症、双相障碍和抑郁的形成是决定性的。因此,它是不同的情绪临床治疗方案的中心(Herrmann & Auszra,2009)。John 和 Gross(2007)证明了压抑情绪表达和抑郁症相关症状的关联。在患有抑郁症的时候,人们很少能有效利用诸如重评等调节策略(Barnow 等,2011)。情感障碍常常伴随着为逃避痛苦经历而规避人际交往场合。抑郁症患者的迟疑和思虑过重可以被视作逃避痛苦情绪体验的机能障碍性策略(Campbell-Sills & Barlow,2007)。Böker(2011)讲到了抑郁症中情绪调节的身心一体性。在抑郁症期间,人们会持续性体验一些无端的情绪,并因此有种被榨干的感觉(Leahy,2002)。他们并不能很好地识别他人身上的愉悦感(Wolf 等,2012)。

恐惧障碍和焦虑障碍 恐惧和焦虑障碍是通过一种特定情绪来定义,它们的主要症状是逃避可能唤醒恐惧的内在(例如身体感受)和外在情景。在某些创伤经历中出现的条件反射性的害怕心理是被研究的最彻底的心理障碍之一(LeDoux,2001)。通过恐惧情景中的安全保护行为,人们试图尽可能将害怕调整到忍受限度之内。另一方面,接纳性的对恐惧情绪的调节措施有助于降低恐惧感(Leahy,2002)。处于恐惧情绪中的人尤为擅长识别他人脸上的愤怒(Wolf 等,2012)。

社交恐惧和一些特殊类型的恐惧症 社交恐惧症的人群同样因为经历了一些决定性的恐惧情绪而回避身边环境中的社交场合。同时,就像那些有着其他特殊类型恐惧症的人群,他们只在最低程度上表现出对自己情绪的关注(Turk,2005)。

广泛焦虑症 有着广泛焦虑症的人群会回避情绪负担过重的场合(Mennin,2004)。他们的担心被视为调节痛苦情绪的尝试。

强迫症 强迫症的中心症状是企图控制和压抑引发恐惧的想法。大多数情况下,它甚至是一项迅速使问题恶化的调节策略。

进食障碍 Sipos 和 Schweiger(2012)详细阐释了进食障碍和情绪调节的关系。例如,饥饿感会提高情绪的易感性,而另一方面,吃这一行为有助于自我镇定——一个恶性循环。Czaja 和他的同事(2009)指出了暴饮暴食在儿童的情绪调节中引起的种种问题。

物质依赖和物质滥用 由物质引起的一系列障碍往往与调节痛苦情绪有关。例如为了达到影响情绪反应的目的(Campbell-Sills & Barlow,2007;Buchmann 等,2010)。这种情况中,比如酒精,会明显加剧情绪的易感性和失调障碍(Sher & Grekin,2007),这无疑再次加剧了恶性循环。

疼痛障碍 躯体性疼痛时产生的特定问题会被与述情障碍(见第3.3章节)意义上的情感调节困难联系在一起(Garcia Nuñez 等,2010)。另外,疼痛障碍的患者会在适应性接纳悲伤方面遇到困难(Frede,2012)。

人格障碍 许多人格障碍都有情绪上的异常表象,从情绪不稳定、害怕、信赖缺失直到心理衰竭。而这些情绪调节模式又无一例外是极其稳定的。

边缘型人格障碍(BPS) 原则上,边缘型人格障碍的临床诊断标准是情绪的不稳定性,它会对个人与自己之间关系的稳定性和人际间关系的稳定性造成不利影响。此外,Linehan(1996a)在她先驱性的障碍理论中将情绪的不稳定性阐述为在生物性和社会性因素共同作用下的情绪失调。有着边缘型人格障碍的人群对情绪的认知是不同常人的。对于消极性的唤醒机制,如拒绝和被抛弃,他们往往能做出非常好的反应(Barnow 等,2011),而且他们能出色地识别写在他人脸上的恐惧(Wolf 等,2012)。总体而言,边缘型人格障碍的人群可以迅速识别出他人表情的含义,但他们却在划分情绪质量时常常犯错(Domes 等,2011)。这些人的案例证明患者会普遍过度阐释他人的情绪信号。他们会表现出多种回避型的因应策略(Lück 等,2011),并且有时候会采用冷酷的策略如自我伤害行为来回避痛苦经历(另见有关情绪失调的章节,或者 Kröger 等,2011)。

创伤后应激障碍(PTBS) Bohus 等人(2011)研究了边缘型人格障碍人群在调节情绪中遇到的困难和它的通病——创伤后应激障碍。创伤后应激障碍和其他创伤后障碍与情绪失调密切相关,比如高强度的恐惧和紧张状态,但也包括情绪迟钝和社会孤立。到目前为止,已有多篇优秀的研究论文从神经科学角度入手,解读对创伤性经历进行情绪加工的基础。

注意缺陷与多动障碍(ADHD) 表现在儿童和成年人身上的注意力缺失多动症的核心症状体现为情绪调节的问题以及情绪能力缺乏(Bresner 等,2009)。

精神分裂症 Wolf 等人(2012)详尽叙述了精神分裂症人群在情绪能力上的局限。因此,他们饱受情绪认知问题的困扰,这严重影响了他们建立各种关系。一些常用神经稳定剂的副作用常常还会加速问题恶化。

器质性精神障碍 脑部情绪处理系统的损伤会导致多种情绪调节障碍,鉴于它们作为情绪的生理基础地位这并不足为奇(Beer & Lombardo,2007)。

始于童年和青少年时期的行为障碍和情绪障碍 许多开始于童年和青少年时期的障碍都与情绪失调有着密切关系。在今后诊断过程中我们必须要加强对早期萌芽的重视(Kullik & Petermann,2012)。

其他涉及身体健康的问题 不适应性的情绪处理方式不仅仅会导致心理障碍的产生和持续存在,而且也表现为其他的生理健康问题,例如压力、职业倦怠、伴侣关系或者其他人际关系中的冲突。

压力 压力和情绪失调是呈正相关的关系(Sapolsky,2007),因为对情绪唤醒机制的感知波动是通过压力释放出来的,同时情绪的应激性也随之提高。LeDoux(2011)证明了轻度压力首先会影响杏仁核以及使它的应激性的提高,而高度压力可能导致记忆功能的减退。

伴侣关系冲突 各种伴侣关系内的冲突无外乎源于严重的情绪失调,其中,参与者的调节风格常常会相互助长(Hahlweg & Baucom, 2008)。

职业倦怠 情绪和情绪的不适应性调节方式不仅仅局限于私人生活层面,而且可能会不断增长蔓延至工作、生活和雇佣关系中,这种情形下,它很可能发展为职业倦怠乃至(平行于其他症状出现的)情绪性疲劳(Kaschka 等, 2011)。同时,情绪失调在高强度的情绪工作中也是主要的心理风险因素之一。

情绪劳动/工作(emotional work)和情绪失调

Hochschild 在 1990 年引入了情绪劳动的理念(Zapf 等, 2000; Fischbach, 2003)。该理念专注研究当时蓬勃发展的服务业的工作特性:这一领域的工作中心是与他人直接进行面对面的交流,这特别适用于涉及健康领域的服务业(Nerdinger, 2003)。

情绪劳动的理念首先关注情绪的文化层面以及情绪的社会化过程,也就是说情绪表达和情绪感受适应社会期待和规范的过程。除此之外,该理论还关注剩余价值的提升或者通过有目的的影响在顾客关系中所表现的情绪从而完成与雇主确立的行业目标。

情绪劳动由多个特征组成:展现舒服的情绪和压抑不舒服的情绪;识别他人身上不同的情绪;情绪失调作为情绪表现和情绪感受之间的不一致性(同上)。

Zapf 和他的同事(2000)已经能够证明,情绪劳动在原则上并不会加剧职业倦怠,所有情绪劳动的层面都可能导致情绪性疲劳,但显而易见,人们会因完成工作任务获得积极感受而表达舒服的情绪。最明显的关联存在于职业倦怠和情绪失调之间,该结论出自对呼叫中心工作人员和普通学校教职人员的研究结果(Wegge 等, 2010)。这种失调造成的消极影响不言而喻,从情绪透支到人格解体,再到心理负担导致的身心性疾病以及对工作的不满。情绪失调因而被视为工作负荷过重、职业倦怠和动机衰退的预测性指征(Dorman 等, 2002; Zapf & Holz, 2006)。

综上所述,表明了不适应性的处理情绪方式与普遍性的身体健康问题乃至普遍性心理障碍之间以多种方式相互关联。但即便如此,我们仍然要继续研究单个情绪调节策略和特定障碍之间的具体关联(Barnow等,2011)。

Berking(2010)系统化了情绪失调对心理障碍产生所造成的不同影响:

(1) 对造成障碍的情绪的调节不利。

这是情绪调节中会遇到的困难,它们直接作用于心理障碍,加强并维持这些障碍的存在。例如,恐惧障碍患者可能试图逃避引发恐惧情绪的情景,这虽然在短期内可以减轻负担,但是长期上却会加剧恐惧症的病症。

(2) 对引发问题行为的情绪的调节不利。

这里指的是,从后果上看会加剧障碍的功能失调性的情绪调节策略。例如,可能是痛苦的悲伤情绪和孤独感引发物质滥用或者暴饮暴食。

(3) 对阻碍自助行为的情绪的调节不利。

由于心理障碍时常伴随着自卑感、失望或者羞耻感,对这些伴随情绪的功能失调的调节策略阻碍了相应的自我帮助的实现。

(4) 不被期待的痛苦情绪是滋养心理障碍的沃土。

Berking将此理解为那些不被期望的情绪的持续状态。当重要目标不能实现和某些关键需求不能被满足时,心理满足感自然而然会被拉低。这一状态正是"障碍赖以生长和抽枝发芽的沃土(另见20页)"。

3.3 不适应性处理情绪方式的临床综合征

在描述与不适应性处理情绪方式密切相关的情绪失调的时候,如下综合症状被一再提及:

述情障碍 1973年,Sifneos为了更好地描述患者的情绪异常表现而引入了述情障碍(Alexithymie 一词源自希腊语:a=缺失;lexis=语汇;thymos/德语化词尾 thymie=情绪)这一概念。该人群缺乏情绪意识,不能得当地使用语言来表达情绪,只能糟糕地对心理分析的干预作出反应。现今,述情障碍是基于如下三个方面来定义的:

a) 情绪识别的困难。

b) 描述他人情绪的困难。

c) 伴随着极端的以外部世界为导向的认知性加工风格的有限的想象能力 (Parker,2006;Grabe & Rufer,2009)。

此外,与述情障碍常常联系在一起的还有共情能力缺失,加工诱发情绪负担信息的能力的缺失,识别他人面部表情所包含的情绪信息的困难,以及回忆和复述梦境内容的困难。Parker(2006)因此将述情障碍置于情绪智力等级排序的最底端。

根据上述特征,述情障碍人群只能从他们所处的社会环境中汲取或者获得微乎其微的情绪上的支持。由于该人群只有较低的适应性调节情绪的能力,述情障碍有很高的风险潜能会发展成为多种不同的心理障碍,其中包括心理负担导致的身心性疾病、创伤后应激障碍、物质滥用、进食障碍和游戏成瘾。同时,述情障碍人群会更频繁地要求医疗手段的支持以把他们所承担的精神压力转化为生理问题。

鉴于上述问题,我们普遍认为,述情障碍人群并不适合使用认知性的心理治疗方法。他们不能融入情绪治疗的医患关系中,并且常常认为有关情绪的对话是无聊且多此一举的。因此,在感知情绪和进行关于情绪的交谈时出现的困难对于阶段性的心理治疗过程来说是预后的不利因素(Simson 等,2006)。

目前,我们已经掌握了一系列针对述情障碍的测评方法,例如多伦多述情障碍量表(TAS)(Taylor 等,1986),它现在已经有了德语版本(Kessler 等,2010)。

经验性回避(experiential avoidance) 经验性回避的概念于 1996 年被 Hayes 等人首次提出。它是根据功能性失调的回避行为和最大限度地降低个人经验(通过身体感受、情绪乃至随之产生的思想活动、记忆和图像而获得)以及对这些经验做出主动分析的心理准备缺失来定义的。然而普遍看来,因此被屏蔽的不仅是对痛苦情绪的经验,还有一些舒服的和自发的经验。

Campbell-Sills 和 Barlow 将此称之为情绪性回避(emotional avoidance),但它更多指的是回避情绪体验(Chapman 等,2005)。经验性回避可能导致不同的有损健康的行为,如通过自残、物质滥用或者极端的耐力运动(Preiser & Ziessler, 2009)以减少痛苦的经验。这些能短时见效却又消极的强化手段实际上维持了情绪的存在。

经验性回避的理念与许多相近理念,如心理动力性防卫、回避型因应和压抑等情绪调节策略密切相关(Chapman 等,2005)。

经验性回避还与一系列心理异常现象之间存在着关联:物质依赖症复发概率的提高,恐惧障碍的加剧和延时,战争经历造成的创伤后应激障碍表现的恶化(Morina, 2008)。

Chapman 等人(2005)在他们的经验回避模型(EAM)中阐述了经验性回避与边缘型人格障碍人群的自我伤害行为之间的关系。后者被视为起到相反效果的、功能性失调的回避痛苦情绪经验的策略,它逃避了情绪,也助长了情绪。就像在回避过程中的那些短时发生的(消极性)强化作用,中长期却逐渐起到阻碍作用。就像其他回避过程中的(消极的)强化性因素往往短时见效,而中长期逐步显现出的效用却是源于障碍性因素,例如反弹效应带来的效果是原本被回避的情绪被增强和强化了。作者认为经验性回避与能力的缺失有关,例如降低高强度生理反应的能力,将注意力从情绪引发机制身上转移的能力,减少冲动性反应方式的能力,以及行为目标的去情绪化的能力。在临床治疗过程中,这些能力的培养和建立占据了重要地位。

Berking 等人(2009)论述了边缘型人格障碍和抑郁之间的关系。即使治疗取得成功并且患者的边缘型人格障碍症状有所减轻,重度抑郁的状况却常常作为遗留问题出现。这种情况和由经验回避造成的困难一起被解释。例如，在医患关系的建立中，在对重要信息的加工中，在恐惧刺激机制的习惯养成中，以及在实践行为实验的动机生成中。因此，抑郁并不是治疗结果的有效指标。作者强调的是在治疗过程中培养相关能力的意义。

其他作者讨论了经验性回避在心理治疗过程中所带来的问题，因为它们将会抑制对痛苦经验的加工以及对相应的积极干预手段的使用(Jacob & Tuschen-Caffier, 2011)。

经验性回避的测评方式有 Hayes 等人(2004)编订的接纳与行动问卷(AAQ)可供使用，它的德语译本由 Gloster 的工作组(2009)完成。

情绪驱动行为 情绪驱动行为的概念，即直接被情绪主导的行为，由 Campbell-Sills 和 Barlow(2007)引入，它不仅仅局限于纯粹的冲动型行为。某种程度上，这一概念是经验性回避的对立面。后者包含了从对情绪唤醒场景的完全回避到完全压抑情绪反应的过度情绪调节措施，而情绪驱动行为的概念定义的是情绪调节不足的状况，人们无条件服从情绪主导下的行动冲动。这可以是焦虑症中所表现的对某一地点的某种逃离式回避，强迫症中所表现的立即控制冲动或者洗手，抑郁时表现出的清晨的赖床行为，愤怒和生气时表现出的攻击性的应对反应。

就像经验性回避一样，冲动行为在原则上也不是非善即恶的，而是取决于当下的场景以及情绪反应的合理性，然而这些行为往往在事实上增强了奠定该行为基础的那些情绪。

Campbell-Sills 和 Barlow 提出了一种治疗方案，它预见了验证情绪反应合理性的认知性因素以及暴露疗法，可以让患者学习到新的不兼容于情绪驱动行为的反应方式。

从过度调节情绪到情绪调节不足：正态分布？

Eisenberg 和他的同事(Eisenberg & Fabes, 1992; Eisenberg 等, 2000)为我们描述了一个儿童调节情绪风格模型。这些风格根据儿童的气质类型和周围环境的差异而有所不同：强抑制型、不受控制型和最优情绪调节方式。

他们证明了情绪的调节风格和儿童的社会功能水平的相关性可以抽象为正态分布图，因此，低社会功能水平既见于过度调节情绪的儿童，又见于那些对情绪缺乏调节的儿童。

Lynch(2011)将这一理论应用到了成人治疗工作中，而且他将成人的情绪调节风格类比于儿童治疗工作中的分类进行了分类。他的出发点是，那些总体上缺少情绪调节的人群可以通过强烈体验情绪的学习经历得以弥补。而那些过分调节情绪的人群则通过避免强烈体验情绪而得以缓和。

他将缺乏情绪调节的人描述为冲动的、易激动的、狂热的、浪漫主义的、不切实际的、热衷冒险的、毫无距离意识的、渴望被人喜爱的、随时要成为人群中心的、极度兴奋的、亢奋的、无界限的、对无秩序有高度耐受能力、情绪极端不稳定的,并且有着开放的情绪表达方式的。而位于情绪调节区间另一侧的那些过度调节情绪的人则被他描述为被压抑的、不易激动的、多虑的、谨慎的、小心翼翼的、敏感的、实际的、有逻辑性的、现实的、独立的、不易亲近的、功利性的、热衷秩序建立的、内心不为所动的且较少表达情绪的。

3.4 不适应性处理情绪方式的原因

解释不适应性处理情绪方式成因的理论模型不胜枚举,它们在很大程度上受到理论范式、对人的理解,以及各种治疗学派的影响。此外,文化和社会条件也影响着情绪的表达、感受和形成——既在个人生活领域里,又在工作场景中。

试图将个人生活经历压缩进一个模型来展示的做法鉴于其多样性和复杂性几乎是徒劳无功,然而建立模型却可以帮我们深入理解它并且实现利用普遍性知识对个体情况假设进行检验。

不适应性处理情绪的方式是生理因素和社会背景因素综合作用的结果,这在研究中已经达成共识(Linehan,1996a)。

先天的基因条件奠定了不适应性处理情绪方式的基础。例如,LeDoux(2001)认为杏仁核针对不同类别的刺激"准备"程度有所不同。气质类型是一个情绪性由高到低的等级排序,它的区间跨越了表现为强烈情绪表达的高情绪性到对情绪刺激只产生较低的反应波动,最后到该刺激相应的低情绪性。

在个人学习经历中,这些先天条件与基本需求受到的伤害被整合了起来,例如关系破裂,被贬低,个人界限被践踏、被滥用、被无视、被否认,以及其他对情绪不合情理的反应。监护人对(年幼)子女的情绪性反应起到了风向标的作用,影响了他们的反应方式(见第1章)。在关系建立过程中以及之后的亲密关系经验中可能会产生无数障碍的症状,而且它们会表现为固定的亲密关系模式(Kullik & Petermann,2012;Hédervári-Heller,2011)。监护人自己在情绪调节上的困难会直接影响孩子的学习过程,例如,通过榜样学习的方式。此外,家长的元情绪也影响了孩子的心理发展乃至他们的抑郁(Hunter等,2011;Katz & Hunter,2007)。由此,在几代人中产生了表现为某些特定的情绪异常现象的系统性痼疾也不足为奇。

情绪调节问题的端倪甚至已经显现在幼儿园适龄儿童的身上,例如在有某种攻击倾向的行为中,在这一年龄段就要采取预防性措施(Salisch & Kraft,2010)。Helmsen和Petermann(2010)也得出了结论,即有攻击性的儿童在学龄前就应培养情绪调节的能力。青少年时期表现出的情绪调节的困难还与他们受教育的方式和风格有关，如 Neumann 和 Koot(2011)在母女关系中所证明的那样。

在这一背景下产生了一种稳定的情绪调节模式和风格。人们会习得和强化调节策略来更强烈或者更少地体验特定情绪，抑或用来回避特定情绪。

Berking(2010)从生平经验的角度提出了一种针对心理障碍和情绪调节困难之间的关系模式的设想，当然，这只是众多学说中的其中一个版本。他广泛参考了 Grawe(1998)有关心理障碍产生的基础研究。Berking 将这一模型描述为一个综合性过程，其中不同的风险因素相互交织和制约。这些调节的共同作用决定了某个心理障碍产生的可能性。

不适应性处理情绪的风险因素

Berking(2010)在心理障碍产生的综合性模型中讲到了如下几点因素，并按生平发展阶段依其产生条件分为了三组：

起始条件 遗传特质(如气质类型)的先决存在以及母亲在怀孕和分娩过程中感受到的压力都对相关脑区的发展产生了不利影响。由此产生了一系列儿童时期早期的不一致经验，例如，监护人对孩童需求的(不)准确回应。这种情况造成的结果是激活机制通过杏仁核的应激反应可以轻易被唤醒或者抑制进而被改变。这一改变反过来给监护人从外部介入来调节孩子情绪提出了更高的要求。如果没有恰当的外部调节机制，那么孩子的情绪便会变得越发强烈和不可控。当皮质醇的含量持续增高时，负责情绪调节的大脑皮层和皮质下结构组织(前额叶皮层、海马体)的功能均会受到阻碍。其结果是对基础性情绪的调节不利。

在儿童时期后期的学习可能性的缺失 情绪调节机制缺乏的后果是与监护人互动的困难，它也进一步促进了不适应性情绪的发展。此外，监护人可能也会成为情绪调节的反面教材。这其中的风险是，监护人过于关注自己生活中的压力而小觑了孩子的情绪反应。随着这些不被期待的情绪的生成，孩子心中逐渐形成了对自己的消极认知，这又反过来加强了他们的次级情绪(如羞耻感和负罪感)。随着情绪自主性的降低，儿童产生了对情绪的恐惧，并且一些回避模式会被激活。例如回避某些情绪相关的情景，刻意排除和压抑某些情绪体验，以及激活如下心理变化过程：

A) 转移对痛苦情绪的注意力(例如通过躯体化)；

B) 诱发控制欲的产生(例如通过担忧)；

C) 短时期内掩饰心境(例如通过物质滥用)。

随着情绪的发展，这些回避策略阻碍了人们习得恰当的调节策略，由此，消极的自我认知的恶性循环不断往复下去。

作为唤醒机制的急性不一致经验 这里指的是已掌握的因应手段不能继续应对当前作为威胁被体验到的，或者作为基本需求受伤成因而被体验到的危机场景的情况。这导致了压力决定的唤醒机制的增强,控制缺失,继而刺激了皮质醇的分泌。情绪上进行抑制型调节的大脑区域再次受到了阻碍,与此同时,前期病理性的反应方式却被有选择地加剧。此外,压力反应的持续积压导致产生出基因表达和其他遗传性的风险因素。这一过程最后以心理障碍的生成而告终。

上述模型向我们展示了造成不适应性处理情绪方式的综合性原因以及这种方式与心理障碍生成的关联。

由此,我们可以肯定了解人生经历中的既往病史对临床治疗和咨询工作的重要性,因为这些病史涵盖了情绪发展过程的个体特征和它们对心理障碍的形成和维持所造成的影响。针对不适应性处理情绪方式的基础和原因的研究工作和对这一处理方式的理解是改变处理情绪方式的前提条件。

3.5 目标:处理情绪方式的合理性

万物皆是毒物,不存在无毒之物,
只有剂量可以决定某物不再是毒物。
　　——Paracelsus

适应性与不适应性处理情绪的方式之间的分界线看起来是模糊的,一些短期内显得行之有效的策略从长远角度看来是百害而无一利的,或者与此相反——人们常常因此当了"事后诸葛"。

每种情绪只有在超过某种强度的时候才会变得失调——既包括过低的强度也包括过高的强度。低强度和低情绪表达的情况会无效化情绪的信号功能,情绪的潜能将不能被利用。在高强度下,情绪变得有压制性,甚至具有破坏性,并且限制了行动空间。来自他人的情绪信号可能并不能被准确地识别和归类,因为他们也被这些情绪压制了。

Greenberg 等(2007)从如下两点论述了情绪产能(emotional productivity):
➢ 人们有能力利用隐藏在他们基本情绪中的信息(情绪运用 emotion utilization);
➢ 并且有能力以适应性方式调节相关的情绪体验(情绪转换 emotion transformation)。

相应地,Znoj 和 Abegglen(2011)对适应性情绪调节做出了如下定义:

> **适应性的情绪调节**
>
> 我们可以将下列个人技能或者能力作为适应性情绪调节的定义看待：在调节已发生的情绪波动的时候，能够做到既非完全压抑它，亦非过分改变它，以至于该情绪不被作为信号识别(解码)出来。但是也不会对其放任自流以致其他的行动意图或者思考活动完全被它的波动主宰。（第56页）

情绪资源工作的出发点是应该把处理情绪的着眼点放在合理性上，或者，就像开篇引用的 Paracelsus 关于药剂学原理所说的那样，放在剂量上面。情绪可能会被过度调节，就像经验性回避和述情障碍那样；也可能出现缺乏情绪调节的情况，如情绪驱动性行为的产生或者冲动行为。然而正如我们一再重申的，情绪本身没有好坏可言，无论是功能性的或者功能失调的，适应性的或者不适应性的。这一区分只有基于合理性标准以及结合某个具体情境的上下文才有意义。同样的情绪质量在某个情景中可能是合理的，而在下一个场景中则是不合理的。同样的情绪强度在某个情景中可能是过激的，而在下一个场景中可能是恰如其分的。

第1章在讨论关于哲学方法论的时候，我们已经对此略述一二，因此，关于合理性的问题也是关于我们行为根源的问题。根据对一项情绪反应的认知基础是否为它正确表征以及是否论证了其合理性的分析，可以让主体自身或者在与他人的对话中判定这一情绪处理方式是非适应性还是适应性的。而且这一判断不仅可以从本人角度出发，也可以通过与他人的对话来判断。Ben-Ze'ev(2009)证实了，处理情绪的方式"(a)从具体状况看来是不合理的时候以及(b)过激的时候，它都是有问题的"(第151页)。

我们可以在以下两个维度下考量处理情绪方式的合理性问题：质和量。
➢ 情绪在质量上的合理性。这里指的是根据引发情绪的场景而对情绪质量所做的区分。调节情绪质量种类的灵活性因人而异。
➢ 情绪在数量上的合理性。这里首要指的是取决于引发情绪场景的情绪表达和情绪感受的强度。调节情绪数量程度的灵活性因人而异。

由此可以得出四种可能的关联方式(另见图3-1)：
➢ 低等强度(数量)/低等区分度(质量)，这种情况可能见于有述情障碍或者经验性回避的人群。（A）
➢ 高等强度(数量)/低等区分度(质量)，这种情况可能见于有特殊障碍的人群，例如恐惧泛化和选择性情绪驱动行为。（B）
➢ 低等强度(数量)/高等区分度(质量)，这种情况可能见于对情绪进行高程度的认知性调节或者理性化的人群，但是这些情绪反映在身体性感受层面上

的程度很低。（C）
- 高等强度（数量）/高等区分度（质量），这种情况见于有情绪不稳定性和泛化情绪驱动行为的人群。（D）

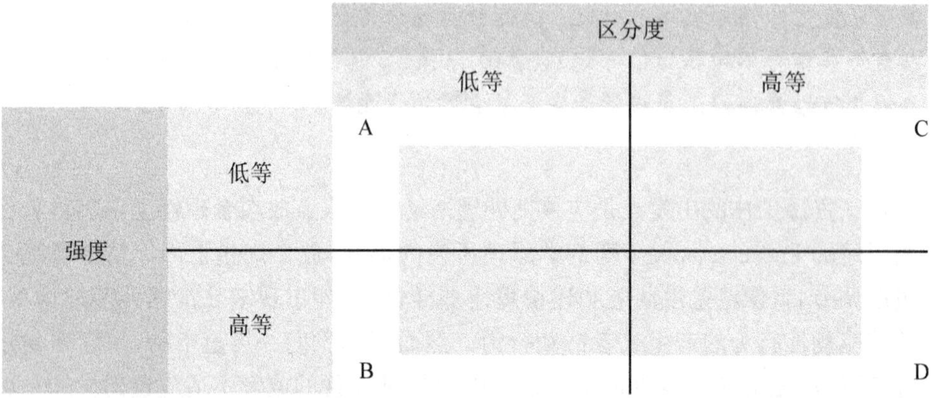

图 3-1 情绪调节在数量程度和质量种类双重维度上的长期性合理区域（图中灰色阴影面积）

处于中等强度和中等区分度的核心区域之外意味着患有心理障碍的风险较高，特别是当某种习惯模式基于学习经验已经生成的时候。

图 3-1 表明了改变处理情绪方式的关键在于调节策略的灵活性，这意味着能够根据场景要求分别对不同情绪的强度进行向上或者向下的调适，既是针对自己的，也是针对他人的情绪。从内隐-不适应性调节策略到将其外化为外显-适应性调节策略都体现了处理情绪方式的灵活可控性。因此，Westphal 等人（2010）以此为出发点将情绪表达的灵活性（EF）设置为有效情绪调节手段的目标。

这种灵活性体现在人们要放弃被认知疗法中广泛认可的二者择其一式的"非此即彼的思维模式"，并且学会认识和熟练运用发生在自己和他人身上的情绪体验的不同方面。愤怒便是一个非常简单的例子：在用力摔门和忍气吞声作为愤怒反应的两种极端表达之间其实还有许多别的方式。在之后的实践部分我们将会更详细地论述。

总结

- 一种不适应性的处理情绪方式很可能既给自己也为他人带来压力和痛苦，由此增加了发展为心理障碍的风险。
- 除了情绪调节策略和与相应不同心理障碍之间的特定关联，下列症状也尤为值得关注：述情障碍，经验回避，情绪驱动行为等体现为被表现和被感受到的情绪的不一致性意义上的情绪失调。
- 心理障碍的发病机理从参与其中的所有情绪过程的角度来看是极其复杂

的。许多障碍的导火索蕴含其中。在系统整理生平的既往病史和建立障碍模型的过程中,我们要注意如下几点:天生气质,情绪调节策略,原生家庭带来的元情绪,以及个人的学习经验。这些方面减轻了理解个人压力痛苦的难度,而且在治疗过程中可以辅助验证一些对个体性做出的假设。这种理解是改变不适应性处理情绪方式的前提条件。

➤ 合理性可以被视为一种不适应性处理情绪方式的根本特征。它包含了质量(情绪质量的区分度)和数量(感受和表达的强度)的层面。如果某一稳定的情绪调节风格和习惯性情绪调节模式处于被过度调节和缺乏调节的情绪区间的中段以外,那么健康受损的风险就会增加。所以,改变处理情绪方式的目标是提升情绪在质量和数量上的灵活度。

4 处理情绪方式的改变

在之前的章节中,我们已经介绍了有关情绪作为资源以及以适应性利用其潜能的方式的不同方法论和理念,在最后还讲到了处理它们时会遇到的困难和可能因此增加的患心理疾病和其他健康问题的风险。

许多人已经把情绪的潜能和情绪本身作为资源来利用。但是适应性和不适应性处理情绪的两种方式间的分界线仍是难以界定。当人们感觉自己即将崩溃的时候,他们便会去寻求专业帮助。情绪处理方式的改变是临床治疗和咨询帮助的目标。

4.1 临床心理治疗中的情绪

即使现今情绪工作炙手可热,我们也绝对不能称其为新生事物:对于受过行为疗法之外的疗法培训的同事来说,以情绪为主题的各种理论方案和出版物现阶段爆炸式的增长必定让他们不明就里。诚然,在许多的心理治疗的方向中,情绪和情绪工作已经有过并也正在享有极高的价值和地位。

心理分析 在心理分析中,通过移情和反移情的方式激活有关键影响的情绪体验在医患关系里始终处于中心位置。即使弗洛伊德很少使用情绪一词,情感冲动一词在他的障碍理论中仍是一个核心概念。由此,心理障碍的形成是由人格的三大组成部分之间的冲突导致的,其中的原因可能是早期的学习经验,它们正是临床治疗工作的处理对象。心理分析学派和深度心理学的临床治疗医师越来越多地关注情绪,并由此创立了一些特定的方法理论(Lammers,2007)。

个人中心治疗 从个人中心治疗法或者对话疗法以及它的创始人 Rogers 的角度来看,心理障碍的形成是由人的自我概念(Self image)和经历之间的不一致性造成的。这种不一致性表现在处情绪的方式上,其中一部分表现在强烈情绪中,而另一部分表现在被回避的情绪中。心理治疗需要以接纳、移情和一致作为必要标准,在 Rogers 看来也是充分标准,这些不一致性经验应该随着心理治疗过程的推进被逐一化解。医患关系是治疗的核心影响因素,正是基于这种关系,情绪才能在充分关注下被感知、反思和表达。

格式塔心理疗法　随着 Perls 创立和发展了格式塔疗法,体验情绪,特别是不被期待的情绪,被提上了治疗的中心议程。许多他设计的治疗干预手段,例如双椅疗法,现在仍在许多不同治疗学派的方法论中扮演着重要角色。

行为治疗　情绪的价值地位在行为疗法的框架内也经历了大起大落。在该疗法创立的早期阶段,情绪发挥了积极的影响,例如条件反射(对行为治疗的影响)。Ellis(1962)根据他的理性情绪行为疗法在 20 世纪 50 年代形成了一套试图将认知、情绪和行为层面联系到一起的整体论的学说。即使在今天,著名的情绪 ABC 理论仍然是解决许多棘手问题的得力助手,然而情绪因其 C 的价值等级排序仅仅被视为认知过程的一个附属结果。Lammers(2011)指出,被归类为 C 的情绪通常是次级情绪,但是他并没有对这一基本情绪模型做进一步的分析。

通过理性认知在引发场景下进行的暴露疗法中产生的恐惧情绪让行为治疗取得了巨大成效,这是一项极为有效的针对功能失调的情绪调节策略的修正手段。经过行为疗法中的认知转向,认知性干预手段在具体治疗过程中获得了更多的发挥空间,甚至逐渐渗透整个治疗流程的各个阶段。与此同时,情绪当然也在认知行为疗法中起到重要作用,但它更多地仍是作为基本认知过程的附属变量。在某一个特定角度下,认知行为疗法也是一种以情绪为导向的治疗形式,在这个仅有的角度下,它只注重了情绪调节策略中评价和重评的这一层面(Campbell-Sills & Barlow,2007;Znoj & Abegglen,2011)。然而在这个意义上,情绪从根本上看起来仍然是一个有待改变的问题。不同于其他疗法,行为疗法自身在过去几十年里几乎没有发生任何变化。它高度的适应能力和预备性保障了可以随时融合来自其他疗法的一些经受过检验的干预手段,但也因此,人们在具体应用形式中已经忘掉了这些手段在理论学习中的最初来源和基础。由此,行为疗法一词现在仅仅被视为一个由不同干预手段组成的结构松散的概念集合,甚至它存在的意义也因此受到了根本性的质疑(Sinderhauf,2009)。同时,作为学科人文主义(例如 Kanfer 等,1996)和认知主义转向(例如 Beck 等,1999)的一面镜子,行为疗法在事实上完成了一个范式转变。近 20 年来,在行为疗法的理念内部还发生了另一个转变,它的关键词为"第三次浪潮"(例如 Hayes,2004)。

这一转变包括了情绪工作转向(例如 Sulz & Lenz,2000),元认知工作转向(例如 Moritz & Hauschildt,2011),系统工作转向(例如 Hahlweg & Baucom,2008),

身体工作转向（例如 Sulz 等，2005；Trautmann-Voigt & Voigt，2009），生平经历和基础图示工作转向（例如 Young 等，2005），关系建立工作转向（例如 McCullough，2007）。最后，它还吸纳了正念、平衡改变和接受策略、价值观导向、精神性和宗教归属感等方法理念（例如 Christmann，2000；Sulz & Hauke，2010）。

当前在行为疗法内部发生的情绪转向实际上是对那些被验证为可行的调节策略的拓展，总体来看并没有新的内容。同时，这一转向的背景下也滋生了对具体实践理论紧急而迫切的需求，比如如何能够在治疗和咨询工作中利用情绪。可能的话，这种拓展可以一定程度上填补不同治疗学派之间的鸿沟。

心理疗法　对此疗法做出最重大贡献之一的是 Grawe（1998）关于心理治疗方法的潜在普遍影响因素的论述。虽然人们会质疑情绪在普遍心理疗法中是否受到了过少的关注（Znoj，2011），但毋庸置疑，该理论提到的核心影响因素确实能够被很好地应用于情绪工作（例如 Lammers，2011）。

> 问题激活　通过来自某一场景中直接情绪性体验的刺激。
> 问题解释性视角　通过情绪知识的拓展和对调节策略的明确理解作为改变处理方式的先决条件。
> 问题的因应　采用调和认知以及处理情绪的能力和技巧手段——既包括自己的，也包括他人的。
> 资源激活　借助相应的获得情绪资源的渠道。

激活患者和来访者的资源是建立医患关系的决定因素，同时也是影响治疗结果的重要因素（Grawe，2005）。由此看来，在临床治疗和咨询过程中以问题视角来看待情绪是颇为遗憾的。

> ❗只有当人以资源视角来看待情绪时，也就是说当患者和来访者的情绪体验被接纳、理解和被视为有价值时，才能让情绪成为临床治疗和咨询工作的中心，并利用它们现有的潜能。

4.2 一个教学法的图像比喻：行为疗法的导航图

快乐不是一个要去到达的状态，而是一种旅行的方式。
——Margret Lee Runbeck

行为治疗的突出优势体现在干预手段的高度灵活性和适应能力，这些手段在理论学习的知识基础上具有可操作性和可验证性。在这个背景下，过去几年乃至几十年发展出了许多相关的理论方案。

为了让我们的统观视角不被这些理论的观点、灵感以及多样的可能性带偏方向，我们的研究手段应该被限制为模型化的方式。这就像在看一张导航图，比例尺可以根据理解相应场景的需要进行放大或者缩小。为了规避刺激过多和细节信息过剩的危险，我们只呈现重要的峰值（宏观视角），针对具体判断，我们可以根据需要呈现一些个体性细节（微观视角）。

由思考、感觉和行动，或者认知、情绪和行为组成的三位一体虽然是老生常谈，但是在理解和交流有关人的经验的作用方式上，它永远是再合适不过的原则标准（Glasenapp，2010a），即使从科学角度出发也不能将三者割裂。那么，我们回到这张地图（图 4-1）：这三个领域就像三座岛屿，它们之间交流来往充满生机，但是每一个岛屿都可以被独立地观察和参ധ。这三座岛屿还昭示了心理系统之间的紧密关联，它们从自然本质上就是不可分割的。一方面是因为身体作为大型岛屿或者陆地的存在为所有心理活动和身体活动提供了相互影响的共同平台；另一方面，社会性互动影响或者社会关系以及与此相关的多种系统层面也是作为一座大型岛屿或者陆地而存在的。

行动的岛屿 行为疗法的传统优势在于行动的岛屿，它承载了一系列行为训练项目的内容。行为疗法一个根本性的乐观态度是它认为它能对每个在行为层面出现的问题给出相应的答案，而得出这一答案的基础是通过从认知到练习——练习——练习的模式所带来的一些变化。这些经过重重考验的认知构成了行为疗法的合理信念，并因此为改变提供了定位方向和方法论依据。实际上，这些合理信念便是行为疗法的工具箱中的关键工具，例如强化以价值观为导向的行为来减少抑郁经验,通过暴露疗法习惯引发恐怖的场景并进行重评,以及协调那些必要的且能够支持情绪调节的能力和技巧等。

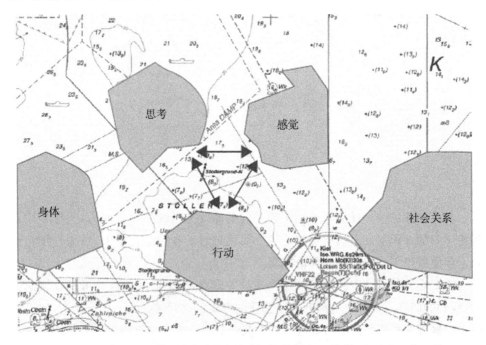

图4-1　行为疗法导航图的岛屿模型所呈现出的思考—感觉—行动的三位一体以及它们与身体和社会关系之间的相互影响
（航海图:测试练习地图　世界大地测量系统 WGS84
东海　德国和丹麦海岸,基尔海湾　联邦政府发行的航海和水域地图 2005）

辩证行为疗法（DBT）

Marsha Linehan 的心理临床治疗工作以医治有自杀倾向的患者为开始。她最初关心的问题是最大的痛苦压力发生在哪些人身上,哪些人是最绝望的。很快她便确定很大一部分患者都深受边缘型人格障碍的困扰,而这一治疗人群在近几十年来都被视为心理临床治疗工作中最为艰巨的挑战。她在认知行为疗法的基础上,形成了一套辩证法的方法原理。时至今日,在各种有关边缘型人格障碍的理论和治疗方法上它都是领军角色。

障碍理论的关键理论便是由她创立的关于情绪调节障碍的生物—社会模型。其中,基本的合理信念内容便是:"我不仅仅是我的感觉！"接受和改变的辩证法治疗过程是该疗法的中心干预手段,在治疗中二者的平衡必须被保持。基本的接受性干预手段是对情绪体验的正念和合理化认同。基本的以改变为目的的干预手段是对核心技能以及从行为疗法和认知理论处借鉴来的干预手段的拓展。

根据情绪调节障碍的基本观点，如果作为工作直接对象的痛苦情绪是在幕后进行的，那么情绪在辩证行为疗法中必须占据中心地位（Koèrner，2011）。治疗想要取得成功需要更多借助"自外而内"的途径，即通过改变行为进而到改变情绪体验。由此，技能训练的一个关键要素便是情绪调节的实践能力（另见 4.4.2 节）。

辩证行为疗法贯穿于不同的相互补充的模块之间：个人中心治疗作为技能训练的团体治疗，与治疗师电话联系，来自周围社会关系的干预措施以及治疗者之间的定期的意见交流。

Marsha Linehan 对辩证行为疗法的第三次浪潮产生了深远的影响。时至今日，人们在谈论到那些广受认可的治疗理念时，例如正念、合理化、技能训练、辩证方法等，都会第一时间想到她的名字。

辩证行为疗法的疗效已经经受住了种种考验。而今有无数有待于依靠辩证行为疗法来解决的适应证，例如处于青春期的青少年，饮食障碍的人群，物质滥用的人群，注意力缺陷与多动障碍的人群，精神障碍的人群。

思考的岛屿　在认知行为疗法中，人们会频繁光顾思考的岛屿。长期以来，它备受人们喜爱，以至于到今天人们对通过重构和调适的手段来改变该岛屿风光仍然怀有很高的期望。但是这种乐观主义最终还是以搁浅告终，而且对改变可能性的实现的预估随着行为疗法内部的第三次浪潮的掀起显得越发保守。这也符合接纳与实现疗法（ACT）的一个根本认识，即当我们改变那些消极的想法举步维艰的时候，我们应该从整体上削弱这些想法对我们的意义。

接纳与实现疗法（ACT）

Steven Hayes，Kirk Strosahl 和 Kelly Wilson 一起创立了接纳与实现疗法作为提升心理灵活性的治疗方案。

它的理论背景是关系框架理论，而实践背景则是在经典认知疗法过程中对多名患者的经验回避以及对他们的痛苦的观察。

关系框架理论是一个认知性的模型，人们可以通过它解释语言表达能力的发展和它与心理病理学之间的关联。简而言之："超越其合理程度的对语言作用范围的过度延展会导致一种呆滞的、毫无心理灵活性可言的生活方式"

（Luoma等，2009，28页）。它的核心认识是：事物的本质不能同语言中用到的词语混淆，词语仅仅是声音。因此，理性疗法的主导思想便是："我不仅仅是我的想法！"

接纳与承诺疗法包含六个核心步骤：接纳，此时此地的在场性，价值观（有别于心理评价），承诺行动，作为背景的自我（有别于对自我意识的盲从），以及认知解离（作为削减功能失调性的心理评价的手段，它有别于功能失调性的调整型尝试）。这些过程可以被分成以接纳为导向和以改变为导向的两组，我们在临床治疗时务必保持它们之间的平衡。

同时，适应性方式处理情绪并非以心理教育的形式来教授，而是通过在治疗场景中的体验来强化。作为情绪体验基础的评价（appraisal）被视为精神的话语机器在功能失调状态中产生的后果，许多主张认知重评（reappraisal）的建议并没有太大帮助，甚至还会加强患者的痛苦压力。接纳与实现疗法实质上可被看作"少评价"疗法。

随着时间推移，许多有关ACT疗法在不同障碍上的效用的研究成果相继问世。

Hayes和他的同事们最重大的贡献是强调了治疗的体验过程和把人的价值观置于治疗过程中心地位的必要性。

感觉的岛屿 这个系列中的第三座岛屿终于轮到了感觉，或者更恰当的说是情绪的岛屿，它一直属于这里。迄今为止，行为疗法的工作都集中于针对思考和行动的岛屿的干预手段。情绪工作终于成为拥有自己的干预手段的独立岛屿，可以被视为行为疗法第三次浪潮的一项重大突破。

令人吃惊的是，有关这座岛屿的知识从行为疗法角度看来认识是匮乏的（Christmann & Beisswingert，2001，3页）。许多患者和来访者都不知道该如何开始面对体验过或者没体验过的情绪，坦白说，许多他们的治疗师也不知道。即使专业人员也会有试图回避一些情绪或者处理它们时遭遇困难的时刻。

新兴的行为疗法的方法理论的根本认识在于，通常而言，心理痛苦只能通过与情绪体验本身的对抗被强化。而鉴于情绪行使的思想和身体之间枢纽功能，它可以在正念的时候为自己争取到处于当下一刻的中心价值地位，即不计过往、不念将来。

平衡作为元策略 这座岛屿的意义并不像我们之前会见过的对象那样立足于最大化情绪体验，它是为了将体验安插进三位一体的结构之中并且以最有效方式利用与情绪体验相关的潜能而存在的。Ciompi（1997）对这一想法的总结如下："在不改变情感的同时去谈论思考和行为的改变不过是一纸空文。当情绪基调本身出现异常的时候,那些自诩为明智的药物治疗,社会关系疗法,或是以认知为导向的疗法是没有用的"(第300页)。

治疗的目标是不断重新建立思考、感觉和行动之间的平衡关系。Greenberg(2006)特别强调了如下几点:简而言之,人们应该对他们的情绪给予足够的注意力,并赋予它与思考和行动同等的地位。然后我们才能将感觉和理智统一为一个整体,而这一整体远大于各个部分之和。这绝不意味着情绪体验可以单独指导人做出明智的行动。毕竟每个人都有感觉,不论他明智与否。这取决于某人赋予他的情绪何种意义以及他如何利用情绪。拥有情绪智力需要拥有对自己情绪的感知以及对将感觉设置为理性行为准绳的感知的能力(第30页)。

诚然,现实总比我们这里介绍的导航图要复杂得多。各个领域之间的重合面积大到在原则上我们甚至不能在它们之间做出清晰的分界。因此,这个三位一体的结构只是一个尝试,尝试为我们对高深莫测的人类灵魂的探索带来一点光亮和方向。

能否实现为适应性处理情绪而提高心理灵活性的目标关系到元治疗策略的灵活性。何处、何时以及以何种强度来处理每座岛屿的工作要求我们在临床治疗和咨询时要拥有较高的灵活度和高度的注意力。情绪体验本身并没有提供任何资源,只有通过适应性处理情绪的方式才能把它转化为一种资源。

4.3 在心理治疗和咨询中的情绪工作

因为我们通过判断和训练战胜情感。
——Plutarch

随着心理临床治疗方法中兴起的新浪潮,情绪在治疗过程中的地位也随之发生了变化。它们不再是治疗过程中的依附性的附属变量,也就是说,它们成为直接关注的焦点,而不再间接通过行为或者认知才获得注意。情绪不再局限于临床治疗和咨询工作,比如,它也被应用于家长的情绪指导等领域。

情 绪 资 源 // Emotionen als Ressourcen

> [!NOTE] 按语

情绪指导（Coaching）

Gottman 等人（1997）将一个人面对自己和他人的情绪体验时所做的假设和所产生的情绪都归类于元情绪概念之下。元情绪的内容可以是：每个单独的情绪都能够被拒绝和避免；情绪如何表达取决于具体场景；有时候表现出自己的同理心也是有帮助的（Mitmansgruber 等，2008）。这种元情绪影响了内在自我的和外在人际间的情绪调节方式。作者们已经亲自验证了这一理念在家长和孩子互动关系中的有效性。

同时，有两个根本层面直接关系到心理满足感：对情绪的关注和情绪指导。

Gottman 等人（1996）将情绪指导更多的定义为哲学的基本态度而不是教育学的项目计划，它有五种核心能力：

➢ 家长能够关注和感知他们孩子的情绪。
➢ 他们能够通过观察孩子不同的情绪表达方式发掘出机会来接近孩子并教授他们一些事情。
➢ 他们支持孩子讲述自己的情绪体验。
➢ 他们能够合理化孩子的情绪体验并且表现出同理心。
➢ 在孩子处理问题的时候他们主动给予支持。

作者们还设计了一份结构清晰的元情绪采访问卷。通过它，我们依据家长的不同风格（情绪指导型、自由放任型、拒斥型、压抑型）分析具体的家长和孩子的互动模式。Mitmansgruber 等人（2008）结合元情绪列表制定了一份囊括 40 个问题的元情绪测评问卷。

家长的情绪指导能够长久促进孩子的心理发展，正是如此，它还能够为临床心理治疗和咨询工作提供一些参考依据。

情绪辅导课 基本上每一次临床心理治疗"都在根本上是一场两个（或者更多）人之间情绪意义上的碰撞"（Ciompi,1997）。此外，如果治疗把焦点置于情绪上面，它就变成了一种"情绪辅导课"（Goleman,1997,268 页）。这让对情绪学习经验的反思以及额叶皮层中心与情绪中心之间的"重新连线"成为可能（LeDoux,2001）。

同时，人们对情绪辅导课具体如何实行抱有极大的兴趣，多种针对情绪工作的方法理论从特殊训练到综合治疗等项目层出不穷。

乐观主义和消极主义的看待方式 来自乐观视角的好消息是，患者通过进行相应训练可以明显改善情绪调节能力（Znoj & Abegglen,2011）。而较为消极的预估则告诉我们，迄今为止我们掌握的数据信息不足以显示心理辅导课在临床治疗过程中究竟在多大程度上能够对情绪调节策略产生主动性的影响（Barnow 等,2011）。

基本态度 情绪作为资源的工作的根本基础是以开放、接纳以及尊重的基本态度面对情绪，它反映在心理治疗的医患关系中。如果患者和来访者在面对自己情绪时带有拒绝性、回避性乃至抗争性的心理图示时，我们更要采取这种态度。

医患关系 因此，我们一再强调医患关系在情绪工作中的重要性，在此之中，治疗师和咨询师能够检测他们自己是在以适应性还是不适应性方式处理情绪，例如通过督导和自我经验（另见第14.3章节）。

核心策略 情绪工作并不能代替行为策略或者认知策略，它只起到补充作用。因此，情绪工作包括了认知疗法的因素和筹备其他可行的行为方式（Campbell-Sills & Barlow,2007;Znoj & Abegglen,2011）。

除此之外，所有情绪工作的方法理论都有着相类似的目标。常常被提及的有：
➢在认知和体验情绪时的关注和接纳的态度。
➢支持情绪体验和情绪的语言表达。
➢减少回避情绪体验的行为。
➢改善情绪调节策略。
➢拓展情绪知识。
➢通过处理生平学习经验从而加深对自己情绪体验的理解。
➢通过体验情绪来改变情绪。
➢在治疗关系中的修正情绪的学习经验（另见 Greenberg,2012;Lammers,2007）。

4.4 一些情绪工作的方法理论

下文我们将以举例的方式，在不做完整性要求的前提下，为在临床治疗和心理咨询中涉及的情绪工作简要介绍几种在文献中经常提及的方法理论并做出相关短评。诚然，我由衷建议每个参与情绪工作的人对各个方法理论和它们带给我们的丰富启发和翔实资料做深入了解。

情绪资源 // Emotionen als Ressourcen

冷学习和热学习

Greenberg(2012)按照英文中对"cold learning"和"hot learning"的区分,在了解患者和其他咨询人的过程中也对情绪体验的强度进行了区分。"冷学习"指的是一个认知优先的、基于陈述性知识的学习过程,它强调的是普遍性。主观经验更多的是起到了把抽象知识具象化的作用,对经验的(再)经验在了解过程中不仅不是必需的,甚至会抑制它。与之相反,"热学习"是一种以个人的情绪学习经验以及对它们的加工为主题的学习形式。由此,学习集中于自己的(生平)经验和程序性知识。普遍性知识则更多地应用于经验分类和解释亲身经验。

情绪的临床治疗和"热学习"并非意味着在治疗场景中每分每秒都要置身于百分之百情绪强度的体验之中。所幸的是,Greenberg(2012)自己主张的最优学习经验是在25%左右的治疗场景中体验25%左右的情绪强度。

我们尚未听说任何一项研究是基于"冷学习"和"热学习"的不同角度而分别进行学习效果的检验。这里更多涉及的是患者/来访者的需求和治疗师/咨询师临床经验有效性之间匹配度的问题。因此,一些人持"趁热打铁"的观点,而另一些人则持"等温度降下来再打铁"的观点。而我们根据临床治疗和咨询的灵活性提倡的是:双管齐下。

我们可以根据上述区分对下面要讲到的方法理论做如下分类。

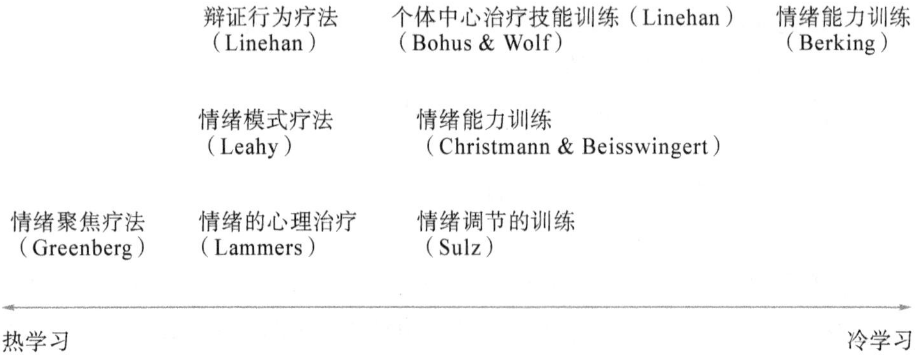

	辩证行为疗法 (Linehan)	个体中心治疗技能训练(Linehan) (Bohus & Wolf)		情绪能力训练 (Berking)
	情绪模式疗法 (Leahy)	情绪能力训练 (Christmann & Beisswingert)		
情绪聚焦疗法 (Greenberg)	情绪的心理治疗 (Lammers)	情绪调节的训练 (Sulz)		

热学习 ←——————————————————————————→ 冷学习

图4-2 按照必要的情绪体验强度的方法理论分类

4.4.1 情绪聚焦疗法——EFT

用情绪改变情绪。

——Leslie S. Greenberg

Leslie S. Greenberg(2006)沿袭他的人本主义为以情绪为核心的心理工作创立了一套全面的方法理论,该理论以稳定的、共情的以及相互信任的治疗关系为基础。

这一研究工作对理解以情绪为导向的各种现代心理疗法产生了深远的影响,许多其他作者都再三援引他的成果。他的工作最大贡献在于区分了初级适应性情绪、初级不适应性情绪和次级情绪。在他的方法理论中,这些元素被分为"到达"和"出发"两个阶段。按照他的观点,到达自身情绪包括了:

➢培养情绪意识。
➢帮助来访者接纳和承认自己的情绪经验。
➢培养语言表达情绪的能力。
➢发掘来访者的初级情绪。

对于 Greenberg 来说,只有当来访者情绪上就位的时候,第二阶段才能开始。之后需要判断来访者当前的阶段和对情绪的体验是否有利于他接受接下来可能发生的改变。出发的概念对他来说包括了:

➢减轻来访者在判断已发生的初级情绪是适应性还是非适应性时的论证负担。
➢培养来访者认识与不适应性情绪相关的具有破坏性的执念或者意图的能力。
➢让他们变得更容易去接近另外可能的适应性情绪和需求。
➢最后,支持他们扭转不适应性情绪和破坏性的执念。

其中,最基本的目标是支持来访者与自己的内心进行对话从而加强他们的自我接纳能力(Bischkopf,2009)。

除了个人中心疗法之外,Greenberg(2012)还将情绪聚焦疗法应用到了以伴侣为对象的治疗工作上(EFT-C)。

总结

Greenberg 可以说是在对以情绪为导向工作的范式模型进行现场直播或者录播。他的方法理论是站在"热学习"一方的:"这样一来,在情绪的帮助下来改变情绪就变得简单多了。把一种感觉置于另一种感觉之上比将理性思考置于一种感觉之上要有效得多"(2006,374页)。尽管上文所讲到的训练方法多种多样,这些方法理论都是以经验为前提,因为咨询师和治疗师在相应的继续教育培训和自我经验中首先要保障自己已经获得这些情绪体验。

4.4.2 有意识地应对感觉——情绪调节的训练

Marsha Linehan(1996a)的针对边缘型人格障碍的辩证行为疗法(DBT)为行为疗法近年来的继续发展提供了可能,是最全面的方法理论基础(另见4.2章节)。

她的情绪调节训练(1996b)是技能训练的重要组成部分,训练过程需要耗费若干次治疗课时,并且需要多方面的工具材料和练习表作为补充。同时,情绪调节训练以合理认同的基本态度为前提,而且不能同其他模块割裂开来。对此 Linehan 做出了如下描述:"因此,教授如何合理应对感觉必须与情绪上的自我合理化认同联系起来。就像人际交流能力和抗压能力那样,合理地应对感觉的方式也是为了提升内在的正念而对相关技巧的应用有所要求,这里首先涉及的是去评价性地观察和对自己情绪反应的描述"(见108页)。

有意识地处理感觉的特性是:
➢识别和命名感觉。
➢识别抑制改变感觉的障碍。
➢减少面对痛苦感觉时的受伤感。
➢促进积极事件的发生频率。
➢提升对当下感觉的正念。
➢违背当下感觉的行动。
➢使用抗压技巧。

长期以来,Linehan都在潜心研究如何继续发展她的情绪调节训练理论,这成为她的工作研讨组的核心论题(例如 Linehan & Rodriguez Gonzales,2011),但是迄今为止还尚未发表相关成果。训练的再发展集中于对情绪的理解,减少不被期望的情绪,减少受伤感和情绪性痛苦。他们提出的改变处理情绪方式的核心策略是验证情绪的合理性,而且不主张按照情绪所建议的行为冲动和问题解决方案而行动。

相关补充和拓展可参考由 Bohus 和 Wolf(2009)发表的经由他们重新加工的技能训练(Skills-Trainings)版本,该版本已被刻成 CD 光盘以方便自助治疗中个体与自己的互动。这里感觉的处理的模块占了很大比重。

> **总结**

所有其他形式的以情绪为导向的工作方法理论都脱离不开 Linehan 的情绪调节训练。她的训练开创了这一工作的先河,并且提供了内容丰富的材料。远不局限于边缘型人格障碍这一初始目标群体,它还致力于拓展所有涉及情绪问题的人的能力。即使技能训练的某个元素可以在其他背景框架下运用,但是我们必须牢记,辩证行为疗法是一个综合性多层次的治疗方法理论,这其中技能训练的内容只占了很小一部分。训练可以被归类为"冷学习",知识则一直到个人治疗的"热学习"过程中才被引入。然而,情绪调节训练本身只需很少的预先知识储备便可以开始,而且,它自身清晰的系统结构让情绪工作的开展变得很容易上手。但是我们这里还要一再提醒,治疗师的基础性的继续教育培训对于能够按照辩证行为疗法理论实施全面性治疗来说是不可或缺的。

4.4.3 情绪图示疗法

Robert L. Leahy(2002)在情绪图示的元认知模型的基础上发展了情绪图示疗法(Emotional Schema Therapy)。通过把 Beck 等(1999)的基础认知图示和 Young 等(2005)早期不适应性图示结合并应用于情绪体验上,Leahy 构建了一座联络经典认知疗法和时下的情绪方法理论的桥梁。

一个情绪图示等同于一个元情绪:不适应性处理情绪方式产生于由情绪、对它们的负面解读、有问题地面对这些情绪的态度以及为逃避它们所做的尝试所组成的图示。

情绪图示疗法的目标是对情绪的定义、命名、区分和调整。因较高的生活满意度而接受情绪的价值意义是有利于适应性处理情绪方式的。此外,处理情绪方式的灵活度也可以通过对不同调节策略的掌握,例如情绪接纳、适度表达、合理化、减压等而被提升。

情绪图示疗法是针对个人治疗而制定的。情绪图示量表的测评问卷帮助我们采集了 14 个维度上的情绪图示(Leahy 等,2011)。

Tirch 和 Napolitano 将 Leahy 的情绪图示疗法扩展成为一个全面型的情绪调节的治疗方案,它有着明确的结构层次而且配备了丰富的工作材料(Leahy 等,2011)。

总结

Leahy 的情绪图示从基本理念来看是一项偏重认知的治疗方式。它让那些已经在认知疗法领域颇具经验的治疗师和咨询师能够更顺畅地以此开展情绪工作。这种方案被归为"冷学习"的同时也可以鉴于它对情绪体验本身的强调而被视为"热学习"的一种方式。它被视为在应对情绪这一共同前提下将多种不同的基本干预手段结合起来的典范。

4.4.4 情绪相关的心理治疗

Claas-Hinrich Lammers(2007)为我们提供了一个全面而层次分明的关于情绪工作的概况。一方面他将心理学的基本理论、神经生物学的知识和图示作为情绪冲突的基础介绍,另一方面则把心理教育和正念作为情绪相关的心理治疗工作的核心途径。同时,他也一再以整合性的方式建立起与其他治疗方式的关联。

该治疗方案的本质可以分为以体验为导向的情绪工作和情绪管理。这里,Lammers 引入了稳定性和不稳定性患者的重要划分。针对稳定性患者的情绪工作包含了支持和体验情绪,审视并处理表现为次级情绪形式的因应图示,对初级情绪的识别和体验,针对适应性和不适应性处理初级情绪的治疗工作,以及最终对自我贬抑心理活动的纠正。以不稳定性患者为对象的情绪工作包含了对体验到的强烈情绪进行情绪管理和应对紧急状况的策略。针对上述两个重点分别有一系列训练手册和查询表可供使用。

总结

Lammers 的情绪相关的心理治疗实际上是以整合性的视角全面而循序渐进地概括总结了多种不同的心理治疗方案。它也完整地呈现了"冷学习"和"热学习"的交集元素。这项方案首要针对的医疗群体是那些需要进行个体治疗的患者。它的操作流程是不可能被标准化落实于笔头,但是一些有用的训练练习表和具体案例可以降低该理论应用于实践诊疗的难度。该治疗方法是供有经验的治疗师使用的,特别是在以体验为导向的情绪工作中,运用方法必须在应用每项训练之前被熟练掌握,例如通过自我体验。

4.4.5 情绪能力训练——TEK

Fred Christmann 和 Stefan Beisswingert(2001)发表了一项副标题为"深入的,可持续发展的,解释性的"关于情绪能力的训练方案,这一方案是为一家心理咨询的培训机构创建的,并且也是德国第一批从行为治疗的角度出发解释相关训练项目的论述。文章极力主张与实践的关联性和应用性。在简短介绍了以明确的情绪导向的干预手段为核心的行为治疗方法论后,他们创立了以协调情绪能力为目的的心理教育的方案。

该方案由 12 个 100 分钟时长的小组讨论组成。它所针对的有情绪问题的人群相当广泛,既包括临床治疗领域的,也包括亚临床治疗领域的。每次讨论都有不同的主题,从心理教育到情绪、正念,到作为学习经历和生活经历的背景条件、情绪的放松,再到合理的情绪表达。

在具体的训练描述中附有对每个单独讨论课时的内容和相关训练的详尽介绍。同时它还为课堂指导分别作了细节说明,此外,它还包含了给参与者布置的家庭作业。

总结

Christmann 和 Beisswingert 的情绪能力训练提供了一个高度结构化且步骤分明的集体训练方案。它清楚的结构让人一目了然,因此,即使相对缺乏情绪工作经验的治疗师也能胜任训练的指导。作为集体训练方式,它首先被划归为"冷学习"一类,即使其中的个别训练项目也强调情绪体验。它还为个体治疗设置和情绪的深入加工注入了启发性的灵感,但是它自己本身不能独立支撑起完整的治疗工作,因此,其他干预手段必须在此过程中被补充进来。

4.4.6　情绪能力训练——TEK

Matthias Berking(2010)为情绪能力训练提出了一项全面和系统化的方法理论,该理论因其清晰性和确凿的科学依据而备受推崇。目前,它还被视为提高情绪能力的治疗标准。这一方案致力于支持在门诊和住院治疗中的情绪工作,但它同样可以被应用于针对风险人群的预防工作。

作者在关于对感觉的功能失调性处理方式的概论中将基因遗传,早期不一致经验,学习经验的缺失,急性不一致经验,以及它们的维持条件作为后续所产生的心理障碍的条件全方位地整合了起来(另见第3.2章节)。

TEK 主要培养 7 种基本情绪能力(另见第 2.5 章节)。为了达到这一目标,在 TEK 训练中将介绍 7 种技能:肌肉放松,呼吸放松,去价值判断的感知方式,接纳和宽容,自我支持,分析和调节。

TEK 的治疗过程可以被制定为步骤化的手册,相关的练习表有很多。整个过程的实施需要三整天的训练,它们之间分别有两周的间隔(备选方式是进行 12 场频率为每周一次、每次时长 1.5 小时的训练),而且该训练理念的初衷为集体训练项目。

总结

Berking(2010)的 TEK 是一个全面而系统的以有关情绪调节障碍的综合理论为基础的治疗方案。它可以被归类为"冷学习"。在他讲义和材料的设计中都加入了非常多的图像元素,这无疑提高了它的可接受度,但因此在实践中还需要画板等工具的辅助。手册中详列了训练程序,在许多地方甚至还有讲解训练内容的表述建议,毫无疑问,这更减轻了新手咨询师的困难。遗憾的是,TEK 在学科传统中往往被称作"消极情绪"(10 页),虽然在其他地方该方案中对感觉的去价值评估的感知这一方面也会被强调。方案的整体以及其中的单个元素都在治疗时有着很高的利用价值。TEK 并不以丰富的情绪工作经验为前提,相反,这完全可以随着相关课程的进行而积累。该训练的质量测评结果为优秀(Berking & Heinzer,2010;Reichardt,2010),并且现已有许多关于 TEK 在各项心理障碍治疗中的具体应用的经验报告可供参考(例如,有关成功应用于强迫症人群的治疗案例,Liechti Braune,2010)。

4.4.7　学习应对感觉——情绪调节的训练

Serge D. Sulz(2000;Sulz & Sulz,2005)推荐了一个类似于社交能力训练且能够覆盖整个适应证范围的高度系统化的情绪工作方案。

该训练分为两个部分。第一部分包含了"我的感觉——迄今为止我是如何应对它们"。这里涉及认识那些典型的属于自己的情绪和对它们的行为动机的理解,但也包括了识别"反抗活动"(2000,411 页)和被回避的情绪。依据这一方案,我们得以找出初级的被禁止的感觉和与此重叠的次级的并进行反向引导的感觉之间的关联,这一关联最终汇总起来体现为情绪的"生存法则"。第二部分"学习应对我的感觉"全面地讲解了心理教育中有关依赖于感知、需求和记忆的感觉和行动的功能性关联的知识。情绪调节障碍得以进一步被厘清。在冲突解决策略的上下文中,作者列举了诸多不同的以其他方式处理自己情绪体验的可能性和相关训练内容(《Experimente》,436 页起)。

总结

特别是拓展后的版本(Sulz & Sulz,2005)大面积配了插图,而且为个体和集体的情绪治疗工作提供了丰富的基础资料。总体看来,这是一项知识相关的并立足于心理教育的方案,它由此可以被归类为"冷学习"。它能很好地为情绪工作导入开端。但它操作过程的复杂性和表达方式的选择却限制了目标群体的范围,而且降低了对被如此结构化的治疗过程的可接受度。

4.5 目标：另一个过程

每个问题都一个解决方法，
而且它都是简单的，清楚的，并且错误的。
——Henry Louis Mencken

所有这些在第 4.4 章节里介绍到的方案都有一个共同点，即情绪同它的潜能一并作为心理治疗和咨询工作的中心。

➢ 它们都阐述了对情绪的适应性利用，这首先取决于它们的信号功能和调节功能，即使它们采用了不同的方式并且遵循不尽相同的情绪理论（另见第 1 章）。

➢ 它们着眼于不同的情绪调节策略，其中一部分更多强调了情绪智力的方面，而另一些则更多强调了情绪能力的方面。作为心理治疗的方法理论，它们更多解释了体现在自己和他人身上的情绪调节层面，但同时所有这些方法理论的内容都包含了对侧重于认识情绪的心理过程和侧重于运用情绪的心理过程的区分（另见第 2 章）。

➢ 所有被提及的方法论都将处理情绪的困难或多或少地理解为一个综合性的学习过程，在此过程中，生物性和社会性层面相互影响。这些方法论之间的区别在于障碍模型和它们包含的风险因素（另见第 3 章）。

然而，因学习过程中情绪体验强度的不同，这些方法理论也相互各异。其中的一些方案强调只有当相应的情绪在治疗过程中被体验到并被彻底体验完成之后，患者才能最深刻地学会改变处理情绪的方式；另一些方法理论则认为改变的关键在于对情绪纯认知性的了解。往往二者是相互交织的，但何时其中一方明确优先于另一方是不能武断定论的。

鉴于所选择的治疗设置的不同，这些方法理论也有所不同。一些是为了纯粹的个人治疗而创建的，而另一些则是为了纯粹的集体治疗。

为什么是情绪工作的另一个过程？

提出新的方法理论的动机往往源于若干心理工作实践的经验，来自在心理治疗培训中作为督导员和自我经验指导员的工作和在其他心理社会实践工作领域作为咨询师的工作。

简单性 上述提及的方案都往往受制于它们高度的复杂性,这无疑给涉及情绪工作的人在教授和接受以及整合它们的时候都增加了难度。就像 Bohus 和 Wolf(2009)在讲到情绪工作及其他处理情绪模式时所断定的那样:"毫无疑问,这一模式必然是复杂的,所以思考和理解它并非易事。这不仅给参与者提出了很高的要求,对训练者的教学能力也是个考验"(163 页)。因此,找到另外一种既结构简单又可以依据需求随时深化的情绪工作方案是意义非凡的。同时,像 Bohus 和 Wolf 所说的,心理治疗师和咨询师被视为教育者:他们是复杂的科学知识和来访者的痛苦之间的媒介。他们的工作目标是传授患者和来访者那些可以帮助他们依据自己的价值取向构建生活的知识。知识的传授是以已拥有不同的能力为前提。治疗师自己就是一个适应性处理情绪的范例。他能够选择合适的时机并采取正确的措施来处理他的情绪,当然,这只有在他已经反思过自己的不适应性处理情绪的方式之后才得以实现。

意义性 上述提及的方案虽然提供了广泛的理论基础,并且在此基础上神经生物学和行为理论的层面都被联系到一起,但这之中仍缺乏一个支持情绪意义性的理论,该理论应该可以结构化情绪体验的多样性并且用理解情绪来提高我们面对情绪世界时对它的接受度。所以可行的方式是准备一套关于不同情绪直接关联的支持情绪意义性的理论。在关于情绪和哲学的章节所提出的与此相关的问题是,在何种程度上情绪的根本原因是真实客观存在的,"而且这些原因的存在和现代科学对世界的阐述方式还应是兼容的"(Döring,2009,49 页)。这里将要解释的是,这种理论到底在何种程度上是可能的。这项理论以及它的"关键剧本"最终完成了对一个情绪体验的合理性的检验。在情绪表达和感受的意义上,它包括了质量(区别)和数量(强度)的维度。改变处理情绪方式的核心目标是通过理解它的意义性从而提升处理这些情绪方式的灵活性。

"冷学习"到"热学习"的过渡 上述提及的方法理论为情绪工作提供了绝佳的基础,然而那些没有经验的同事则需要进行全面的培训和相应的训练之后才能应用它们。这一趋势导致人们在心理治疗师的培训中心开始着手使用那些难度被错误低估的来自行为训练和认知研究中的干预手段,因为它们更容易被编写为方便翻阅的手册。在上述提到的这些结构化方案中,"冷学习"和"热学习"之间的过渡常常不是泾渭分明的,而且它的发生(或者不发生)不在于它要被直接纳入一项具体实施的治疗策略中。在情绪导向的工作中,我们常常预设一个较高的情绪强度,以至于那些并非一直有用的东西不需要明确的策略就可以被引发。因此可行的做法是,将从"冷学习"到"热学习"的过渡结构性地纳入治疗和咨询的构想方案中。

以不在场之物为工作对象 超过十年的心理治疗师的工作经验让我总结出这样一个关键性的不同:从业之初,那些在场之物对我是更为重要的——随着时间流逝，那些不在场之物的重要性却越发凸显。不同的认识是基于患者的表现和心理治疗师所汇报的在培训过程中使用过的干预手段，但也基于我自己的情绪体验。最终结论是，情绪回避是情绪工作的核心理念之一。因此，以被回避的情绪为工作对象，在一定限度之内对情绪质量进行区分，以及教学—实践的工作道路是这本书的核心重点。如果只是为了满足学科知识性的要求，我可以在这里解释为什么到目前为止方法理论中仍然充斥着如此之多的将情绪描述为"积极的"或者"消极的"表述方式。但是，我该如何向一个理性思考的人解释，不要再回避他的"消极"情绪，这些也可以是意义非凡的呢？

总结

- 以改变不适应性处理情绪的方式为目标并不新颖，它早已见于诸多治疗流派。
- 通常来说，接受方式往往被面对情绪体验时看问题的视角所影响。作为普遍性影响因素的资源激活要求以资源为导向的接受情绪及其体验的方式。
- 情绪工作是不可能从其他的治疗策略中分离出来的。心理治疗的导航图有利于平衡认知性、行为性、情绪策略以及它们与身体以及社会关系变化过程之间的交互影响。
- 现已有许多以情绪和它们的处理方式为主题的治疗和咨询工作的方法理论问世。这些方案可以根据治疗过程中的情绪体验的强度被分类为"冷学习"和"热学习"。
- 此外，我们还推荐另一种满足如下标准的方法理论：简单性；通过传授情绪意义来培养以资源为导向的情绪工作方式；"冷学习"到"热学习"之间清楚的过渡；以被回避的情绪为重点的情绪工作。

祝读者们在第二部分——"实践"阅读愉快！

第二部分
实　践

人们不可能用与造成问题相同的思考模式
来解决问题。

——Albert Einstein

人们不可能用与造成问题相同的感觉模式
来解决问题。

——无名氏

5 实践中的情绪作为资源

理论部分的内容将情绪工作可能的艰巨性在真正实践之前就向我们展现出来。令人吃惊的是,作为人们生活中的重要组成部分的情绪从科学角度去定义它是如此之难。

造成这一局面可能的原因是情绪在治疗和咨询中更多被以问题视角而非资源视角来看待。在心理治疗方法的新潮流中,对情绪工作广泛的兴趣已大幅增长。这些方法论的基本论调是:

> 基本观点(1):情绪是可被利用的资源。

情绪作为资源的潜能体现在它们在关键的心理、身体和社会关系的变化过程的交集地带行使的协调功能。掌握有关该潜能的知识并利用它们可以充盈和提升心理满足感,达到这一目的需要以智商和能力兼备的方式来调节自己和他人的情绪。

生平经验和文化决定性影响了情绪体验的个人风格。当一种情绪风格或者习惯模式已经形成,并且这种风格维持下的情绪持续被在质量和数量的适中区间以外被体验到时,便存在潜能的利用被弃置以及由此造成的健康问题和心理障碍恶化的危险。

在此,以情绪为导向的心理治疗和咨询的干预手段被提上议程。第二个基本观点之所以成立是依据 Paul Watzlawick 有关交流的第一公理(Watzlawick et al,1969)。

> 基本观点(2):人们不可能不与情绪一起工作。

情绪是普遍存在的。由此,它们在心理治疗和其他人与人之间的碰撞交流中也是无处不在的。在每种治疗设置中,我们都要不断反思情绪所处的重要地位。情绪调节策略的范围覆盖了从可多可少的有意识的不关注到将它置于工作的中心。这里所要反思进而判定的是,情绪何时较强或较弱地被关注到。

> **建议**

这本书致力于为诊断以及后续治疗和咨询的情绪资源工作提供系统性帮助。在此我们想指出一条由情绪的普遍性知识到个体性知识或者从"冷学习"到"热学习"的循序渐进的道路。这一过程力求工作的简单性,并且有意识地对它们进行简化。通过基本观点(和由此得出的限制条件)您可以快速了解相关内容。

这里运用到的概念反映了情绪工作首要的应用范围和心理治疗方法,即所有这本书中的模块可以同样的方式应用到咨询、情绪指导、督导和自我经验上。

除了每个方面各自的背景概念之外,本书提供了案例,您可以将它们放在卡片箱以供随时查阅;干预手段在文字表达方面的指导,您同样也可以把它们放在卡片箱里;使用干预手段时重点事项的提示;补充性的工作表和练习表以及其他具体描述训练事宜的材料;对每个单独模块进行概括总结的结尾。

6 准备：有关空间和时间的问题

6.1 什么时候开展情绪工作？ 关于适应证

原则上，而且所有情绪智力和能力的普遍方法理论也都持有此观点，即所有人都可以被建议进行情绪工作，也就是说我们的回答是：随时！相应的，这些方法论也提供了一系列预防方案和基础教育方案，这些都可见于幼儿园、学校和工作场所（另见第 2 章）。

在这本书中，我们将详细讨论适应证的问题。那些由于情绪的适应不良性而寻求心理治疗和心理咨询的人们正是承受着这些基础教育方案所不能排解的心理负担。

关于情绪工作的适应证以及对何时开始情绪的治疗和咨询工作的问题我们可以从短期和长期两种视角进行解答：

短期视角的回答是：如果情绪于某刻立即显现，即当它们被即刻体验到时，而且在这一时刻要求我们务必马上采取一种恰当合理的应对方式。

长期视角的回答是：当情绪还没有显现，亦未被表现出来且暂时不在场时，也就是说当它的潜能（尚）未被利用的时候。

6.1.1 以当前被体验到的情绪为对象的工作

在工作过程中，您一定经历过无数次这样的情况，即某种情绪立即显现在您的交流对象或者您自己身上，正如下列案例中展示的那样：

案例

一名女性患者踏进了诊所的房间。她的眼中噙满了泪水，抽泣着开始讲述所发生的一切。

您打算如何回应这位患者？第一时间产生了哪种感觉，做出了哪种手势，或者哪些话语映入您的脑海？您首先会做什么？

那些在心理治疗和心理咨询的互动模式中直接流露于当下的情绪需要得到准确且恰当的回应。将回应尽可能完善地表达出来的心理治疗理念便是合理化认同。

合理化认同

Marsha Linehan 将合理化认同表述为在辩证行为治疗法（DBT）中最根本的以接纳为基础的治疗策略。"合理化认同的本质是：治疗师向这名女性患者成功传达了她的反应是有意义的且在她当前的现实生活的处境中是可以被理解的这样一层意思。治疗师不仅积极地接纳了他的患者，而且还让他的患者感受到了他接纳的态度。治疗师对患者的所有回答给予了高度重视，他不会置任何一点于不顾，或者采取冷漠的处理方式。合理化认同要求治疗师找到并认识到患者对所发生事件产生的反应的内在合理性，而且还能将这一合理性信息反馈给患者。"（Linehan，1996a，164页）

在这种情景下，合理化认同不仅是对当前体验到的患者的情绪的回应，同时也是对患者——不仅是那些边缘型人格障碍的患者——截至那时所积攒的无数没有得到合理化认同的经验的回应。无一例外，患者和来访者的这些经验都与高强度的情绪反应有关，无论是自己的情绪反应被贬低，还是他人的情绪反应在种种不同意义上超出了他们的承受能力范畴。因此，心理治疗和心理咨询的中心任务是：当情绪发生并且被表现出来的时候，我们要去识别它，接受它，以恰当的人际关系间的方式反思它，并且找出它的个体性和社会规范性的背景关联。合理化认同作为核心治疗策略带给患者一种去单一化的理解自我情绪的方式，并最终使得他们获得更强的接受自我的能力（Leahy，2002）。

在这个意义上，合理化认同也被其他应用领域直接借鉴（Feil，2010），并且它与其他治疗方法的核心策略之间有很多重合之处。

合理化认同向心理治疗师和心理咨询师提出了四大挑战，下面我们将逐一进行解释。合理化认同远不止是一种技术。合理化认同的治疗策略是能被传授和学习到的。它体现在治疗师在对患者的情绪反应给予极大关注的同时积极努力地去理解他们并和他们进行交流。在辩证行为疗法的背景框架中，我们总结了如下六个循序递进的层次：

V1——积极倾听,并且表现出浓厚的兴趣。
V2——准确再现。
V3——准确再现那些没有表达出来的情绪。
V4——在个人生活经历的背景中定位患者的情绪体验。
V5——在社会规范的背景中定位患者的情绪体验。
V6——极度真诚(radical genuineness)。

恰恰是最后一个层次表明了合理化认同远远超出了单纯的技术应用层面。它默认心理治疗师已具备下列人格特质:在高度紧张的场景中仍能够兼顾左右并同时进行细致的观察;对在此时此景中发生的情况永远保持开放的态度;能够区分自己的情绪体验和目前在他人处体验到的情绪,而且最终能够以恰当的方式将二者贯通起来。

> **案例**
>
> 您肯定已经经历了无数次类似本章开篇提到的女患者的场景。当您与患者的情绪打交道的时候,务必要让自己掌握主控权并保持沉着冷静。然而,我对治疗师常常努力尝试摆脱情绪体验的层面的做法感到非常惊讶。
> ➢ 我是否能够承受患者所经历的一切?我可能会失去控制而且应该立刻转移他的注意力。
> ➢ 我到底有没有准确理解已经发生的一切?我应该更详尽地询问事情发生的细节。
> ➢ 我到底有没有集中精力?其实我的思绪还停留在上一个患者那里,或者我心里在盘算今天晚上的安排。对了,患者是否已经出示过医保证明?
>
> 如果去问患者他们在情绪状态中听到的典型话语是什么,他们一再给出的如下回答:"你不能这样悲伤!""你不需要这样恐惧!""别生气!"这些话语背后隐藏的是日常生活中往往是善意的而且"戴着安慰的面具"的不认同,对这种手段的使用就连身为心理治疗师和咨询师的我们也不能幸免。

关于挑战:

合理化认同——本身在这一过程中导致了一种两难的处境。如果人们感到深深的绝望而且在这一绝望中深信希望的渺茫,那么每个由治疗师发起的减少绝望感的尝试都会被患者体验为对他们绝望的不认同。因此,使用辩证法的策略非常重要,它可以平衡两种分别以接纳和改变为基础的干预手段。在患者面前,我十分乐于将这种平衡通过一个故事进行形象的说明。

> **指导**
>
> "我的诊所接待了一位重度抑郁的患者。请您想象一下，如果我当真可以百分之百地理解他，那么您会认为我是什么样的人呢？是的，我可能有着和他同样程度的抑郁。在某种程度上，这可能甚至是没有太大问题的。例如，我的患者可能因此觉得他并不是一个人在承受他的伤痛。但另一方面可能造成的问题是，倘若我可以百分之百连同他的痛苦一起接受一个人，倘若我可以如此设身处地地理解并重构他的心路历程，那么我可能并不能帮助他，因为这样一来他的道路在我眼中也意味着唯一的真实。
>
> 现在请您再设想一下，我的诊所又接待了一位重度抑郁的患者。他开始讲述给他造成伤害的经历。这次，几句话之后我打断了他并且对他说：'您正处于重度抑郁阶段。这里有一篇 60 页的经过科学验证的治疗方案手稿。请您在下次来之前仔细阅读完第 1 到 7 页。'那么，事情将会变成什么样？如果他没有额外患有依赖型人格障碍，那么他绝对不会再踏进我的诊所一步。为什么？因为他感到不被理解。而且更糟糕的是，阅读科学手稿实际上有很大可能会帮助他。一直以来，当我们逼迫他人做事情的时候往往会遭遇到阻抗，有时候人们之所以不愿意做某件事，仅仅是因为他们被要求必须这么做。
>
> 这意味着，太过接纳一个人，太过理解他，或者太过尝试去改变他的态度和做法并不能带来实际成效。总而言之，我们更应做的是将二者平衡起来。"

关于接下来的挑战：

请不要把不认同进行合理化认同！第二点表明，合理化认同患者的自我不认同的做法是有问题的，它甚至会导致两难的境遇。同样，将患者和来访者对他人的不认同进行合理化认同也是有弊病的做法。例如，当一位父亲在情绪负荷过重的状态下冲他的孩子们嘶吼时，我们务必要把对情绪负荷过重状态的合理化认同与对他反应的可能的合理化认同——即把唤醒机制和反应明确区分开来。

心理治疗的合理化认同仅仅是通向自我认同的过渡。如果患者的情绪反应常常不被他的周围环境认同，患者在面对自己情绪的时候，如同滴水穿石的第一滴水一样，便会逐渐培养起自我不认同感。在这其中交织着他们对自我情绪的拒绝、贬低以及逃避。而作为心理治疗的合理化认同则在这种情况下为患者走出自我不认同的魔咒提供了帮助。它是一种类似于练习自我认同的训练平台。那些可以靠自己完成自身情绪合理化认同的人都有着类似经验，即他们自己再次通过情绪被认可和强化，换句话说："当你可以自己合理化认同你的情绪的时候，你的情绪也将合理化认同你自己。"

所以合理化认同也是处理当前被表现出来的情绪的核心策略。它并不是一种使用完便可以弃置不用的阶段性干预手段，而是贯穿于整个治疗和观察过程。合理化认同从不完结！

关于在哪个层面可以被合理化认同以及认同的方式方法存在着不同的策略。但所有策略的共同点是它们都能平息现状，降低所表现出来的情绪的强度，并且提出改变现状的可能。如果某些情况下行不通的话，我们就应当尝试其他的（合理化认同）策略。

基于上述两个基本观点，情绪潜能的工作不仅仅局限于针对当前这一刻被表现出的情绪。

6.1.2 以不是当前被体验到的情绪为对象的工作

从长期角度来看，对处理情绪工作的最佳时机这一问题的回答是：当情绪显然不在场之时，没有被表现出来之时，以及可能没有被感受到之时。

也就是说，当我们可以确定一个人（或者他的周围环境）的心理压力和他在质量（种类）上和数量（强度）上调节情绪的方式方法之间存在可证联系的时候。因为在这种情况下，情绪潜能可能还尚未被调动。

案例

> 一位退休人士前来心理治疗。在第一次的对话中，他非常友好和认真地说到，他深受再三爆发并且十分激烈的愤怒情绪的困扰。实际上，特别是作为这一愤怒情绪承受对象的他的夫人深受此困，他也为此感到痛苦。据他所讲，他之前从未在他的夫人面前有如此暴力倾向的行为，但是愤怒爆发的强度让他自己都倍感吃惊。他曾经常年从事程序员的工作，对他来说，情绪从未在生活中扮演过重要的角色，他视自己为奉行理智至上的人。他的夫人则被泛化的恐惧所笼罩。他也经常试图帮助他的夫人摆脱这种恐惧。

> 一位二十多岁的年轻人同样来进行心理治疗。他也深受愤怒情绪的困扰，坦诚一点说，其实是他的妈妈鼓励他参加心理治疗。但鉴于自己内心时常感到空虚，他认为对此问题谈一谈可能也对他有所帮助。他能很轻松地谈及他对那位早年抛妻弃子的父亲的思念和在他十二岁那年

过世的祖母。他从未悲伤过，这对他来说是一种"糟糕的感觉"，他还是想尽可能真正体验生活的快乐。

➤ 一位师范专业的女学生在第一次对话时就忧伤提到自己深受急性焦虑症的困扰。她已经惯了主宰自己的生活，控制一切对她是重中之重。她认为自己一直遵从成绩至上，而且是有目标、有理想的人。她不理解为什么那些大部分发作于夜晚的焦虑症会把她的生活变得如此沉重。在她十岁那年，她那与病魔斗争多年的母亲撒手人寰，但她完全不想提及此事，这一章节对她而言已经翻过去了。

➤ 一位看起来相当友善却缺少安全感的女士讲述了她隐藏的恐惧。她害怕自己会让他人觉得不舒服。在他人面前，她觉得自己是个"局外人"。她不明白为什么其他人从她身边走过时永远像经过一堵无形的墙一样。然而即使在这种情况下，她的反应仅仅是试图为他人寻找辩护的理由。很快原因就明朗了，在她受到的教育中，愤怒是被排斥的，一个会愤怒的女孩是不值得被爱的。同时，她的父亲经常在酒精作用下肆无忌惮地宣泄他那极具破坏力的愤怒，全家人都深受其苦。而且她的父亲在爆发之后还会时不时对她拳脚相向。

这些案例向我们展示了，这些患者和来访者在会面过程中只会带入很少的情绪体验，或者他们表现出来的情绪和汇报的情绪背道而驰，抑或者我们能很快识别出在一种情绪的背后还隐藏着另外一种情绪。所以治疗过程的关键是去关注那些被回避的情绪，即寻找那些展示出来的表象背后的东西。因此，这项工作务必要被纳入治疗计划中。

6.2 情绪有个什么样的房间？ 如何将其纳入治疗方案

在以情绪为导向的工作中，情绪拥有一个相当宽敞的房间。这个房间不能被孤立地看待。它并立于许多其他的在治疗和咨询中也被造访的房间。在以行为疗法为主导的治疗方式中，治疗过程以关于房间的多样性以及何时造访这些房间的透明度而著称，同时透明度还体现为对话性质的和以相互尊重为前提的针对造访相应房间时所持目标的商榷。

在下文的指导方针中，我们将过渡到治疗工作上。在这一过渡中，我们会提及一些基本目标并展开一段关于如何将它们独立化的讨论。我们可能在测试课中就可以完成这些工作，当然，它们也可能会延伸到测试阶段末期到治疗开始阶段之间的过渡阶段。

情绪资源 // Emotionen als Ressourcen

治疗工作的背景理论是素质-应激模型(Zubin & Spring,1977)和它的基本观点,即心理障碍和健康问题是个人因素(这里指素质)和环境因素(这里指压力)综合相互作用的结果。

当需要与患者和其他来访者共同确立治疗方案的基本方针时,我们可以采用如下的指导意见。

指导

"下面这个图像比喻在迄今为止的治疗师职业生涯中一直陪伴着我。它帮助我理解为什么人们在生活中会有困难,为什么他们会受到心理疾病的困扰。这背后是素质-应激模型。

请您设想一艘帆船。(画出一艘帆船。)每一艘帆船都有龙骨。在现实生活中,龙骨起到稳定帆船的作用并让它能够在航道中平稳行进。然而在这一图像比喻中,龙骨代表着一个人所有的负荷。这可能是由基因决定的先天条件如残疾,但也可能是生活危机的经验和痛苦在每个人身上的烙印。在有些人的帆船上,龙骨可能嵌入得很深,因而可以推断出他们承受了更多的先天负荷,而在另一些人那里可能并没有那么深,由此可知,他们的先天负荷会少一些。

龙骨本身并不预示着一个人是否在生活中会有这样或者那样的问题。为了理解这些问题是如何产生的,这幅画中还需要浅滩这一意向。只有当人们与各自的龙骨一道驶入浅滩的时候,才会发生崩溃,冲撞,以及任何以心理问题或者痛苦压力形式出现的后果。

浅滩代表着生活为每个人所准备的东西,代表着那些时多时少登场的压力因素。这些也许是日常生活的压力,它们可能从我们每天起床的时候就出场了,然后延伸到超市购物时不得不在两种不同品牌的牙膏之间做出选择。它们也有可能是由创伤性经历产生的,例如由于丧失经验或者受伤。

根据这一模型,心理问题其实是一个人与生俱来的先天因素和他在生活中遭遇到的后天因素彼此作用的综合结果。单单凭借一个人所承载的先天负荷并不能断言这个人在生活中的某个时候是否又会出现问题。也许他的运气或者优越的社会经济地位让他在生活中得以长久地避开一些浅滩。而那些先天负荷较少的人虽然可能有着优秀的基因、美好的童年、优渥的家庭环境、令人羡慕的工作、丰厚的收入等等,却也可能在遭遇浅滩的时候崩溃——如果来自浅滩和命运的打击足够沉重。"

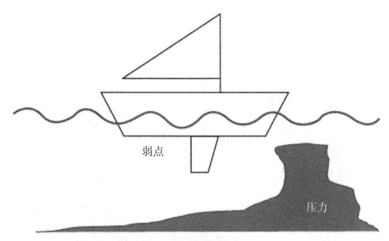

图6-1　作为素质-应激模型的图像比喻中的帆船和浅滩

改变的可能性　帆船的这个图像比喻(见图6-1)不仅仅帮助我们理解生活中为何出现这些心理问题,而且尝试在心理治疗的意义上帮助目标人群。

减少浅滩　一种可能性在于减少人们生活中的压力因素。如果这种方法可以毫不费力地得以贯彻实行,那么它无疑是扼杀接下来可能发生的撞击的最优雅的手段。有些时候,人们投入大量金钱是为了改变生活条件,社会关系中的矛盾得以缓和,居住和工作条件得以改善。但是生活条件改变的可行性并非一直畅通无阻,或者说人们并非能一直掌握所需资源。

龙骨的改变　另外一种可能性在于减少目标人群的龙骨。这意味着首先清除个人的先天负荷。许多人都渴望:如果我们能干脆地抹杀掉那些烙印在我们身上痛苦的生活经验是不是更好,或者如果那些伤痛的痕迹可以消失掉该有多好。然而,由于渐成论的研究尚处于起步阶段,所以这些更多的只是愿望而绝不是心理治疗的现实目标。诚然,清除先天负荷的希望一直存在,然而,作为行为心理治疗医师的我并不知道它最终会走向何处。就我所知,目前还不曾有一项龙骨研究可以告诉我们它最终的命运会是怎样。它就那么消失了?它消失在虚无之中吗?可能它会变成我们的一部分,而且目标仅仅在于寻找到一条和它共存的道路以便我们能够接受过往痛苦的生活经历,而不是一味与它们抗争。

然而,这并不代表我们对此无能为力。这一图像比喻尚不完整,其中还缺少船桨、人和浮标,补充图见图6-2。

船桨　船桨代表着我们对自己生活的控制力。也就是说我们可以控制帆船。许多患者觉得自己就像坚果壳,任由命运之风肆虐,在水面上随波逐流。他们感觉自己很无助。而且毫无疑问,他们有着反复丧失控制力的经验,所以这种无助对于他们来说更多的是一种已经被习得的无助。对于这些人,重要的是要展示和证明给他们看如何收复他们生活中的失地,如何主动地做出不勉为其难的决定,如何发

情绪资源 // Emotionen als Ressourcen

图 6-2 对图 6-1 的补充：
船桨（控制力），人（自主性）和浮漂（定位）（照片来源：AngelikaSchweizer）

挥他们已经掌握的行动空间来减少心理上的痛苦压力。

  人 在船上坐着一个人，实际上，他同时也在划着船桨。许多患者都说："我知道我应该做什么，但我没有能力做。"即使当控制局面的可能性已知时，许多患者和其他一些来访者都缺乏自信，准确地说，是缺乏自主性来摇动船桨而将生活引向新的方向。这意味着，患者在这一过程中亟待激发和加强他们的自主性。首要的重点便是练习，练习，练习。其他还包括不要要求自己去做力所不能及的事情，为自己设置一个合适的困难等级。此外，患者还要专注地感知成功经历并将它们作为动力源泉利用。

  浮漂 我们需要信号和浮漂来为我们警示浅滩。这意味着，我们要与患者一起绘制一张航海图来帮助他们在日常生活中定位。浅滩位于何处呢？在哪些场景中我们会预估有压力发生的可能？我如何能察觉到又一个浅滩在向我靠近？

  基本目标 根据这个图像比喻，心理治疗和心理咨询的任务是通过支持人们的心理授权过程来帮助他们重新变为自己生活的掌舵人。心理治疗和心理咨询遵循下列三个目标：

（1）拓展对自己生活控制的可能性。
（2）坚定对自己自主性的信念和自信。
（3）增强在生活中的定位能力。

  如果这些条件成立，通过人们自觉和自主地利用掌控生活中重要决定的可能性并能够逐渐优雅地避让潜在的浅滩，人们将学会如何降低心理崩溃和因先天负荷和后天压力因素碰撞导致的心理问题的可能性。

  这种情况下，我们心理治疗师要时刻警惕并且抵制将患者的船桨握在自己手中的尝试。患者的中心任务是肩负起对自己生活的责任和做出关于生活的种种决定。当然，如果坚持做下去的话，他们势必会不时对自己提出一些苛刻的要求。

导航图 行为治疗的导航图是一幅航海图，我们在4.2章节中已经介绍过了。思考、感觉和行动可以被比作三座在心理治疗和咨询过程中必然会经过的海岛。这些岛屿之间相互制约且以多种方式相互影响，所以它们以群岛的形式存在。

三座岛屿一直是心理治疗的聚焦点，而且在过去几年内发表的所有有关心理治疗和心理咨询的专业文章中涉及的主题都可以或多或少地被明确归类到这其中某一座岛屿之下。

显然，这三座岛屿并非是相互孤立的，它们一方面与身体这座大型半岛相关联，另一方面则与关系/生活背景这座半岛相关联。之所以称呼它们是"半岛"，是因为还存在其他一些同样深入研究这些岛屿的职业群体。

身体这座半岛代表了身体变化过程与思考、感觉和行动的交互影响，例如在疼痛、进食障碍、身体疾病、感觉障碍以及其他一些情况下，它的意义会凸显出来。

关系这座巨大的岛屿代表了人与周遭环境的关系或者他的行为框架的社会属性。心理问题虽然经常被固化在某个人身上，即在他的思考、感觉或者行动上，但作为一个社会属性，它们也体现在这个人的社会关系中。有时候这些关系是他们心理问题的成因，而有时候周围的环境也被动承受着他们的心理问题。因此，系统性层面和所处境遇与一个人心理问题的产生互为鸡和蛋的关系。

被偏好的岛屿 原则上，患者都偏好在某一个岛屿上表现他们的问题：对于某些患者来说，这一问题优先表现在那些时常冒出来的自我贬低的想法中，例如："我不行！"（思考的岛屿）对于其他人来说，这一问题体现在他们过激的情绪中，如恐惧（感觉的岛屿），冲动的行为中（行动的岛屿），身体的疼痛中（身体的岛屿），或者在人际关系中——"如果我的伴侣是另外一个人的话，那我会很幸福！"（关系或者生活背景的岛屿）

到患者所在之处去接他们 "到患者所在之处去接他们。"这句老话至今通用。这意味着，我们要去患者偏好的岛屿上拜访他并且探究他是怎样融入那里的生活。如果有简单易行的可以应付岛上的生活的策略，那么它必然值得我们一试。但是在许多情况中正如Albert Einstein所说"人们不能用生成问题的思考模式来解决问题"（见"实践"开篇的引言），这也同样适用于感觉模式。

开拓视野 如果当前没有简单易行的对策，并且所有可预见的可能性都已经被实践过的话，那么需要我们考虑的便是拓宽视野和关系框架以及动身去旅行，例如到另外的岛屿。与此同时，以资源为导向的情绪工作方式便成为一封来自"感觉岛屿"的邀请函，但并不是必须。

因此，对所出现的问题的理解原则上不应局限于某一座岛屿上，而是要兼顾到它们与其他岛屿之间的相互影响。我们可以由此得出结论：一个综合性心理治疗的过程在任何意义上都不能只局限于一座岛屿,相反,它应该有能力提供来自所有岛屿的激励、干预和辅助手段。

这幅简明的航海地图应该可以帮助我们作出更清楚的判断并以高度透明的方式与患者和来访者进行相关的交流。心理治疗中可供采用的干预手段数不胜数。有些时候甚至让人有种只见树木不见森林的感觉。因此,为避免造成更多的过失,我们宁愿少做正确的事情(例如颇费周折地从一座岛颠簸到另一座岛)。因为一项治疗方案是由多种疗法和模块组成的,而它们中只有一小部分可以被真正投入到实际应用中,所以不断反思如何从中进行选择显得尤为重要。

材料

练习表0.1 这一练习表的主题是帆船的素质-应激模型的图像比喻。个体的先天负荷状况(龙骨)和当前的压力因素(浅滩)可以通过它更直观地被展示出来。

练习表0.2 这一练习表是对上一张练习表的补充。我们可以依此了解和测评个体的控制能力、(非)自主性的层面以及定位点。

练习表0.3和0.4 这两张练习表是关于心理治疗的导航图。通过它们的帮助我们可以清楚认识某个患者或者来访者当前遇到的问题是如何在思考、感觉、行动、身体和社会关系的岛屿上发展的。了解他们的实有和应有状态才有可能制定治疗方案。

这一导航图还有另一种备选使用方案:当与患者或者来访者共同制定导航图的时候,我们可以依照个人情况进行适应性调整,当前岛屿对于问题理解的重要性可以形象化地通过岛屿的大小来表现,其中一些岛屿相应地被画得大一点,而其他目前为止较少被利用的岛屿则可以画得相对小一些。

建议

我们只需将帆船的图像比喻理解为促进与患者和来访者共同制定有创意的治疗过程的推动机制就足够了。我们可以提前给出它以便确定治疗方向,但它也一直是作为发掘不同想法和解决方案以及将它们补充进来的契机。例如,一位患者希望得到一个缓冲器来降低龙骨碰触浅滩时的撞击强度(一个很好的转到压力耐受技巧的过渡),而另一个人可能希望得到双重龙骨来增强稳定性(一个很好的转到审视与自己妻子的关系模式的过渡)。

我们不能一概而论地回答关于情绪工作在治疗和咨询过程中的地位问题,它取决于患者当下所处的状态。然而我们应该增加对情绪岛屿的关注,它应该在治疗计划中获得更多的空间,并且不应该成为既被患者又被治疗师回避的事物。

反之亦可说：只有当感觉的岛屿占据了过大的空间并且当其他的岛屿因此被过少关注到的时候，我们才有必要限制它。正如 Marsha Linehan 所说："情绪爱着它自己。"一些人如此焦头烂额地分析情绪，以至于他们已经把自己融入了情绪体验之中，也就是说，自己几乎变成了自己的情绪。因而我们可以断言，处理情绪的工作并不是以自身为目的。

以不在场之物为对象的工作

哲学家 Adorno 从没追求过建立起闭合而完满的哲学体系。他甚至将思想理解成一个可以随时随地被冲到岸边的漂流瓶。

与心理治疗相关的漂流瓶内含于下面这段引言中："整体即谬论。"（Adorno，2008）他在他的否定辩证法中指出，真理不仅仅能以实证主义的方法加以验证。宽泛一点来说，我们可以将它解读为：在每一个词、每一种思想、每一次感觉和每一处行动中都无一例外地同时内含了没有被说、没有被想、没有被感觉和没有被做之物。

诚然，我们作为受过专业科学体系培训的心理治疗师和咨询师是以现有事物为工作对象。也就是说，我们从患者和来访者那里所听到的和从他们那里所感知到的是我们决定要做出何种反应和干预手段的基础。

尽管如此，我们仍然对另一种想法跃跃欲试——将工作范围拓展到不存在于我们视野之内的事物上：当来访者叙述的时候，什么是他们在当下没有谈及的？当来访者有所体验的时候，什么是他们此时没有感受到的？当来访者有所行动的时候，什么又是他们现在回避的？

这种态度不能以一种在患者眼中可能被误解为贬低意图的形式传达给他们，更不能以犬儒派怀疑主义的形式——以质疑一切的形式。这种态度可以被视为死胡同的紧急出口，只有当我们认为绝对没有继续前进的任何可能性之时才会使用它。将视野扩展到不在场之物时，既为我们增加了回旋余地，又创造了新的可能性——不仅对于患者和来访者来说，而且也对陪伴他们的心理治疗师和咨询师有所裨益。

6.3 什么时候最好不要进行情绪工作？ 有关禁忌证

此处，我们将重提上文中讲过的区分：只限于当前被体验到的情绪。一方面，在情绪工作中我们追求这种情绪体验，但另外一方面，过度沉浸情绪之中无疑是在苛求所有治疗过程的参与者。那些被以各种原因判定为情绪不稳定的患者很可能因其在不稳定状态中对强烈情绪的体验而进一步恶化。在这一背景下，我们必须要顾及情绪体验的潜在强度，它是处理情绪工作的潜在禁忌证。这当然是很难界定的，并且在很大程度上取决于每个治疗人员自己的容忍度。

辩证行为疗法为此提供了一种清晰的目标等级划分：处理有威胁生命可能的行为方式优先于处理有威胁心理治疗可能的行为方式，而后者又优先于处理只涉及生活质量层面的行为方式。鉴于前两种行为方式的维度与情绪强度问题相关，因此，处理体验到的情绪要求我们势必在同一时间明确引入压力承受的技巧以对抗情绪危机并减少患者的痛苦。

只限于当前没有被体验到的情绪。在进行这一层面的情绪工作时，我们建议大家务必要审慎行事，并且时刻检视有关重度创伤经验乃至妄想体验的人生经历。就像我们之后将会指出的那样，情绪回避经常是保护策略的辅助，例如保护我们不受有关痛苦经历回忆的困扰。这种情况下，单单是说出"害怕"这个字眼就已经构成了情绪的触发器。它要求治疗人员应该倍加关注坐在对面的人的情绪变化。这也要求操作过程的灵活性和依据情绪变化的速度和强度使用外在调节手段的能力。在这一过程中，我们可以即刻或者很快完成从"冷学习"到"热学习"（另见第4.4章）的过渡。

这一章我们将完成对两个基本观点的解释。

> 基本观点（3）：情绪工作分为短期和长期两种视角。短期视角下，我们将关注点更多锁定在某一时刻体验到的情绪上；而远期视角下，我们则侧重于当前没有体验到的情绪。

> 基本观点（4）：情绪工作除了需要时间之外，还需要在比喻的意义上有属于自己的合适的房间。这一房间既可以拓展也可以缩减。除此之外，我们也可以同时使用其他治疗方法的房间，但是不能用它们完全代替。

当情绪作为资源的工作被纳入一项全面的治疗方案或者计划之后，我们就可以着手开始进行。它会针对创伤、现有压力因素、迄今为止尝试过的解决方案做出普遍性的分析，同时决定情绪工作将获得一个什么样的房间。

总结

准备工作
策略：准备
方法：心理教育，验证适应证，确定目标

6 准备：有关空间和时间的问题

版本	内容	时长
简略版本	（1）有关素质-应激模型的心理教育 （2）有关导航图的心理教育 （3）适应证的验证 （3）确定治疗重点	1课时 50分钟

材料（可扫码获取）

➤练习表0.1　我自己具备了什么？我要应对什么？
➤练习表0.2　我的控制能力/自主性/定位能力
➤练习表0.3　我的导航图——现有状态：我目前的位置在哪里？
➤练习表0.4　我的导航图——应有状态：我该朝哪个方向行进？

练习表0.1　　　练习表0.2　　　练习表0.3　　　练习表0.4

其他准备材料：挂板/黑板/纸张。

练习：填写练习表。

练习表0.1	我自己具备了什么？我要应对什么？（素质-应激模型）

引言：如果人们产生心理问题的话，这通常是一个多层次变化过程的结果。该过程可以形象地比喻为一艘铺有龙骨的帆船在行进中遇到浅滩。您可以通过这张练习表来描述您的素质和压力因素。

练习指导：为了明确有哪些浅滩和包袱影响了您的生活，请您回答下列问题。

1. 我的浅滩是什么？我日常生活的步伐被什么牵绊住了？（压力因素，此时此刻的负担。）

2. 我的包袱是什么？是什么让我变得沉重？（伤害，障碍，创伤经历，过去产生的负担。）

情绪资源 // *Emotionen als Ressourcen*

| 练习表 0.2 | 我的控制能力/自主性/定位能力 |

引言：帆船并非被动地任由海风摆布，即使有时候我们确实感觉如此。它拥有可以把控方向的船桨。它上面还坐着一个能自主使用这个船桨的人。而且浅滩的上方还有警示的浮漂。它们共同防止了帆船一而再，再而三地驶入相同的浅滩中，给自己制造一系列问题。您可以用这张练习表来描述您的控制能力、自主性和定位能力。

练习指导：请您回答下述问题。

1. 我的船桨是什么？我要怎样改变我的生活？我还可以做些什么别的事情？

2. 我驾驶帆船的能力有多高？在驾驶中我能体验到多大程度的自主性？为了让自己更有自我意识，我还需要些什么？

3. 我有哪些信号浮漂？我以什么来判断浅滩的存在？我以什么来识别可能给我带来问题的压力因素（人、场景、地点）？

| 练习表 0.3 | 我的导航图——现有状态：我目前的位置在哪里？ |

引言：人们产生的一些问题常常是不同层面相互作用下的结果，您可以在下面这张心理导航图中找到它们。这些层面就像您在一场旅行中可以游玩的岛屿。每个人都有一座会被优先选择的岛屿。这张练习表可以用作描述您在思考、感觉、行为、身体和关系的岛屿上遇到的问题。

练习指导：请您回答下述问题。

1. 我的问题和我的身体有什么联系？它以什么方式影响我的身体？

2. 我的问题和我的人际关系/我周围的环境有什么联系？它以什么方式影响我的人际关系和周围环境？

3. 我的问题和我的行为有什么联系？它以什么方式影响我的行为？

4. 我的问题和我的想法有什么联系？它以什么方式影响我的想法？

5. 我的问题和我的感觉有什么联系？它以什么方式影响我的感觉？

练习表 0.4	我的导航图——应有状态：我该朝哪个方向行进？

引言：请您现在设想一下，您达成了目标，您的问题和困难已经变得有所不同而且逐步减少。这会对您在心理治疗的旅行中游玩过的不同岛屿产生怎样的影响？

练习指导：请您回答下述问题。

1. 如果我达成了目标，这将对我的身体产生什么影响？

2. 如果我达成了目标，这将对我的人际关系/周围环境产生什么影响？

3. 如果我达成了目标，这将对我的行为产生什么影响？

4. 如果我达成了目标，这将对我的想法产生什么影响？

5. 如果我达成了目标，这将对我的感觉产生什么影响？

7 情绪作为资源的实际应用

目标群体 这本书所针对的对象是那些试图观察、进一步了解和验证,以及在适当情况下改变自己处理情绪方式的人群。

情绪作为资源 我们的关注聚焦是情绪以及情绪体验作为资源的属性,人们可以凭借这种属性丰富自己的生活和与他人交流的方式,因此也可以提高心理满足感。我们认为,情绪因其位于人们生活中各种活动变化的交集处而行使的协调功能从而具备了可利用的潜能。

情绪作为资源的利用 这要求我们拥有相匹配的陈述性和程序性知识以及将这些知识投入使用的准备意识。我们处理不同情绪的方式方法也因此而灵活多样,这体现为不同情绪能够根据其质量和数量程度被合理调节。生平经历可以决定性地影响情绪处理方式,限制其灵活度,以及导致处理情绪的不适应性。所以,情绪作为资源的利用是以分析这些经历为前提的。而目标是通过提高情绪调节的灵活性来激活迄今为止一直被回避并且尚未被利用的潜能。

教学法 这本书本着化简原则在不同问题上都采用了简明易懂的教学风格。这些简化措施的目的是让知识传授变得简单易行,因此,对情绪作为资源的利用方式的接受度也相应变得更高。

评价 这本书遵从了从实践中来、到实践中去的方法理论。它结合了许多已经经受了检验的干预手段(另见第 4 章)并阐述了它们的运用方法。这本书已经在许多临床治疗和咨询的实践中证明了自己的可行性。

7.1 概述

这本书的操作程序分为六个模块,它们分别隶属于知识、理解、改变三种策略。

（1）知识——拓展普遍性情绪知识

模块1:让情绪发声并认识情绪。情绪的词库是交流情绪体验的前提。而这一词库最终奠定了认识情绪的基础，因为——就像Groethe所说的——人们只看得见他们知道的。传授这个词库是心理教育的一步，这一步是以有关基本情绪的常识性科学知识为基准。观察他人的情绪表达和制定基本情绪的判断标准可以作为这一步的补充。

模块2:理解情绪的意义和拓展情绪知识。传授情绪的意义是以认可情绪和情绪体验作为资源的前提。这本身就是纯粹认知的一步，因而它要求重新通过心理教育的方式进行传授。传授情绪的意义之所以是必要的，是因为大多数患者和来访者都在他们的元情绪中以消极、拒绝和回避的基本态度面对情绪体验。

（2）理解——理解自己的情绪体验

模块3:理解自己的情绪体验。第三步迈入了个体化的治疗程序并且在此期间建立了个人性的关联。一个患者或者来访者如何体验他的情绪？他如何应对它们？他自己的情绪风格是什么？这一步中实现了由已获得的普遍性知识到个体性体验层面的转化。

模块4:理解与生平经历的关联。这一模块涉及生平经历关联的建立和更好地理解它们与当前情绪体验之间的相互关系。哪些生平经历决定性影响了患者或者来访者的情绪风格并且导致了某些情绪相对较多，而某些情绪则相对较少地被患者或者来访者体验到？

（3）改变——改变自己的情绪体验

模块5:改变情绪风格和激活新的潜能。以目前被教授的知识和它们的个体化为基础，我们踏上了寻求新的情绪资源的利用方式的旅程。这里将要区分的是支持迄今为止较少被体验到的情绪和调节被强烈体验的情绪。我们将针对两种改变方向分别介绍不同的干预手段。

模块6:把日常生活中的情绪作为资源。在这个模块中，已经被引入到日常生活中的改变将被检验和巩固，以增强它们影响的持续性。

从"冷学习"到"热学习"

这些模块的排列是遵循了从"冷学习"到"热学习"的顺序；那些知识相关的心理教育模块之所以被归类为"冷学习"，是因为个体经验仅仅扮演了它们的下属角色。这些经验直到第三个模块中才被提到中心地位，可以在这个意义上说它们"变暖"了。最迟到与生平经历相关的、情绪上起决定影响的经验为工作对象的第四模块，它们便可以真正"变热"。

表 7-1 本书中的策略、模块和方法论一览

策略	模块	方法论
知识	(0) 准备	治疗计划
	(1) 让情绪发声并认识情绪	基本情绪的心理教育
	(2) 理解情绪的意义	情绪意义的心理教育
理解	(3) 理解自己的情绪体验	自我观察被表现出来 & 被感受到的情绪
	(4) 理解与生平经历的关联	探索有决定性影响的生平经历
改变	(5) 改变情绪风格和激活新的潜能	支持或者调节情绪
	(6) 把日常生活中的情绪作为资源	转化和巩固后续影响

7.2 流程和框架

流程 模块之间清晰的结构意味着它们无论就自己本身作为一个独立整体而言还是作为现有整体流程中的一部分而言都可视为能够单独加工完成的工作对象。在治疗和咨询过程中，它们之间的界限并非总是泾渭分明的。

> 在实际应用前两个关于普遍性情绪知识的模块的时候，患者和来访者便已经从一般性体验过渡到他们的个人经验。
> 理解和改变作为上位策略处于相互制约的关系中并且在实际应用中不断相互影响。

在这两种情况下，我们必须以泰然的心态平衡它们中的不同方面，但同时也不能遗忘每个模块各自的最终目标。

版本 我们会在每个单独模块的结尾做一个总结性陈述。同时，对于这些模块的操作方式我们会根据个人意愿和实际使用中的框架条件分别建议一个简略的和一个详细的版本。简略版本要求时长至少有 3 个课时或者 150 分钟，而详细版本则要求进行至少 10 个课时。

练习表 单独模块的工作前提是患者和治疗师之间建立了直接联系。大多数的教学步骤和干预手段是通过对话来共同完成的。另外，有时候在单独模块中被用到的材料也必须以此方式进行加工。此外，还有一些练习表可作为教学过程中的辅助和课时间隙时的深入学习之用。

工作环境和治疗设置 这本书适用于多种不同的工作环境以及它们各自的治疗设置，从短时咨询中对情绪作为资源的知识相关模块的简要介绍到一个完整的心理治疗中包含的体验相关模块的全部流程全都适用。在第 14 章中，我们将详细介绍它在每种治疗设置中的应用。

8　模块 1：让情绪发声并识别情绪

> 一个人直到表达出他的情绪之前，
> 他都不知道这究竟是一种什么样的情绪。
> 因此，表达行为本身是一场对自己情绪的探险。
> ——Robin George Collingwood

情绪作为资源的利用开始体现为拓展知识的"冷学习"形式。对于那些尚未掌握适应性处理情绪方式的人来说，知识是他们决定是否改变自己处理情绪方式的关键前提。

拓展情绪知识包括了将其作为资源的对待方式。我们在此强调的其实是它们在协调和沟通各个基本心理活动层面的潜能。该方式包含了陈述性和程序性知识，同时陈述性知识是启动后者进程的开关。

只要我们不墨守于务必通过认知性道路走向情绪世界的陈规，那么认知层面本身便不会在治疗和咨询过程中给情绪的深度加工工作和情绪体验制造障碍。

认知性的道路对于那些习惯于与情绪打交道的人而言是冰冷且有距离的，而对于其他那些在日常生活中并不习惯体验和表达情绪的人而言，这一途径反而更容易上手。

根据目标群体的不同，我们完全可以借鉴谈论汽车的方式去探讨情绪，比如类似于汽车，情绪也由许多可以被量化的零部件和技术层面构成，以及一个特殊的"感觉因素"。

患者和其他来访者所使用的被动和主动的情绪词汇往往有很大的差异。所有人虽然都已经听说过基本情绪的名称，但是仍有一些人很难主动命名它们。看起来似乎识别他人身上所表现出来的情绪比感知自己的情绪更为容易。因此，我们首先把视野投向他人作为工作的开始，之后我们再把由此获得的情绪知识用于识别和体验自己的情绪上。

除了处理情绪，认识和命名情绪也是情绪能力和情绪智力的中心层面。所以，虽然对于一些患者和来访者来说这个模块的设置有

情绪资源 // Emotionen als Ressourcen

陈词滥调之嫌，但是对于另一些人来说则是根本性的。

鉴于情绪的语言表达是一项重要的调节策略，但许多人连它最外层的围篱都无法攻克，所以我们把它视为利用情绪资源的第一步。

让情绪发声并认识情绪这一模块首先包括了以科学知识为基础内容的心理教育。它用于验证所用到的治疗理论和患者以及来访者的元情绪，因为这些元情绪常常是多种多样的，而且并非一直有科学研究的价值属性。

> 模块目标
> (1) 患者和来访者扩充他们有关情绪和情绪潜能的普遍性知识。
> (2) 他们能够主动命名基本情绪。
> (3) 他们能够通过表情、手势、身体动作和行为动机来识别基本情绪。

材料

信息表 1　根据参与人员的需要和兴趣，我们可以另外增加有关情绪理论、情绪调节、情绪智力和能力，以及有关不适应性处理情绪方式和它们与心理健康问题的关联的理论资料。

作为讲义资料，我们在此可以使用那些概括了上面理论部分的信息表。我们可以把它们发给患者作为自学的材料。当然，他们也可以与咨询师对这些材料进行详细讨论。

这一模块分为三个部分，分别代表三个步骤。首先要整理出基本情绪的词汇表(步骤1)。接下来要把基本情绪按照各自的形式进行归类(步骤2)，最后是词汇表应用和情绪知识应用的训练和巩固(步骤3)。

8.1　步骤1：整理词汇表

第一步中，情绪这一概念将区别于被广义使用的词语"感觉"被引入，它完成了第一项针对基本情绪的界定工作，这树立了基本情绪的含义对所有人具有的普遍有效性。

这本书的重点是针对高兴、悲伤、害怕、愤怒/生气四种基本情绪的情绪工作，因此，我们将首先论述它们(Sulz, 2000)。根据需要，如果四种基本情绪已被患者很好掌握，我们可以再将厌恶和吃惊作为基本情绪补充进来，虽然接下来的模块工作的开展并不迫切要求我们一定这么做。拓展为六种基本情绪的情绪工作对于那些患有进食障碍或者心理创伤的患者是非常有意义的。

次级情绪和其他综合情绪可依据具体情况被归类到相应的基本情绪之下。例如对某次心理治疗有关键意义的羞耻心理被归为害怕这一基本情绪。

这种简化仅仅是出于教学的考虑：它让内容变得一目了然，因为经验告诉我们，单单是关于四种或者六种基本情绪的情绪工作已经让不少患者和来访者觉得吃力。

> 基本观点（5）：基于教学的考虑，我们首先以高兴、悲伤、害怕和愤怒四种基本情绪为对象开展情绪工作。根据具体情况，我们还可以额外补充厌恶和吃惊两种基本情绪。次级情绪能够根据各自的可能性被划归在初级情绪之下。

这一步可以借助画板、黑板，甚或一张纸来共同与患者和来访者完成，用以了解他们可以主动使用的情绪词汇。在此，对情绪的命名会被收集在有关四种基本情绪的表格里。该表格的制定是依据 Sulz（2000）的理论，然而它不会被事先直接给出，而是与患者共同填写。

通过一起整理词汇表我们可以感受到患者和来访者的处境。同时，表格栏的设置应该能够系统化地容纳所有可能出现的情绪概念并且对基本情绪的命名起引导作用。

指导

就像我们商定好的，今天谈论的主题是基础感觉【把有关基础感觉的词语写在黑板上】。也许您曾经从广播剧中听到过这样一句话"男人们谈论感觉"。例如一位男士说："我感觉应该去换冬胎了。"请您相信我，我之前也是这样的人……但是这位男士表达的并非感觉，而是？（停顿）准确来说，是一个想法。在感觉中无一例外涉及的是我们的体验以及我们身体里发生的反应。德语的"感觉"一词却并没有把这层意义表现得很清楚，因为我们会说"我感觉很累！""这感觉太冷了！""我感觉疼了！"等等。这些意义上的感觉是身体的感受。而我们这里讲到的是狭义的感觉，情绪（把词语"情绪"写在后面的括号里）。在"情绪"这个词语本身之中就已经蕴含了它要表达的意思：Motion——运动（将情绪 Emotion 一词中 Motion 的部分加重点）。很长时间以来人们都相信，赋予我们力量去做或者不做某些事情的东西正是情绪。在这一点上，广告行业比科学领域对它的理解更为透彻：现代广告并不谈论理性，它只是唤醒我们体内的感觉。广告研究者已经了解到想法对于购买行为并不是决定性的，能把我和产品联系起来的感觉才是。若非如此，那么一张单纯的产品测试报告纸便足够了。但是，我如果有意愿购买某产品，那么肯定是因为我从广告中了解到的这个产品唤醒了我体内的感觉。现在让我们回到基本情绪的话题。

情绪资源 // Emotionen als Ressourcen

一些人认为谈论感觉不可能是困难的事情。本质上这也的确是一件简单的事情,因为只有四种重要的基本情绪。当然,实际上有六种,但是这四种已经给我们提供了足够的基础来开展任何一个有关情绪的讨论。现在,您认为这四种基本情绪是什么?(画出表格线)

[把患者提到的情绪归类并写到相应的基本情绪栏中。某些情绪的归属并非毫无争议。这种时候可以放心大胆地把它写到两栏里。随后我们逐渐过渡到对基本情绪的命名训练,并由此开始思考每个表格栏的小标题,在适当情况下,我们可以讲解为什么个别情绪在归属问题上会产生矛盾。在讲到基本情绪愤怒/生气时,可以根据英文的生气一词来解释对这个基本情绪必须进行双命名的缘由,同时可以列举更易理解的概念。]

基础感觉(情绪)

高兴	悲伤	害怕	愤怒/生气
爱	疼痛	紧张	仇恨
喜悦	绝望	忐忑	攻击性
满意	毫无希望	羞愧	刚愎自用
舒服	失望	负罪感	拒绝
乐趣	思念?	不安	怒气
骄傲	孤独?	担忧	不耐心

图 8-1 与患者共同整理出的基本情绪表格示例

材料

患者和来访者可以在课程结束之后将整理出的表格(即使不完整)抄写下来或者是拍照和打印出来以便携带。某些情况下也可以建议他们与伴侣或者合适的人进行基本情绪的讨论,这也是为了让他们找出那些可能还缺失的情绪,同时还可以建议他们开展以基本情绪为主题的调研工作(如通过网络)。

练习表 1.1:基本情绪和它们的不同形式 除了在此整理出来的基本情绪表格之外,课程设置的另外一种选择是练习表 1.1。它有两个版本:A 版本有高兴、悲伤、害怕和愤怒四栏;而 B 版本中则增加了厌恶和吃惊,共有六栏。患者和来访者可将练习表作为课程间歇时的训练来完成。

> **建议**

当患者和来访者不能再继续命名出其他情绪的时候,我们可以以好奇的但绝非师长式的语气继续询问。下面列举了一些通常情况下必要的辅助性问题,例如:
➤ 您还曾经在小孩子身上见过哪些感觉?
➤ 您上次观看好莱坞电影的时候有哪些情绪让您不能忘怀?
➤ 您的男/女朋友曾经还表现出哪种情绪?

我们在这里还可以展示一些被体验到的情绪的照片或者电影片段来辅助探索过程(另见下一步)。

此处的重点仍应该停留在普遍性层面,不要过多引导患者或者其他来访者开始谈及他们的生平经历。相对于关注自己,这里更有意义的做法是将视野投向他人,例如"您在他人身上看到了什么?"如果患者或者来访者不能逐个命名情绪,那么我们按照心理教育的方式与患者一起补充完情绪表格,直至我们为每种基本情绪都能找出至少五种不同的情绪。同样可行的是停止使用心理教育的方法,转而要求有情绪问题的患者自己在家继续思考并填写完表格。

8.2 步骤 2:整理形式的关联

明确了有关基本情绪的情绪词汇之后,我们在第二步中便可以拓展到其他层面。从情绪形式以及这些形式在表情、手势和行为动机中的表达方式入手不失为好的工作开始。另外,使用情绪表达相关的图片和电影片段作为补充材料可以更好地帮助我们训练识别和命名基本情绪。

> **指导**
>
> (如果基本情绪表格已经整理完毕,那么我们可以开始建立它们与面部表情的关联。)
> 请您描述一下高兴的面部表情。
> ➤ 您依据什么可以判别某人是高兴的?(例如通过熠熠发光的眼神,特别是在微笑的时候。)
> ➤ 您通过什么可以识别出某人是悲伤的?(例如通过下垂的嘴角,特别是在哭的时候。)
> ➤ 当一个人愤怒或者生气的时候,他的脸部会发生什么变化?(例如双眼间拧紧的川字纹,咬牙切齿等。)
>
> [当然,在接下来的步骤中,我们可以在面部表情以外补充进手势和其他的表达方式("如果一个人感觉如此的话,他会怎么做")。]

情绪资源 // *Emotionen als Ressourcen*

> **材料**

照片　我们可以从自己拍摄的或者媒体中甄选出一些照片组成相册来建立一个情绪面部表情的资料库。其中，放入一些带有面部表情的有影响力的公众人物的照片是有必要的，这证明了即使是重要人物也会表露出不同的情绪。我们还可以要求患者和来访者收集一个属于自己的相册，当然，这一模块不仅仅只限于使用自己的照片。

我们这里还可以使用那些已经系统化的和经受了科学检验的照片集。以科学性为基础的照片集有：

➢《阅读情绪》一书中的照片（Ekman，2010）

➢日本人和高加索人的情绪面部表情（Japanese and Caucasian Facial Expression of Emotion，JACFEE，可以登录相关网站获取照片）

➢情绪面部表情标签（Facially Expressed Emotion Labeling，FEEL），一个由计算机支持的情绪识别测试（Kessler 等，2002）

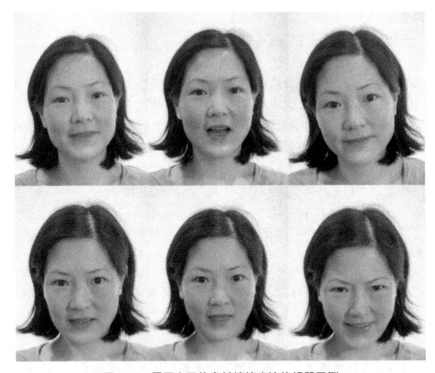

图 8-2　属于自己的有关情绪表达的相册示例

电影片段　作为照片的补充和拓展，我们可以播放一段时长为 1～2 分钟的短视频。类似于照片集，我们可以整理出一个自己的关于情绪表达示例和处理情绪的视频集。我们甚至不妨利用相应的技术设备支持（例如笔记本电脑或者平板电脑）与患者和来访者一起在治疗过程中观看并评价视频。

娱乐电影片段也无伤大雅。例如德国的《八点档》或者好莱坞大片都可以播放，因为它们原则上都按照一种简单易懂的模板来演绎不同的基本情绪。可以播放的示例有（您肯定还能想到更多其他的例子）：

> 悲伤 《小鹿斑比》（迪士尼，1942）：在逃亡的路上小鹿斑比的妈妈被射杀，斑比首先对逃亡的成功感到高兴，但当他随后发现母亲死亡的时候，便开始号啕大哭。《冰川时代》（20世纪福克斯电影公司，2002）：猛犸象曼尼通过洞穴图画的记录意识到他的种族已经灭绝，人类小孩在安慰他，即使是剑齿虎迪亚哥的眼里也噙满了泪水。

> 害怕 《冰川时代Ⅱ》（20世纪福克斯电影公司，2006）：剑齿虎迪亚哥克服了自己的恐惧并跳入水中。《与狼共舞》（猎户座影业公司，1990）：邓巴中尉在拉克塔苏族印第安人进攻前陷入了焦虑并击打自己的头。

> 生气 《老大靠边闪》（华纳兄弟，1999）：心理治疗师本要求黑手党头目保罗用亲吻发泄他的怒气。《愤怒管理》（哥伦比亚电影公司，2003）：戴夫在集体治疗中了解了愤怒管理的格言"Goose-Fraba"，之后还学习到面对压力时就唱"我感觉很美好"的情绪管理策略。

对于不想耗费过多时间在电视上的人群，Wedding 等人（2011）提出了一个绝妙的训练标题"电影如何帮助我们理解心理障碍"。

Hewig 等人（2005）以归纳法的方式分别针对每种情绪为我们精选了一个经受了科学检验的视频集合。

> **建议**

以那些简单易懂且表意清楚的图片/场景开始，它们所展示的情绪要具备高强度和高识别度。渐渐地，我们可以补充进一些不同的变体和有多重含义的图片来展开讨论。

还需要补充的一点是，如果情绪强度很高，男性和女性可以同样很好地从面部表情中识别出它们。如果强度较弱，女性会比男性更擅长从微妙的情绪表达中将它们解读出来（Hoffmann 等，2010），在某些情况下需要照顾到这个差异。

8.3 步骤3：加深和巩固练习

根据患者过往经验的不同，重复和巩固两个步骤可能是必要的。这里我们可以继续细分表格中的类别并且放入自己的照片集。对基本情绪的认识和命名可以

情绪资源 // Emotionen als Ressourcen

在不同观察场景中训练。它们虽然可以借助真实场景进行训练,但是对观察的训练也可以在观看电影时进行。

材料

练习和巩固命名和识别情绪有着多种可能性。

练习表 1.2:识别基本情绪　这张按类别结构化的练习表支持依据每种基本情绪的外部特征来识别它们(这里同样是 A 版本针对四种基本情绪,而 B 版本支持六种)。

练习表 1.3:观察基本情绪　这一步中,讨论到和整理出的基本情绪特征被应用到不同的观察场景中(同样有版本 A 和版本 B 之分)。

表情符号的归类　对于频繁使用现代交流形式的患者来说归类表情符号到各自的基本情绪下可以有效地帮助他们。通过简单的符号将情绪表达图像化可以追溯到 Scott E. Fahlman。这些符号凸显了面部表情的关键特征,但同时也忽视了那些低强度的表情。相关例子比如:

——高兴: :-)　:)　:>　:]　x)或者(^_^)
——悲伤: :-(　:(　:<　:[或者(ó_ò)
——害怕: :/　:0 或者(0_0)
——生气: (>_<) 或者(-_-)

深入分析基本情绪范畴和它们的不同形式、唤醒场景和思想、表达形式和与它们相关的变化过程的文献比比皆是,如 Linehan(1996b,165 页起),Bohus 和 Wolf(2009,200 页起),Lammers(2007,52 页起),当然还有感觉的 ABC 理论(Baer & Frick-Baer, 2008)。

建议

在这一模块中还尚未涉及情绪体验的个体化,因为关注的焦点仍然停留在普遍意义上对人的情绪质量(基本情绪)和它们表现形式(通过表情、手势、身体姿态和行为动机的表达)的描述。然而,为了诊断和接下来的工作,我们不妨在此留意一下哪些基本情绪能被患者和来访者很快加以区分地命名出来,而哪些是最后才被命名的。

一方面,人们已经很熟悉某些特定情绪类别,并且也能够在之后主动地命名它们。另一方面,人们却"只见树木,不见森林"。这意味着,某些情绪虽然在人们的生活中占据中心地位,但是人们却不能再命名它们。例如,很有可能一些恐惧症患者不能马上命名出害怕这种情绪,或者抑郁症患者已经不能再命名悲伤这种情绪。

模块 1 需要完成表格,命名基本情绪,并能通过面部表情、手势和行为在不同示例中准确识别情绪。如果患者主动命名和识别某些情绪有困难,那么我们可以在下一个模块中继续开展相关工作直到最后取得长久性成功。

总结

模块1
策略:知识
方法:心理教育

版本	内容	时长
详细	(1) 详尽讨论情绪理论和有关适应性和不适应性处理情绪方式的科学理念 (2) 整理基本情绪和相关表达方式的词汇表 (3) 在课程间歇进行巩固练习	1~2次课程 50~100分钟
简略	整理出基本情绪和它们表达方式的词汇表	0.5~1次课程 25~50分钟

材料(可扫码获取)
➢信息表1:情绪作为资源:一些背景理论介绍
➢练习表1.1:基本情绪和它们的不同形式
➢练习表1.2:识别基本情绪
➢练习表1.3:观察基本情绪

信息表1　　练习表1.1　　练习表1.2　　练习表1.3

其他材料:画板/白板/纸张,照片集和电影片段集锦,摄像机/打印机。
练习:通读信息表;填写练习表;收集照片。

信息表1	情绪作为资源:一些背景理论介绍

概念

当我们谈及情绪的时候,绝大多数情况下我们指的其实是感觉。诚然,感觉这一概念并不能被明确定义。我们谈论的往往是好的和坏的感觉。我们依据这一判断可以得出的观点是情绪在绝大多数时候是颇有帮助的,它是一种资源,是充盈我

情绪资源 // Emotionen als Ressourcen

们生活的源泉。

因此,情绪(Emotion)一词的字面意思也更好理解,因为它包含了它所涉及的内容 Motion,也就是运动。情绪拥有推动我们去做一些事情的潜能,因而它也是一种资源。

情绪层面

我们不能以简单的方式描述情绪。不同的学科专业领域试图更好地去理解情绪到底是什么,以及以何种方式应对它对我们最为有益。

这其中可以肯定的是,情绪有着不同的层面:

基本情绪:情绪有着多种不同的质量类别。它们中最重要的是那些作为儿童已经能够表现出来的基本情绪:高兴、悲伤、害怕、愤怒、厌恶和吃惊。

表达:每种基本情绪都有典型的表达。有时候我们可以从面部识别出该表达,有时候要通过身体姿态,有时则是通过人们的所作所为。

身体:当我们体验一种情绪的时候,我们的整个躯体都毫无例外地参与其中:从我们的大脑到荷尔蒙的变化过程,再到我们的心跳。只不过我们对此的体察时多时少。

功能:情绪并非一无是处,它们有着自己的价值意义。它的意义体现在支持我们面对生活带来的挑战这一功能上。

文化:我们体会一种情绪的方式是编入基因中的。大多数人突然看见一条蛇的反应都是蜷缩身体,即使他们此前从未被蛇咬过。当然,我们只有在生活过程中才能学到以一种特定的情绪对一些特定的信号进行反应。有时候我们会被禁止表现出某些情绪。能否体验到一种情绪取决于我们的周围环境和我们的文化。

情绪:一块蛋糕

最重要的研究情绪的学科是神经科学、心理学和哲学。

我们可以以这样一幅画面来形象地呈现它们各自的研究重点:请您把情绪设想成一块蛋糕。神经科学告诉了我们它的配料;心理学则解释了如何将配料混合起来,它们需要烤制的模型是什么,成功烤制的温度是多少;而哲学讲述了蛋糕具有什么样的意义。自己的蛋糕是否可口只能由自己判断。

蛋糕的配料 当我们体验一种情绪的时候,我们大脑的许多区域都在共同工作。此前人们认为大脑中只有一个负责情绪的区域,而今天人们知道了其实有很多共同发挥效用的区域。这其中有杏仁核,它会在我们身处新的并可能造成威胁的场景时被激活;海马体,它参与每一个记忆活动;前额叶皮层的一些部分;位于我们前额背后的脑区;以及其他一些区域。

烘焙 情绪的功能是那些最重要的心理学理论的研究对象,下图展示了我们何时体验情绪以及哪些因素促成了这种体验。

信息表图 1-1　引发情绪的条件和功能

因此，当我们周围发生了一些对我们而言非常重要的事情的时候，我们才会体验到情绪，例如当触及基本需求时，比如当我们感到疲惫或者饥饿的时候，或者触及与他人的亲密关系以及稳定的自我价值的需求的时候，抑或触及享乐原则和回避痛苦原则的时候。

当我们置身在涉及这些基本需求的场景中体验情绪时，这些情绪会传达出一些信号来告诉我们必然要发生一些事情。接下来它们会激活改变场景的行为，以便我们的需求得以被满足或者再次被稳定。

蛋糕的意义　很长时间以来，哲学并没有真正意义上开始针对情绪的讨论，因为它更倾向研究纯思想。这一情况在今天已经得到改观。哲学说情绪是重要的，因为它帮助我们遵从道德原则行事。它向我们证明了我们在体验情绪时的所作所为是重要的。情绪可以是做一些事情的充分理由。而且以哲学的视角来看，情绪也论证了我们接下来要做的事情。但上述情况成立的条件是：即使在不适当的强度下体验情绪，我们依旧没有过分强调它。

情绪构建了关联

情绪参与我们生活的诸多领域。情绪的潜能在于帮助我们在不同的领域之间构建关联并能不断调适这种关联。情绪位于一个交集地带，就像下图所示：

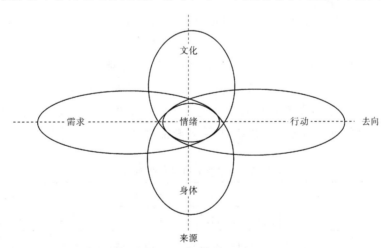

信息表图 1-2　情绪及其枢纽功能

情绪处于我们的需求和我们为了满足或者稳定这些需求而采取的所作所为之间的交集地带。

情绪也处于我们用以表达情绪的身体和作为手段来学习如何恰当表达情绪的文化之间的交集地带。

我们有能力调节情绪

人们能够以不同的方式应对情绪。一些人已经掌握了将情绪作为资源来利用的方式来与它们打交道。

长时间以来,我们讨论的中心都是我们必须控制情绪。现今我们知道了这种方法是行不通的。时下通行的概念是情绪调节。它取代了控制情绪的试图,我们要调节情绪。

例如在一家餐馆中,您在点餐之后等了很久才上菜。您可能已经非常明显感受到愤怒的情绪,甚至已经怒不可遏。接下来您有不同的可能方式来调节这一生气的情绪:

- 您可以离开餐馆并绝不会再次光顾(场景选择)。
- 您可以改变场景,例如您可以利用等待时间进行愉快的聊天(场景改变)。
- 您可以将注意力转移到其他事物上,例如背景音乐。
- 您可以检验您生气情绪背后的评价,也许还可以改变它,比如"我不是唯一需要长时间等待的人""服务人员已经尽全力了"。
- 您可以针对生气的情绪做些什么,比如压抑它或者大声吼出来。

但是请注意!在忍气吞声和大声宣泄之间一定还有其他的中间手段,比如叙述自己的生气。

有益的处理情绪的方式

那些善于利用他们情绪的人长时间以来被称为有情绪智力的。但这种称呼中有待商榷的地方是该长处的表现形式是否在事实上与智力相关。但人们逐渐认识到了,诸多不同的技能都共同属于一种有益的处理情绪的方式。因此,人们也命名了情绪能力这一概念。能力是指那些可以被有效训练和提升的技能。

简而言之,有益的处理情绪的方式包括了认识情绪和管理情绪的能力——既包括自己身上的也包括他人的情绪,如下列表格所示:

表格 1　处理情绪方式的层面

		焦点	
		自身	他人
情绪	认知	感知和理解身体性反应和评价	感知和理解面部表情、肢体动作和口头表达
	管理	内在调节	外在调节

有时候处理情绪可能很困难

许多人都在处理情绪时有困难,现在我们了解到人们遭遇的许多问题,例如压力、伴侣关系问题、冲突、职业倦怠,以及许多心理疾病,都与我们处理情绪的方式直接相关。一些例子:

- 经常在某一场景中体验到可能不恰当的情绪(比如"我经常有负罪感——虽然我没有做错什么")。
- 经常体验到在以往学习经历中被视为不好的情绪(比如"我不可以愤怒")。
- 会因体验到某些特定情绪而谴责自己(比如"我讨厌自己,因为我感受到了害怕")。
- 时常体验到极为强烈的情绪,然后不知道如何应对它们(比如,大声呼喊,虽然这一做法在此刻并没有任何益处)。
- 有时候会做一些伤害自己的事情来麻痹痛苦(例如饮酒、自我伤害)。
- 不知道应该如何表达情绪进而压抑了它们(比如,选择忍气吞声,虽然说些什么可能会更有帮助)。

目标:一种合理处理情绪的方式

我们的目标是找到正确的度来处理自己的情绪——不能多也不能少。这里既涉及不同质量种类的基本情绪,也涉及基于数量强度所做的情绪区分,即我们有多强烈地感受到情绪。

如果我们一再偏离种类区间和强度区间各自的适中范围,生活中出现问题的可能性会大幅增加。

表格 2 情绪调节在数量程度和质量种类双重维度上的长期性的合理区域(图中灰色阴影面积)

	区分度	
	低等	高等
强度 低等	A	C
强度 高等	B	D

从该表格可以看出长期来看益处较少的情绪处理方式的四组人如下:

(A) 总体上说较少能够感受到情绪的一类人群。

(B) 会特别强烈地体验到某些情绪(例如害怕),却不能体验到另外一些情绪

情绪资源 // Emotionen als Ressourcen

的一类人群。

（C）虽然可以识别诸多不同种类的情绪，但只能在很少程度上感觉它们的一类人群。

（D）会高强度和高频度地体验到许多情绪的一类人群。

如何达成目标？

许多致力于支持人们处理情绪的方法理论被陆续提出。

该情绪工作的关键要素如下：

- 学会有意识地感知自己和他人的情绪。
- 学会把情绪的潜能作为资源来接受。
- 学会识别自己和他人的情绪。
- 学会以不同的方式表达情绪。
- 学会更强烈地体验情绪。
- 学会在有意义的情况下促进和调节情绪。

接下来要怎么做？

在心理咨询和治疗中，您可以更为详细地了解到：

- 如何识别自己和他人的情绪？
- 需要如何处理这些情绪才能让它们充实自己？
- 具体的情绪风格是什么，以及生活中的哪些经验塑造了这种风格？
- 那些迄今为止也许还尚未被利用过的情绪的意义是什么？

祝您顺利完成这份练习表，并且非常感谢您通读了上述作为情绪背景知识的信息！

练习表 1.1A　四种基本情绪和它们的不同形式

引言：情绪质量或者基本情绪有着不同种类。这张练习表的任务是对它们进行命名。

练习指导：请在表格栏中填写您能想到的情绪名称。如果它们之间有着某种关联、相似或者有某些共同点，那么请您将它们依次写在同一栏中。接下来请您为该表格栏找出一个概括性概念，并将它们写在相关基本情绪的标题栏中。

| 练习表 1.1B | 六种基本情绪和它们的不同形式 |

引言:情绪质量或者基本情绪有着不同种类。这张练习表的任务是对它们进行命名。

练习指导:请在表格栏中填写您能想到的情绪名称。如果它们之间有着某种关联、相似或者有某些共同点,那么请您将它们依次写在同一栏中。接下来请您为该表格栏找出一个概括性概念,并将它们写在相关基本情绪的标题栏中。

| 练习表 1.2A | 识别四种基本情绪 |

引言:每种基本情绪都有一种典型的展现形式。人与人之间在如何表达基本情绪的方面存在着很大的相似性,这体现在面部表情、手势、身体姿态以及他们的所作所为。这张练习表用于帮助我们识别基本情绪的根本特征。

练习指导:请在各自的表格栏中填写人们如何以一种典型的方式来表达他们对所涉及的基本情绪的体验。

	高兴	悲伤	害怕	愤怒/生气
依据面部表情(例如眼睛、嘴、额头)				
依据身体姿态				
依据手势(例如手部活动)				
依据一个人的所作所为				

| 练习表 1.2B | 识别六种基本情绪 |

引言:每种基本情绪都有一种典型的展现形式。人与人之间在如何表达基本情绪的方面存在着很大的相似性,这体现在面部表情、手势、身体姿态以及他们的所作所为。这张练习表用于帮助我们识别基本情绪的根本特征。

情绪资源 // Emotionen als Ressourcen

练习指导：请在各自的表格栏中填写人们如何以一种典型的方式来表达他们对所涉及的基本情绪的体验。

	高兴	悲伤	害怕	生气/愤怒	厌恶	吃惊
依据面部表情（例如眼睛、嘴、额头）						
依据身体姿态						
依据手势（例如手部活动）						
依据一个人的所作所为						

练习表 1.3A 观察四种基本情绪

引言：可以通过这张练习表的训练有效提高在不同的场景中识别他人表现出的不同的基本情绪的能力。

练习指导：首先锁定一个观察场景。在这个场景中，另一个人表现出了某种基本情绪。这场景可以取材于一部您在电视上观看过的电影，也可以是您在散步或者购物时的所见所闻。也许您还能回忆起这样一个场景，在当时另一个人的情绪体验给您留下了深刻印象。请您首先命名场景（第一行）。简要描述场景中发生的事情（第二行）。命名表现出情绪的当事人（第三行）。最后，您依据什么识别出此人表现了相应的基本情绪？请您尝试根据四种基本情绪的特征观察四个符合它们的场景。

	高兴	悲伤	害怕	生气/愤怒
1. 场景？				
2. 发生了什么？				
3. 谁表现了情绪？				
4. 我依据什么识别出这种情绪？				

练习表 1.3B 观察六种基本情绪

引言：可以通过这张练习表的训练有效提高在不同的场景中识别他人表现出的不同的基本情绪的能力。

练习指导：首先锁定一个观察场景。在这个场景中，另一个人表现出了某种基本情绪。这场景可以取材于一部您在电视上观看过的电影，也可以是您在散步或者购物时的所见所闻。也许您还能回忆起这样一个场景，在当时另一个人的情绪体验给您留下了深刻印象。请您首先命名场景（第一行）。简要描述场景中发生的事情（第二行）。命名表现出情绪的当事人（第三行）。最后，您依据什么识别出此人表现了相应的基本情绪？请您尝试根据六种基本情绪的特点观察六个符合它们的场景。

	高兴	悲伤	害怕	生气/愤怒	厌恶	吃惊
1. 场景？						
2. 发生了什么？						
3. 谁表现了情绪？						
4. 我依据什么识别出这种情绪？						

9 模块2：理解情绪的意义

对许多人而言，当他们开口说"我"的时候，
这本身就已经成了一件厚颜无耻的事情。
——Theodor W.Adorno

情绪的意义是情绪作为资源工作的核心基础。对意义的理解是除了体验情绪之外另一个能够接受情绪连同其潜能的前提条件。

9.1 背景

问题视角 只要人们还在与自己的情绪进行抗争，只要他们还在回避情绪并且将它们视作是"消极的"进而拒绝它们，只要他们还能够感受到情绪上的空虚或者来自强烈感觉的吞噬感，那么推开一扇通往另外一种处理情绪方式的门便有其意义。但是，在处理情绪时所带入的问题视角常常阻止我们利用这扇门。

> **再次声明：反对所谓"积极"和"消极"情绪的提法**
>
> 在这个背景下，我想再次提醒——不仅仅是在学科的意义上——即使只是为了便于区分下列不同观察角度，我们也应该拒绝"积极"和"消极"情绪这种惯用说法。
> - 情绪体验的引发机制虽然能够在检验之后被评为积极或者消极的，但是这个评价往往会与情绪本身混为一谈。比如当一个我们所爱的人去世的时候，可能丧失这个人本身是一件消极的事情，但是悲伤的体验并不是。
> - 一次情绪体验虽然可能带给人从舒适到痛苦种种不同的感受，因此它的效价也会被评价为积极或者消极的，而且这种效价会或多或少将我们带入这种情绪感受中，然而

> 情绪本身连同它的潜能并不应该被如此评价。例如，当对悲伤的体验成了一个可以连同它的消极效价被回避的痛苦状态的时候，作为丧失的治愈性反应的悲伤也因此失去了它的潜能。
> ➢ 情绪表达在不同程度上的合理性也造成了不同的后果，它们可以被评价为积极的或者消极的。例如，当一个愤怒的人以不恰当的使劲摔门来表达愤怒的时候，摔门这种反应连同它的后果可能是消极的，但是愤怒本身并不是。

资源视角　在资源激活的视角下我们需要做的是认可情绪连同它的意义价值，并且理解它位于不同心理过程交集地带的协调功能。这种适应性处理情绪的方式带来了两个可以期待的效用：

（1）关于可从情绪上进行调节的唤醒场景和行为动机之间关联的普遍理论帮助人们在具体个案中结合具体唤醒机制和行为动机检验自己的情绪体验。在此基础上，人们可以一方面判定这次体验以及由此产生的行为动机相较于唤醒机制是否合理，另一方面可以判定究竟是抑制性还是激活性的情绪调节策略能够见效。因此，关于情绪的合理性我们可以"有理有据地进行辩论"（Berning & Döringen，2009，438页）。

（2）相关理论还可以帮助我们感知他人的情绪体验。在第一个模块中，我们仍然停留在通过对表情、手势和行为的描述来认识和命名基本情绪的讨论，而在这一模块中，情绪已能够通过它们的意义从具体场景的上下文中更好地被识别。

意义的教授　教授情绪意义的多条道路均以达到有能力用接受性的态度面对自己的情绪体验为目的。Berking（2010）将情绪体验置于神经生物学的知识框架内进行研究，而 Linehan（1996a）以及 Bohus 和 Wolf 则把意义的核心置于情绪调节的生物—社会学理论中。所有这些方法理论的共同点是，每种情绪意义的教授都是知识传播的心理教育学的一步。而在这本书中，意义的教授是在有关认同和界限的理论背景下进行的。

教学任务　情绪作为科学知识对象的模糊性和由此导致的情绪理论的复杂性对任何一个实践者都是一个艰巨的挑战。应该按照哪种教学方法教授情绪的意义性从而帮助来访者坚定体验情绪的决心，而不是迷惘或失望地转身离开，甚至由此放弃将情绪视为资源，哪怕他们之前已经发现将情绪视为资源的可行性？

我们的任务是找到科学知识在难度上的合理性和教学方法之间的平衡，一方面，这不能牺牲情绪作为科学对象的地位和它的复杂性，另一方面，这种教学方法还要尽可能简单易行，从而让患者和来访者都能很好地接受和理解。接下来的理论便是针对该任务的这个特性，它是现有理论和收集到的治疗和咨询过程中的传播情绪意义方法的实践经验的结合体。

一个简单的理论:情绪调节界限 我想在此对情绪作为资源的工作推荐一个简单的理论,它基于情绪能够帮助调节界限这一观点。就像系统理论所提倡的那样,所有事物的基础都是一种区分形式:我/你,里/外,是/否。而区分的地点就是界限。这可能是身体性的界限,也可能是心理界限,即认同的界限。这些界限并非是静态的,而是在生活中不断改变的。它们可以被拓宽,定义的范围可以被扩大,它们也可以根据现状不断调节自己——就像 Piaget(1976)所描述的关于儿童认知能力发展过程中的同化和顺应过程。

身体和心理的界限反映在一个人的基本需求上,它被打上了文化价值观的烙印并且通过身体变化过程被模块化(另见 1.3.2 小节)。情绪既发送给我们也发送给我们周围环境一些信号,它们告诉我们一些不容忽视的触及我们基本需求和界限的事情正在发生。它们让我们能迅速对重要变化做出反应,鼓励我们采取相应的行为措施。它们还让我们以能动的方式调整身体和心理界限:让我们拓宽界限,比如在我们接收到一些舒服的、希望得到的讯息的时候;让我们重建界限,比如在我们重要的东西被夺走之后;让我们通过退缩和让步保护界限;当然,它们也可以通过让我们划清界限和捍卫它们来保护我们的界限。

情绪调节的基本双极 这样看来,我们在调节界限的时候有两组对象:积极的对象——拥有和接受它们可以拓宽我们的界限,而失去它们则会伤害我们的界限;消极的对象——它们会威胁我们的界限。理论上,这种观点反映了情绪知识从作为其产生源头的情绪研究到它作用于情绪调节的流变过程(Levenson,1999)。例如,Duckworth 等人(2002)的出发点是情绪调节流程的持续性和自发性,在该流程中应运而生的刺激机制的效价会不间断地被验证为是积极的或者消极的,而这又会再度影响人们接近还是回避行为的准备倾向(Bargh & Williams,2007,430 页)。Ciompi(1997)已经把思考视为情绪调节的一个基本极,他在儿童情绪发展的过程中发现了一个由注意力和主导情绪波动的反感/快乐组成的基本双极,而"'远离'和'朝向'作为反向而行的推动力则构成了这一双极的关键特征。基本的反感一极可以继续被分为害怕或者愤怒,也许还有羞愧、厌恶或者惊吓,而快乐一极一方面可以进一步分化为高兴、爱、兴致勃勃等相似的感觉,另一方面在为爱与丧失情景的联结形式上可进一步分化为悲伤、想念、思乡等类似感觉。"(83 页)

情绪调节中基本双极的假设实际上反映了 Sulz(2000,408 页)主张的两种双极的后续发展,即他在进行系统化感觉的工作中引入的"满足和丧失"和"伤害和攻击"两种双极。

关键剧本 关于情绪调节基本极的观点以及在此基础上发展出的基本情绪的系统化理论是很容易按照教学方法教授的,对此我们可以详述基本情绪的原型挑战(Levenson,1999),或者更恰当地应称之为关键剧本(Sousa,2009)。将这些关键剧本与已发生的具体场景进行快速统调让识别与该场景相关的基本情绪变得可能(Loewenstein,2007)。它们拓展并区分了患者和来访者的元情绪。

> 模块目标
>
> （1）患者或者来访者理解情绪的意义。
> （2）他们培养了面对自己和他人情绪体验时的接纳性的基本态度。
> （3）他们了解基本情绪的关键剧本。
> （4）他们利用这些知识来更好地识别表现在自己和他人身上的基本情绪并验证其合理性。

9.2 治疗程序

模块2的方法流程连同它的心理教育方法一起被归类为"冷学习"。这里我们将介绍一个简单的有关情绪意义的理论，它可以帮助人们调节界限，而这些界限对意识到自己的基本需求而言是必须的。

教授该理论及其基本观点要层层递进落实于每一个步骤之中。

9.2.1 步骤1:情绪有其意义

人们常常形容情绪是好的或者坏的，积极的或者消极的。对以资源为导向看待情绪方式的重要前提是理解和支持情绪的潜能和意义，而非对它们的评价。

> 基本观点(6):情绪有其意义。我们要认识这个意义,即便情绪体验首先对自己或者周围环境而言看起来没有意义。这些情绪的意义在于它们拥有给予我们满足和保障基本需求的潜能。

> 指导
>
> "第二个模块中的情绪工作的重点在于理解情绪的意义。大多数人都认为高兴是好的，其余的都是坏的。我可以很好地理解这种区分，毕竟谁会不喜欢高兴呢？可是所有这些我们掌握的基本情绪都是一种资源。它们是有发掘价值的源泉。所有这些都是能让我们的生活更好运转的辅助手段。当我们一味认定所有感觉（除高兴以外）都是坏的时候，我们便丧失了利用它们的机会。

情绪资源 // Emotionen als Ressourcen

> 我想和您一起探寻情绪的意义，根据这个意义我们可以更好地理解为什么和在什么场景中人是有情绪的。这个意义可以帮助您，不仅通过面部表情来识别发生在他人身上的情绪，而且可以根据他所处的场景来判别他的情绪。下面我们开始吧……"

建议

可能存在的危险是，过分强调情绪的意义会导致贬低或者无效化在直接的情绪体验或者充分体验中遭受的痛苦。

因此，牢记本章开头讲到的区分方式是有必要的。了解情绪的意义和理解它们的功能并不意味着不设限地欢迎它们的唤醒机制或者受此驱动而采取的行为措施。

9.2.2　步骤2：情绪是内向和外向的信号

为了接受情绪作为资源这一命题，利用它的信号功能是很重要的（另见1.3.2小节）。这里，情绪信号有两个基本方向：

（1）鉴于它行使了从心理到身体层面的过渡功能，情绪可以激活或者抑制身体反应并表现为一个动机源泉。它们赋予我们做什么或者不做什么的力量。

（2）鉴于它们完成了从心理活动到表情和手势的衔接，情绪还额外具备社会功能。被表现出来的情绪不仅告诉我们自己，而且还告诉了其他人一些信息。它们激活或者抑制了社会反应。

> **基本观点**(7)：情绪发出了信号，告诉我们正在发生一些触及我们基本需求的事情。这个信号有两种走向。第一个信号方向是内向的，激活或者抑制身体反应；而第二个信号方向是外向的，激活或者抑制社会反应。

指导

"情绪的第一个意义在于它施以我们一个信号，提醒我们当前正发生一些关系到我们的基本需求的重要事情。同时，我们必须区分这一信号。因为情绪信号有两个作用方向。一个方向是内向且直接作用于我们的身体、注意力和思维。它推动我们去做一些事情，因此在情绪（Emotion）一词中也蕴藏了运动（Motion）。另一个方向是外向的。通过面部表情、手势和最后的所言所行，我们向周围环境和其他人发出了信号。这一信号同时还影响了其他人如何感知我们和如何对我们做出反应。

之后详细讨论每种情绪的时候，我们还会再次回到这两个信号方向上……"

9.2.3 步骤3：情绪调节界限

第三步中我们将介绍之前提到的关于界限的理论，这些界限把我们包围起来并且塑造了我们的认同感。情绪能帮助我们调节认同的界限，它在我们认为时机恰当的时候打开并拓宽它们，或者在我们认为界限受到威胁的时候保护我们。根据对唤醒场景中的对象做出评价的不同，不同情绪系统的分系统会被激活，它们体现为一组对立情绪或者双极。

> 基本观点（8）：情绪帮助我们调节界限，这些界限让我们明确了自己的基本需求并保障了我们的认同感。由于对唤醒场景中的对象的评价不尽相同，不同情绪系统的分系统会被激活。被评估为积极的对象激活了高兴和悲伤这组对立情绪（获得和丧失我们认为舒服或者重要的东西），被评估为消极的对象则激活了害怕和愤怒这组对立情绪（逃避和隔离造成不舒服或者威胁的事物）。

指导

"有许多关于情绪意义的理论。其中一些通过强调它们在我们脑结构中的生成过程清楚地向我们展现了情绪是人类生活中固定的、正常的和非常具有价值意义的组成部分。

这里我想提出一个理论，它的出发点是情绪的意义能够支持我们继续发展自我。这里我们要想到，只有有'非我'概念的人，例如我们周遭的环境或他人，才会说出'我'这个字。我们需要一条区分'我'和'非我'的界限，我们通过这个界限能够感到自己的唯一性和个体性。

各大洲和国家之间有国境线，地区之间有边界线，邻里之间有篱笆，甚至房屋和房间还有门。然而，区别于所有这些已经存在的界限的是一条看不见的界限，这条界限赋予我们对唯一性的感觉。

这些界限并不是一成不变的。我们出生的时候并没有这些界限，它们是随着生活而改变的，并且可以是一直被调适的。生命之初，这些界限还很脆弱，特别是当我们很大程度上不得不依赖他人生活的时候。之后这些界限逐渐变得坚实，并能在生活中出现的各式各样的威胁面前保护我们。

我们必须不断重新判断那些发生在我们身上的事情是否是积极的，对我们而言是否是重要的，以及我们是否要在自己的界限内接受它们以拓宽和扩大我们的边界，或者这些发生在我们身上的事情是否对我们造成了威胁，面对它们的时候我们是否需要保护自己。根据不同的评估，不同情绪的分系统会被激活。

第一个分系统是高兴和悲伤的情绪对立组。这个分系统会在遇到积极对象的场景中调节我们的界限。因此，这一对立组也调节着我们可能获得（从而拓宽我们界限的）和失去（调整我们的界限）重要事物的情景。第二组对立概念调节了被评估为消极的或者有威胁性的场景，并且给予我们能够保护我们界限的力量，它们便是作为保护型情绪的害怕和愤怒。在受到威胁的时候，害怕通过逃离（以制造与威胁事物的距离）来帮助我们，而愤怒则给了我们与危险划清界限和隔离（面对和处在威胁中的时候）的力量。

让我们进一步在各自的典型场景和价值意义中看一看每种情绪……"
（这时候以害怕作为情绪工作的开始是可行的，因为害怕的意义往往能够被较好地接受。接下来可以选择进行深化理解愤怒的情绪，虽然接纳它的情绪潜能常常是非常困难的。最后我们再对悲伤以及高兴进行详细探讨。）

建议

这本书的重点是围绕四种基本情绪——高兴、悲伤、害怕和愤怒开展情绪工作。在需要将范围拓展到厌恶和吃惊的时候，比如当这两种情绪是患者和来访者的关键情绪的时候，有关调节界限的理论也会相应地被拓展。

在理论系统中，厌恶和吃惊同样属于情绪的一个分系统，当我们突然在界限内接受了一些物质和非物质性的事物且随后对该事物形成了一个客观评价的时候，该分系统便被激活。两种情绪的共同点是，一些事物已经逾越了我们的感知的界限。厌恶只有当一些让我们不舒服的东西被接受的时候才会被作为情绪激活。吃惊则发生在我们接受了一些原本无法对其做出评价的事物的时候，但是我们又不得不为此准备迎接所有可能。

> 基本观点（9），作为对之前观点的补充：当我们的界限因某起突发事件被逾越的时候，厌恶和吃惊便被激活。厌恶是由一些我们须尽快摆脱的消极事物造成的，而吃惊则产生于一些我们无法迅速识别归类的事物，却又不得不准备迎接它们带来的所有可能。

在这章接下来的部分中，我们将会分别针对每种基本情绪给出一些背景信息。同时还会讲到它们的特征，关键剧本，内向和外向的信号功能，以及可能发生的对每种情绪的过度调节或者调节不足的情况。

这些都可以作为与患者和来访者进行对话和共同研究情绪的意义的基础。

9.3 高兴

真正的高兴是为他人感到高兴。
——Antoine de Saint-Exupéry

高兴的特征

高兴分别有沉静和喧闹的一面。我们身体的放松状态会引出它沉静的那一面。我们沉浸在内心的平静中，随着局促不安的心绪消散，我们的脸上展露出自在的微笑。所有这一刻发生的都是对的，我们，我们周围的人，此处，以及此处发生的事。高兴也有喧闹的一面。我们会放声大笑到眉飞色舞、浑身颤动到不能自已，我们绕圈来回奔跑着，希望将我们的喜悦分享给他人，兴许还会手舞足蹈。

关键剧本 高兴的时刻和引发高兴情绪的时刻都可以充实我们、拓展我们。这会发生在我们获得一些被评价为对我们的目标和基本需求有积极意义的事物的时候：一个被渴望的对象，来自喜欢的人的关注，重视的人给予的肯定，克服挑战带来的成功经验，但也包括比如凝视太阳升起时感受到的与生命深层次的连接。我们的界限可以自发地拓展自己，我们接纳一些事物，从而变得开阔。高兴的关键剧本中上演的是我们通过获得了珍视的、喜爱的、所追求的事物而拓展了界限。对此，我们想要得到更多。

情绪资源 // Emotionen als Ressourcen

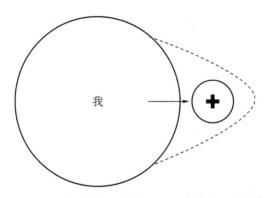

图9-1　高兴的关键剧本：通过我们珍视的、想要拥有的和所追求的东西来拓展界限

我们会因评价为积极的事物而拓宽界限从而靠近它们。

内向信号　高兴向我们发出正在获得一些被评价为积极的事物的信号。它帮助我们消除伴随着拓宽界限而产生的紧张感并且鼓励我们去获取更多。

外向信号　高兴为我们建立了与来自周围环境的事件之间的联系。爱则作为它的特殊形式将我们和其他人长久地联结在一起。骄傲时，我们会向周围人展示自己的价值如何通过某次成功经验获得提升，高兴可以通过在它驱使下的微笑把它传染给别人。在各种互动模式下，他人洋溢着微笑的面庞都有着不可限量的感染力。这种情绪通过它附带的微笑能够打开别人心扉，房门，当然还有钱包。就像其他基本情绪那样，它可以得到一些操控人或者事物的方法。请您设想一下，我的岳母在圣诞节时送了我一双亲手织的袜子，我感到很高兴。那么，下一个圣诞节我会得到什么礼物？两双她自己织的袜子。

过度调节的高兴　不仅是抑郁的人会在感受和表达高兴时感到困难，负罪感或者其他根据生活经验而施加给自己的障碍也会导致人们自行清除掉生活中的高兴情绪。对此，治疗工作的一个核心是再次利用这种潜能并且拓展自己生活的可能性和界限，这已经被许多治疗方案广泛采纳（例如根据 Hautzinger 的理论："抑郁症人群的问题不是因为他们有太多消极的东西，而是有太少积极的东西！"或者像 Bohus 和 Wolf 所说的："请您务必让自己过得舒心——这是最好的报复！"）。

缺乏调节的高兴　高兴这种情绪无疑被大多人认为是且仅仅是好的。而且当今娱乐至上的社会也要求那些享乐主义者希望获得潜在的"过剩的"高兴。尝试设想一些高兴并不是一件好事的情况或者发生在并不合理的场景中也许会对此有所帮助。这一说法的背景是根据最严重的心理疾病之一——狂躁症，它因受到过多高兴情绪困扰。表现出高兴的情绪其实在许多场景中都是不合时宜的，有时甚至还会导致人际关系中的不适乃至边缘化，比如幸灾乐祸。这不难理解，让我们设想一下，如果一个人在球队进球的时候表现得兴高采烈，而他其实正坐在对方球迷的观众席中,那他还能期待自己因高兴有什么好果子吃吗?高兴的合理性取决于它的具体场景(这同样适用于其他情绪)。同样,当我们因那些毫无益处的物质、游戏和人重复着自我伤害的上瘾行为时,高兴也不会帮助到我们。这种情况下,高兴只是在短期内加强了某种行为,而长远来看它只能造成伤害。处理高兴的方式在另外一种情况下也可能会造成问题,即那些我们接受并用以拓展界限的事物在我们遭遇危险之际更多只是幻象而非真实存在,正如热空气可以让气球膨胀,但也可能让它随时爆炸。

应对他人身上过多的高兴情绪是不容易的,人们很容易成为游戏破坏者的角色。但重要的是要考虑到,因获得美好的或者积极的事物而感受到的高兴情绪只展现了硬币的其中一面,另一面则是那些美好的、积极的、对我们至关重要的事物的丧失。没有缺失无法谈及爱,"没有痛苦便无法觉醒"(Baumann,2010)。

9.4 悲伤

我此刻感受到的痛苦是我此前拥有过的快乐。
——Clive Staples Lewis

悲伤的特征

悲伤是一个痛苦的状态,它会蔓延整个躯体。它有平静的一面,在它平静时,某个似乎足以击溃我们的沉痛情绪正蠢蠢欲动。我们退缩着,甚至无从感受饥饿。我们的肌肉僵硬,筋疲力尽并沉沉入睡。悲伤也有喧闹的一面,在这一面中,我们放声大哭,抽泣,嘶喊。我们跑着圈,不休不息,做做这,做做那。我们感受到心脏跳动和停歇的律动。我们寻不到平静,寻不到睡意。有时候我们吃东西,不是因为好吃,而只是因为吃的行为能些许安抚我们。有时候我们以其他的方式麻痹痛苦。一些人内心空虚,不做思考,不再回忆。另一些人一直在为那些已经丧失的、只是曾经存在的东西而奔波、忧心、踟蹰不前。未来看起来那么遥远。一些人想要独处,而一些人渴望安慰和亲密。一些人从悲伤的面庞中读到了正被痛苦吞噬的扭曲,而另一些人则看到了美。许多艺术作品都展现了悲伤的美学因子,并力争以此方式来看待悲伤。对一些人来说,悲伤就像沉闷潮湿的夏日中迎来的一场净化的暴风雨,密集而猛烈,但随即便可以畅快地呼吸新鲜空气。而对另一些人来说,悲伤就像除草的铲子,湿漉漉,黏糊糊,颤颤巍巍。

关键剧本 我们经历悲伤的时刻就是我们意识到丧失已经发生的时候。我们已经被夺走了一些意义非凡的、重要的东西:一些是物质性的,如某个物体;但也可能有一些非物质性的,比如希望、信赖、触手可及的成功或者一些我们认为是理所应当的东西(例如持续的健康、爱或者幸福)。这种丧失把我们的界限撕开了一道伤口并让我们隐隐作痛。悲伤帮助我们再度愈合我们的界限,哪怕留下了伤疤,而且我们会再度准备好迎接要到来的一切。悲伤帮助我们"适应丧失"(Rando,2003)。悲伤的关键剧本中上演了我们的界限因丧失重要的、想要的、思念的事物而受到伤害。我们想要回它们。

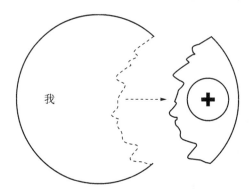

图 9-2 悲伤的关键剧本:我们的界限被丧失经历伤害,我们尝试抓住失去的东西

内向信号 悲伤的信号首要传达的信息是必须通过安抚受伤的界限来应对丧失。悲伤有两面——"丧失相关"和"重建相关"(Bonanno,2012)。悲伤赋予人们从丧失的悲痛中走出来的能力并接纳丧失经历(Kast,1994)。面对刺激时,悲伤就像"保护茧"让我们免受其害。在纯粹的身体层面上,一些人将主动的悲伤和哭泣形容成一种舒适而又筋疲力尽的状态的形成过程,虽然丧失经验发生了,但只是被轻微地感触到。哭泣本身是一个心理生物学过程,它的影响作用是综合性的。它能够减轻压力,有助于生理恢复,而且给他人释放了信号(Vingerhoets,2009)。

外向信号 主动悲伤的社会功能在于它拥有引发安慰行为和社会关系支持的力量,即一些丧失经历之后的核心帮助手段。向他人释放的信号是没有歧义的,但它的效果因各自的文化背景而在强度上有所不同。遗憾的是,许多人根本没有过这种经验;相反,他们往往被独自留在悲伤之中。

就像高兴能加强我们与环境的联系一样,悲伤则在这些联系不再奏效时帮助我们从中解脱。Ciompi(1997)做了如下解释:"悲伤最本质的普遍性效用和功能是克服所有形式的丧失,也就是说帮助人们摆脱与特定客观认知对象之间变得功能失调的联系。用心理分析和情感效能的方式来讲,就像弗洛伊德所说的,这里指的是将尚有可用价值的底子'一针一线'从丧失的对象那里抽回并搭成一个新的阵容。"(第187页)

过度调节的悲伤 一些人(尚且)不能感受悲伤,是因为他们还没有意识到丧失经验的发生。他们处在一个尚未完结的希望之中,因此,丧失还没有登场。一些人经常自怨自艾或者同他人抱怨:我是不是原本可以避免失去的?抱怨行为本身就是和悲伤对立的。这可能导致悲伤反应的滞后。有时候只有当丧失被认定为是不可逆转的现实时,悲伤才拉开序幕。

丧失经历之后的悲伤需要适当的空间和时间作为容身之所。在许多情况下,为了能够继续照常生活,将悲伤收起来是有用的。但很多人并没有合适的空间,也不能为自己抽出时间来这样做。他们很难将悲伤作为资源来利用,而这又导致了更复杂的悲伤。它连带的痛苦被体验为功能失调、虚弱,哪怕他们也采取了调节痛苦的措施并且避免了悲伤的后果。从来自周围环境的那些对表现出的悲伤所做的超出承受范围的、拒绝性的、惩罚性的和多种多样无效化的反应方式中,许多人学到了要独自应对并抽身而退。然而能被他人共同感受到的悲伤则被证明是一条有能力帮助我们应对悲伤的道路。而正是当人们试图直面丧失经历的时候,来自周围环境的合理化认同的陪伴是至关重要的——不仅指那些备受打击的人群,比如失去心爱之人的人们,其实我们每个人每天都在面对大大小小的丧失,同时也已经开始利用悲伤作为应对丧失经历的积极辅助手段。

缺乏调节的悲伤 一些人学到了要和丧失经历共同生活下去:悲伤会变成以后生活中的常驻成员,可能还会或多或少地被一些刺激和记忆勾起。当它到来的时候,它便在那里,但当它不在的时候,它便不在——这是可以忍受的。悲伤就像浪潮,它们即来即去。

另一些人会在失去后悲伤,悲伤,再悲伤。这个悲伤是无处不在的,叠加在所有事物之上。这些经历表达了一种渴求,以其被表现出的强度而言,它是不能被抚平的。人们沉浸在他们的悲伤之中,以至于它好像是最后一条联结自己和失去的事物和人的纽带。这导致了一种慢性悲伤反应。关于何时能够终止主动悲伤的问题我们不能一概而论。然而,现如今人们对悲伤表现出的宽容似乎在不断减少。虽然《精神疾病诊断与统计手册Ⅲ(DSM-Ⅲ)》认为,严重缺失经历导致的极度悲伤之后的一年还不能算作病理性的,在《精神疾病诊断与统计手册Ⅳ》中已经修改为两个月。而在《精神疾病诊断与统计手册Ⅴ》中只剩下了14天。面对过度强调甚至只强调悲伤的情况,我们只能做到在一定程度上安抚已被丧失经历严重损毁的构成我们自我认同感的界限,人们得以在这种程度的维系下重新准备迎接新的经验和亲密关系。这其中包含了对逝去事物和人的尊重,但也包含了对高兴情绪的重新挖掘。

9.5 害怕

只有从一次次带着害怕去直视对方的切身体验中
你才能汲取力量、勇气和自信。
——Eleanor Roosevelt

害怕的特征

"害怕是一种力量"（Butollo, 1984）。有时候，它在不经意间悄然而至，有时候又倏忽而来，但每当它出现的时候，它便会在我们整个身体里蔓延开来。我们呼吸急促，心跳加快，咆哮，流汗。我们的身体似乎发生了不寻常的变化，它令我们头晕目眩、双脚发软，所有的东西似乎都在围着我们绕圈。我们变得紧张不安。其实我们只是在逃离，我们奔跑着，寻找出路，有时候我们被惊吓攫住，不能动弹，就像麻痹了一样，一动不能动。我们瞪大着双眼，目光一会儿四处游离，一会儿又变得像在一条隧道中那样狭窄，声音时远时近。也许我们一点儿也感觉不到我们的身体，也许我们感觉到非常强烈。我们完全集中在危险上。有时候我们将所有可能发生的事情考虑个遍，寻求一个出口。有时候我们根本不能清楚思考。

关键剧本 害怕帮助我们保护我们的界限。当界限受到威胁的时候，我们便会激活不同的保护策略。在害怕的时候，我们会制造与造成威胁的事物之间的距离以便在适当的时机逃走。也许我们只是让步，让自己去适应，闭上嘴巴，以及尝试不要将自己过分暴露在威胁事物的可触及范围之内。害怕的关键剧本是通过制造距离从而在威胁面前保护我们的界限。

内向信号 害怕释放了一个在潜在的威胁事物面前必须要保护自己的信号。即使现今我们对威胁的定义莫衷一是，但无论出自哪种定义，只要场景一旦被评价为危险，我们便会体验到害怕之感。杏仁核的记录从不曾出现差池。如果它被特定的唤醒机制激活了，那么接下来的每一次通过该机制的激活都是在完善神经传导的轨道，以至于杏仁核在未来可以更快"更好地"对此作出反应。它的意义在于，随着身体机能被激活，我们拥有了保护自己、我们的目标以及基本需求的力量和能力——通过在威胁面前退却。正是以这种方式我们试图再次在自己和界限以及危险之间设置距离。当退却不再有效的时候,我们便会陷入一种假死的反应模式,类似被冻住——但是能量保存了下来(能量有时在威胁消失之后通过不停的颤抖被清空)。鉴于如今可引发害怕情绪的因素多种多样,我们很难找出确定的某个在它面前应该退却的对象。但害怕带来的能量却留存了下来,并且逐渐以不安、紧张、激动、失眠、控制行为和其他的形式流露出来。

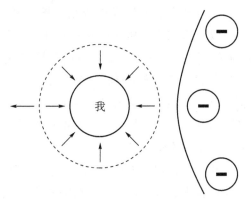

图 9-3　害怕的关键剧本:通过让步和在威胁面前退缩,我们保护了我们的界限

外向信号　表现出害怕还额外引发了警示效用。害怕会传染,并导致以周遭环境为导向的反应行为。理想的情况下,我们可以体验到来自社会群体的保护。有时候这种源于周遭环境的保护效力甚至可以强大到让我们能够在生活的挑战中隐藏自己。有时候我们的害怕情绪会被周遭环境平复。一个害怕的人最经常听到的话是什么呢?"你不必感到害怕!"而这句话正是对危险的无效化,因为说的人肯定已经这么做了——不要害怕。与此相比,更重要的是采取接纳害怕的态度,允许害怕成为一种正常反应。然而这取决于人们如何与他们的害怕相处,例如尝试接近它,进而克服它(至少当涉及对一个人很重要的事情时)。

害怕的一种特殊形式是羞耻心,它有一个非常具体的社会功能:它在社会的边缘化行为中保护我们。羞耻发作于我们或周围的人被贬低和践踏,或者不能满足社会环境的价值观的时候。我们感受到了自己被孤立,手无寸铁,回忆着那些曾经的忍气吞声。就像在害怕的时候我们的整个身体会产生反应那样,在羞耻心的作用下,我们也希望逃走,隐藏自己,或者钻进地缝中。羞耻的引发机制不仅对构成认同感的界限造成威胁,它更威胁到我们社会关系的界限以及我们对某个共同体的归属感的界限。在一个有关羞耻的情境中,除了来自社会群体的同情,我们也无须更多。

过度调节的害怕　在日常生活中较少感到害怕的人,要么是因为他的杏仁核出了问题,要么是因为他已经完成了对自己生活环境的去威胁性的建构。鉴于前者通常以机体死亡而告终,而后者在当今时代又只能给生活制造困难,所以许多人为了让自己不再察觉到这一情绪而发展出了不同的调节策略。一些人尝试无视潜在的危险；另一些人则通过物质麻痹自己；还有一些人试图创造一个完美的世界，在那里不存在任何过错；其他人则把自己藏在愤怒的、带有隔离性质的保护行为背后，比如战争。

但害怕在生活中是重要的，不仅仅是对于逃跑来说。程度较高的害怕提高了我们集中注意力的能力，它制造了能够激发创造性的紧张感。它帮助我们完成更多的任务，比如怯场的时候。害怕作为资源来利用意味着我们要（再次）感受和表达它。这会把我们重新拉回以往生活中可能有过的恐惧中，或者拉回让我们心理负荷过重的场景中，而且我们必然不愿意被再度唤起相关场景的记忆。所以，消除回避害怕的行为的道路是充满痛苦的，它在难以被许多人理解的同时还要求充沛的行动积极性。幸运的是，现在有越来越多的模型都在提醒我们，我们要考虑的是如何处理害怕情绪，而不是不要害怕。

缺乏调节的害怕　当我们将害怕的能量用在逃跑或者逃避相关场景的时候，调节它无疑是困难的，即便客观的危险证明这些行为并不合理。因为这样一来，我们就没有可能去验证臆测中的威胁是否真实存在，而且还存在将害怕恶化为恐惧障碍的风险，虽然确切来说，这应该称之为回避（被感知为威胁的处境的）障碍。如之前所说那样，一些人能够在生活中持续并随处看到危险，也许因为他们的自我界限——不管出于什么原因，过于脆弱或者被伤害了。如果我没有划清界限的力量，如果我缺乏相应的能力，那么我的界限无疑已经被多次伤害了，或者我在生活中遭遇过一些非常具有破坏性的划清界限方式的例子，那么，我在受到威胁的时候做出害怕反应是非常有可能的。然而越是在挑战面前退缩，我们越会在打造坚实的自我界限时遇到更多的困难，形成一个恶性循环。

9.6　愤怒

每个人都会愤怒。这很容易。
但是对恰当的人表达愤怒之情，以合适的度，在适当的时机下，
秉着合理的目的，并且以正确的方式表达愤怒——
这已经不再是个体的人的能力。
——Aristoteles

愤怒的特征

愤怒是一种强烈的感觉。这背后隐匿着许多能量,以至于我们随时会为自己感到惊讶。有时候我们几乎感知不到这种力量,仅仅是咬牙切齿的动作或者紧张的肌肉还能让我们稍微记起一点。有时候我们猛然站立起来,变得气势高昂,整个身体开始绷紧,随时会爆发。我们蓄势待发,准备好了迎接可能到来的一切。愤怒区间的一头可能只是轻微的愠怒,而另一头则是仇恨。因此,愤怒可以产生建设性和破坏性的影响。愤怒以其"怒"和"暴怒"两种典型表现形式而在基督教的道德学说中被归为七宗罪之一。这无疑又从根本上给愤怒的恶名雪上加霜。从这个角度而言,有关愤怒的讨论是基本情绪意义讨论的重中之重。

关键剧本 就像害怕一样,愤怒也是为了保护而存在。愤怒时,我们对自己界限的保护手段范围涵盖了划清界限、隔离以及最终可能采取"进攻是最好的防卫"——就像格言所说的。我们并不能从高兴,也不能从悲伤,更不是从害怕中汲取在被威胁的场景中说"不""够了!到此为止,不能继续了!"所必需的力量。所以,愤怒的关键剧本是在威胁面前通过划清界限和酌情采取隔离手段来保护我们的界限。

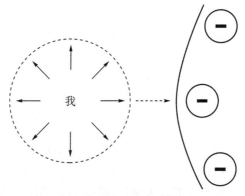

图 9-4 愤怒的关键剧本:我们通过强化自己的价值观,面对威胁时划清界限,以及酌情采取隔离手段保护我们的界限

内向信号 与害怕类似,愤怒发出了必须激活身体反应以在威胁面前保护我们的自我认同界限的信号。不同于害怕的是,这种身体激活并不是用于逃避,而是用于在面对威胁时划清界限。因此,愤怒情绪常常(但不是一直)被功能性地强化,因为它的作用可以在短时间内立即见效,无论是从消极意义上去强化它(让威胁消失),抑或是通过对控制力和内心强大的体验而积极地强化它。

鉴于愤怒能够帮我们成功划清界限,它是每一个自我发展的重要组成部分。除此之外,就像其他的基本情绪一样,愤怒也是推动改变的发动机。不粘锅的发明

情绪资源 // Emotionen als Ressourcen

可能是因人们热衷于技术进步,但从另外的角度看来,却也可能是因为人们被那些烧焦的荷包蛋搞得很恼火……

外向信号 愤怒向外界释放了我们已经到达一个临界点的信号,任何一个可能的威胁,无论是以何种形式登场,再往前进一步都是要付出沉重代价的。划清界限是一把双刃剑。一方面我们加强了自主性,但有时候也会在这个方向走得太远,以至于所有周围的一切都被我们视为威胁,即使是那些曾经一度对我们很重要的人。另一方面,我们与周围的事物保持联系,这时它就是用来维持关系的。

认可愤怒作为资源可以让一个人及时而有分寸地保护自己的界限,同时也能够找出社会可接受的划清界限和隔离威胁的手段。

就像其他情绪那样,愤怒也会传染,而且也可能导致集体性的划清界限的行为,比如,人们会为了他们的权益走上街头进行游行。

过度调节的愤怒 由于愤怒不仅可以激励人们划清界限,还可能促使人们做出破坏性、毁灭性的行为,将过盛的愤怒程度下调是人不可或缺的能力。但有些人会夸大这种调节。常常看起来好像拒绝愤怒的态度可以通过无数的创伤性学习经历被加强。但其实,那些过度调节愤怒且在日常生活中几乎感受不到愤怒的人在专注地感知自己界限的方面有着诸多困难。他们正是丧失了一个重要的保护机制,因而常常将自己置身于无视自己界限的危险之中,也许是做了太多超出自我界限的事情,也许是允许了过多超出自我界限的事情的发生。所以,那些没有学会允许愤怒发生或者被灌输要回避愤怒的人面临着更严峻的威胁,因为他们对逾越自己界限的行为并不设防。压抑愤怒会引起一系列健康问题(Sulz,2010)。一些无视愤怒冲动或者默默隐忍下来的人可能会培养出另一种愤怒,实际上,它之后会以极高的强度,以极为暴力和破坏性的方式爆发出来。

许多时候,找出适应性处理愤怒的模型是非常重要的。让我深切欣慰的是,有一些人比如 Stéphane Hessel(2011),身为反战人士的他在二战中不得不忍受来自德方的酷刑,他在生命临终之际终于记起:你们奋起反抗吧!

缺乏调节的愤怒 对于大多数人来说,感受愤怒并以符合社会规范的方式利用它来保护自己的界限是非常有用的,但也因此有一些人会夸大愤怒的价值。这些人处在持续的抗争状态,所有一切在他们眼中都是威胁。即使他们能够通过持续性的划清界限来加强自己的自主性,但这也会减少他们与他人的亲密关系。最糟糕的情况是,过于强烈的对通过愤怒方式来保护自己的需求会导致无视与他人之间的界限。那些被愤怒驱使的行为都要承受很大的痛苦。Ekman(见 Goleman 对他的引用,1997,386 页)把愤怒视为最危险的情绪:"不可遏制的愤怒在当今是具有社会破坏性的诸多严峻问题之一。这种情绪不再是适应性的,因为它把我们推向斗争。我们的情绪在一段时间之内发展的程度已经超出了我们掌控的范畴,它已然不足以支持我们有效利用情绪。"

9.7 厌恶

厌恶，厌恶，厌恶——哦，我的天！
——Nietzsches Zarathustra

厌恶的特征

在感到厌恶的第一时间，我们的整个躯体会蜷缩成一团，我们的面目会扭曲，我们把自己封闭起来。我们感觉自己受到了伤害，变得肮脏。我们想要表露内心。所有的感官却只能疲于应对眼前正在发生的一切。无论什么，一个物体，一种气味，一个人，都必须离开，回到原有的状态。余下的大都是对重蹈覆辙的恐惧。

关键剧本 当界限被逾越的时候，厌恶的感觉就会被激活。一些东西朝我们迫近，而且可能已经破坏了我们的界限。直至事情发生过后我们才意识到这是一些消极的东西。现在我们必须把它们从我们身上剔除，拿走。

内向信号 厌恶向我们释放的内向信号是，那些过于靠近我们的东西会对我们造成威胁。它会动用我们的能量来试图将这些东西再次从我们的身体上拿走并重新稳固我们的界限。

外向信号 对他人来说厌恶是一个明显的信号。它告诉人们要注意及时认清一些消极的东西可能会破坏界限，它让人们牢记过往的错误并阻止人们重蹈覆辙。

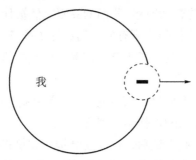

图9-5 厌恶的关键剧本：一些东西已经逾越了我们的界限，它们被证明是危险的，我们试图将它们拿走

过度调节的厌恶　一些受到创伤的人的遗留症状是制造强烈厌恶用以抵消已发生的界限伤害造成的消极影响，以及在将要发生的事情面前保护自己（Vogt，2010）。他们中的一些人因为界限已反复受到严重侵害，而且他们在那些场景中只能将毫无控制能力的自己暴露在外，所以他们从这些情境中可能已经学会了如何完全感受不到自己的厌恶，这被他们用作为最重要的挡箭牌。

缺乏调节的厌恶　一些人会利用厌恶的归纳法来与特定的物体或人保持距离。某些情况下，短期有效的策略从长远看来可能会出现问题。比如，厌食症患者会对食物产生强烈厌恶感，从而少吃。

9.8　吃惊

我从来没想过我会爱上主席。
连我自己都很吃惊。
　　——Monica Lewinsky

吃惊的特征

我们切身感受到吃惊的时间只有短暂的一刻。在这一刻中，我们并不能理解发生了什么。我们的躯体紧绷，我们瞪大双眼。我们想要去看，去理解。我们为所有一切做好了准备，也许我们必须在消极的事情面前保护自己，也许我们在这些事情变成积极因素后享受它们。

关键剧本　同样，在吃惊的时候，我们的界限突然被什么东西袭击了。我们还不能对它做出评价，但是我们却为所有的一切做好了准备。

内向信号　吃惊向我们发出了所有一切都是可能的信号。它激活了我们的身体，即使事情的走向尚未明朗。

外向信号　吃惊向他人释放的信号是，一些需要我们格外注意的事情已经发生了。我们尚不能判断事情的走势会是怎样。

过度调节的吃惊　一些人试图通过高度结构化和仪式化自己的生活来增加安全感。他们生活设计的理念是尽可能回避吃惊的情绪。但这种前瞻性的调节策略并不能真正阻挡可能发生的令人吃惊的事件。那些过度调节吃惊和其他情绪的人群可以借此机会学习如何给他们的生活中引入更多的开放性。

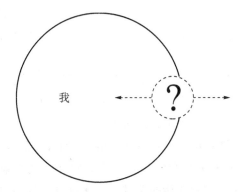

图9-6 吃惊的关键剧本:一些事物突然间逾越了我们的界限,
而我们尚不知道如何评价它。我们对所有可能的一切做好了准备

缺乏调节的吃惊 缺乏调节的吃惊较少出现在心理治疗门诊中。然而仍然存在着一些人,他们的生活充满了不可测的吃惊因素,比如当他们的记忆功能受到限制的时候。通常来说,如果我们可以记起一些场景和评价的话,那么它们就不会让我们吃惊。但如果这种能力受限或者退化,吃惊会一次又一次地出现,有时可能是随之而来的喜悦,有时可能是过激的愤怒反应,而大部分情况则仅仅是单纯的害怕。

> 材料

信息表2:基本情绪和它们的意义 在这张信息表中,我们会简单介绍通过情绪来调节界限的理论,并且通过基本情绪的关键剧本来形象地解释这些基本情绪。这张信息表可以用来加深患者和来访者对基本情绪的理解。

练习表2.1:基本情绪和它们的关键剧本 患者和来访者可以通过这张练习表来学习基本情绪的典型唤醒场景,验证被介绍过的关键剧本。这可以帮助他们反思某种基本情绪的合理性和意义。有两个版本可供使用:A版本包含四种基本情绪,B版本补充了厌恶和吃惊两种基本情绪。

练习表1.3:观察基本情绪 为了结合关键剧本识别基本情绪,我们会重新使用模块1的练习表。当然,我们也会口头上明确指出要依照关键剧本论证"您会依据什么来识别情绪?"这一问题。

> 建议

与患者和来访者进行的关于情绪意义的对话应遵循他们的本意,同时可以加入所见所闻和个人经历。重要的是,您必须对自己所讲的一切坚定不移。这要求您首先要充分分析自己的基本情绪:对您来说,高兴、悲伤、害怕、愤怒、厌恶和吃惊的意

情绪资源 // *Emotionen als Ressourcen*

义分别是什么？您如何处理这些情绪？您都收集了哪些应对这些情绪的经验？

诚然，情绪的世界并不简单，所以我们一直只是在和基本情绪打交道。在论述它们意义的时候可能出现很多问题，而这些问题都是针对基本情绪的混合形式和它们的叠加态。

> 在综合情绪的问题上我们建议要不断建立起它们与各种基本情绪之间的联系（例如，孤独是悲伤和害怕的混合体；羞耻是对被社会关系边缘化的恐惧；妒忌是对可能失去的亲密关系的害怕）。

> 一些人能体验到基本情绪是相互叠加的，例如，愤怒会直接导致悲伤和痛苦的丧失体验，或者害怕和紧张会直接引起对悲伤的控制丧失。在这些情形中最重要的是通过体验情绪的关键剧本来验证和明确认识基本情绪。这里情绪的产生是不是因为听到一些赞扬（高兴），丧失了有意义的东西（悲伤），在挑战面前退缩和让步（害怕），或者在面对威胁的时候划清界限（愤怒）？

总体来说，适用于第二个模块的基本准则是：对情绪的体验还没有出现，它不应该变得过"热"。

区分害怕和悲伤

害怕和悲伤是两种经常被一起体验到的情绪，并且二者间可以相互转换。这使得区分它们往往并不那么容易。就我本人的有效经验来看，时间层面可以在一定程度上帮助划分这两种基本情绪。

我诊所中的患者被分为两大组。第一组人会将每天的大部分时间花费在思考将来可能发生的事情上：如果有一天我坐了轮椅会怎么样？当我演讲时会发生什么？如果孩子们没回家，他们是出了什么事？如果我变老了会怎么样？这一组患者常常饱受害怕情绪的折磨。有害怕心理的人们虽然往往在生活中已经经历过界限被侵犯，但是害怕情绪仍会在当下面对的威胁中被激活，因为害怕的意义正是改变有威胁的处境。

与第一组患者相反，第二组患者每天将大部分的时间都在思考已经发生的事情上：我当时做错了什么？别人做错了什么？为什么会在我身上发生这些事情？这些人忙着处理过往。他们中的一些人抑郁，一些人悲伤，一些人大声呐喊，一些人可能不那么大声呐喊。

当患者因尚未发生的事情怨天尤人的时候，我更愿意视之为害怕，当他们因已经发生的事情而自怨自艾的时候，我更愿意定义这种情绪为悲伤。

此外，两组人都有着同样的问题：平静、放松、精神上的幸福既不会在未至的未来，也不会在逝去的过往，只能在此时此地。因此，在正念之下感受"此时此地"意味着从"摆脱不掉的事务"和关于它们的念头中得到解脱。

模块2最后根据所介绍过的(自我)界限调节理论进行有关各个基本情绪意义的讨论。这一模块结束的时候,患者和来访者应该至少可以在理论上了解普遍的情绪概念,并且能够分别描述它们各自的潜能——即使是那些主观上被他们视为不舒服的情绪。他们还应能够根据他人情绪体验的事例,简述被观察到的情绪根据其关键剧本都具备哪些功能背景。

总结

模块2
策略:知识
方法:心理教育

版本	内容	时长
详细	(1) 介绍一个理论,通过它传授各个基本情绪的意义 (2) 详尽的讨论 (3) 课程间歇时的巩固练习	1~2 课时 50~100 分钟
简略	介绍一个理论,通过它传授各个基本情绪的意义	0.5~1 课时 25~50 分钟

材料(可扫码获取)
➢信息表 2:基本情绪和它们的意义
➢练习表 2.1:基本情绪和它们的关键剧本
➢练习表 1.3:观察基本情绪

信息表 2　　　练习表 2.1　　　练习表 1.3

其他材料:挂板/白板/纸张。
练习:通读信息表;填写练习表。

信息表 2	基本情绪和它们的意义

理解情绪的意义　　理解情绪的意义对于将情绪作为资源利用是非常重要的。诸多的方法和理论证明了为什么情绪和情绪体验拥有非比寻常的价值。在此,我

们向您推荐一项应该能够帮助到您的理论。

1. 以自己的情绪在一个场景中是否有益和它是否"恰当"为标准对它进行检验。

2. 更好地认识和理解他人的情绪。

情绪调整界限 所有人都有自己的界限。有些是可见的界限，就像国界、邻里之间的栅栏、住所的门房。但也有很多界限是不可见的。这些界限塑造了我们的自我认同。这意味着，为了能说出"我"这一字眼，我必须有一个关于"非—我"的设想，即我的环境是什么，其他人是什么。我们所有的界限都与基本需求有关，因此，情绪也会产生影响。它们最重要的功能在于向我们和其他人释放信号，告诉人们一些触及我们基本需求的事情正在发生。接下来它们会激发一些行为来改变场景，以便我们的基本需求得到满足和保护。所以情绪在帮助我们调节周围界限，一方面把它拓展到我们能获得重要事物的地方，而另一方面可以在我们受到威胁的地方保护它。

关键剧本 这个理论可以很好地借助图像来呈现。这些图像代表了引发情绪的场景。通过这些图像和关键剧本，我们可以检验您和他人正在体验的情绪是否符合当前的关键剧本。

高兴 感受高兴抑或高兴消逝的时刻充实和拓展我们。这可以发生在我们获得一些被我们评价为对目标和基本需求有积极意义的事物的时候：一个被青睐的物品，来自所爱之人的关注，来自被尊重之人的肯定，应对一项挑战的成功经历，也可以是在观赏日落时产生的深层次的与生命的联结感。我们的界限在拓展，我们接受着一些东西，从而变得更

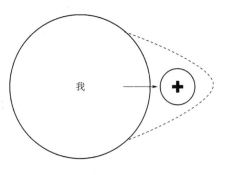

加广博。高兴的关键剧本是：通过我们珍视的、想要拥有的和所追求的东西来拓展界限。我们想要更多。

悲伤 我们经历悲伤的时刻就是我们意识到丧失发生的时候。我们被夺走了一些意义重大的东西：物质的如某个物体，也可能是一些非物质的比如希望、信赖、预期的成功或者一些我们认为是理所应当的东西（例如持续的健康、爱或者幸福）。这种丧失在我们的界限上撕开了一道口子并隐隐作痛。悲伤帮助我们再度治愈我们的界限，哪怕留下了疤痕，而且我们会再度

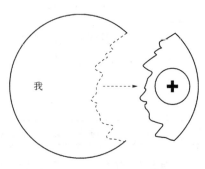

准备好迎接要到来的一切。悲伤帮助我们"适应丧失"(Rando,2003)。悲伤的关键剧本是:我们的界限因丧失了重要的、想要的、思念的事物而受到伤害。我们想要回它们。

害怕 害怕帮助我们保护我们的界限。当界限受到威胁的时候,我们便会激活不同的保护策略。害怕的时候,我们会在自己与造成威胁的事物之间扩大距离以便在适当的时机逃走。也许我们只是让步,让自己去适应,禁言以及尝试不要将自己过分暴露在威胁事物可触及的范围之内。害怕的关键剧本是:通过远离威胁来保护我们的界限。

愤怒 就像害怕一样,愤怒也是为了保护而存在。愤怒时,我们对自己界限的保护方法涵盖了划清界限、隔离,以及最终可能采取就像这条格言所说的"进攻是最好的防卫"。我们并不能从高兴,也不能从悲伤,更不能从害怕中汲取在被威胁的场景中说"不""够了!到此为止,不能继续了!"所必需的力量。所以,愤怒的关键剧本是:在威胁面前通过划清界限和酌情采取隔离手段来保护我们的界限。

厌恶 当界限被逾越的时候,厌恶的感觉就会被激活。一些东西朝我们迫近,而且可能已经破坏了我们的界限。直至事情发生过后我们才意识到这是一些消极而负面的东西。现在我们必须把它们从我们身上剔除,拿走。

吃惊 同样,在吃惊的时候,我们的界限突然被什么东西破坏了。我们尚不能对它做出评价,但是我们为一切做好了准备。

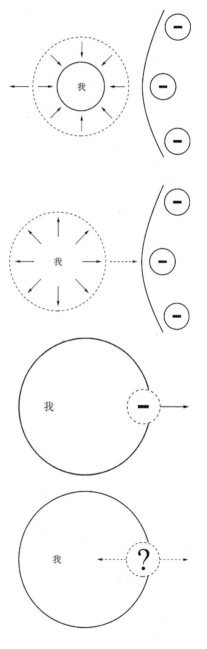

情绪资源 // Emotionen als Ressourcen

练习表 2.1A　四种基本情绪和它们的关键剧本

引言：每种情绪都有典型的引发机制和典型的后果，以及它们各自的关键剧本。这张练习表可以用来检验那些发生在自己和他人身上的情绪，并了解它们可能隶属于哪种基本情绪。

练习指导：在第一行中您可以看到关键剧本的示意图。请您在第二行中分别填写每种基本情绪的典型引发机制，并在第三行中填写它们各自的结果。人们在体验到这些基本情绪的时候通常会做什么？

	高兴	悲伤	害怕	愤怒/生气
关键场景的示意图				
典型引发机制				
典型后果				

练习表 2.1 B　六种基本情绪和它们的关键剧本

引言：每种情绪都有典型的引发机制和典型的后果，以及它们各自的关键剧本。这张练习表可以用来检验那些发生在自己和他人身上的情绪，并了解它们可能隶属于哪种基本情绪。

练习指导：在第一行中您可以看到关键剧本的示意图。请您在第二行中分别填写每种基本情绪的典型引发机制，并在第三行中填写它们各自的结果。人们在体验到这些基本情绪的时候通常会做什么？

	高兴	悲伤	害怕	愤怒/生气	厌恶	吃惊
关键剧本的示意图						
典型引发机制						
典型后果						

10 模块3：理解自己的情绪体验

为了治愈它，你必须感受它。
——无名氏

第三个模块将要介绍从"冷学习"到"热学习"的过渡，现在可以变得"更热"一点了：当知识变成了以资源视角认知情绪的有利条件时，对情绪的体验就成了必要条件。如果说在前两个以心理教育手段为主的模块中还尚未涉及如何构建医患关系的具体层面，那么在治疗和咨询过程中的情绪体验环节开始要求一种有承载能力的工作关系。

> **提示：医患关系培养**
>
> 有承载能力的工作关系对任何方式的情绪工作都是必要的。治疗关系是影响治疗成果至关重要的因素。那么什么才是一段益处良多的治疗关系？
>
> 根据人的基本需求，我们归纳出如下几个构成一段有利的治疗关系的层面（Grawe, 2005）：
> - 在治疗的开始阶段最重要的是要照顾到患者的需求。这里有建设性的做法是提高透明度，及时给出相应信息，根据治疗步骤对患者进行相应的启发，唤醒患者对治愈的希望，以及加强患者的控制型体验。
> - 患者对医患关系亲密度的需求可以通过理解、支持、责任感以及充分尊重的交流方式来满足。
> - 提供帮助可能会给患者在提高自我价值评估方面造成障碍，所以我们应将关注点放在他们自身的资源上面，让他们积极主动地参与到医患关系的建构中，以及尊重他们获取帮助的意愿。

> 在治疗过程中，患者可能会因为分析自己痛苦的经历而失去治疗兴趣，虽然他也想尽量避免这个结果。因此，当有必要进行这种分析的时候，我们势必要为患者找出继续配合治疗的合理动机。

在医患关系的委托过程中，相应关系模式下的关系测试时或是因为治疗师自己的盲点而碰到问题时，随时准备将医患关系的建立过程本身作为治疗内容的态度往往能起到帮助。

Geller 和 Greenberg(2011)在讲到聚焦情绪的工作时指出，将自己整个人完全带入治疗过程并且在此时此地的在场性是必不可少的。一方面，这意味着要专注于感知自己在行为、思考、情绪和身体层面的反应。另一方面也要有意识地去感知对方做出的相应反应。作者建议要持有一种强调性的、情绪带入的以及前后一致的基本态度，还包括面对痛苦情绪的开放态度和随时修正治疗互动过程中的关系经验的准备状态。

针对如何在情绪相关的心理治疗中培养医患关系，Lammers(2011)除了上述几点还补充了幽默和放松作为可行手段。这不仅有助于灵活性的提高，还避免了患者过分"沉湎"于痛苦经验的情况。

10.1 背景

对情绪体验的深入处理　在介绍了有关情绪以及它们的命名、根据表情和手势对它们的识别以及情绪意义的普遍性知识之后，这一模块中我们将讨论如何把它们应用到具体的个人经验上。这里的三个目标是：情绪的普遍性知识的个体化，理解自己的情绪风格，以及允许对自己的情绪体验进行更深入的处理。这样的过程中，我们要持续地调节我们的情绪，即使是在我们没有感受或者表达它们的时候。因此，情绪调节的机制是一个从内隐的自发的到外显的反思的连续发生的整体。对情绪的体验以及由此衍生的对情绪风格的深入处理需要从内隐的到外显的处理情绪方式的过渡。

情绪风格　这本书的核心是介绍一个人的个体情绪风格。这种风格是由他在当前典型的表达情绪和感受情绪的方式来定义的。当然，根据场景的不同这些方式肯定也是不尽相同的，然而，在我们对不同场景中的不同情绪表达形式进行描述之前，首先要做的是确定一个一般的情绪模式。情绪风格的实质是一个兼具内向性和外向性的典型的情绪调节模式。一方面它是一个人展示自我的结果，另一方面也是这个人在他的情绪共同体中的学习经验的结果。一个人外向的情绪表达和内向的情绪感受可能是一致的，但并不是必须一致。

> **基本观点（10）：一个人的情绪风格一方面根据它的情绪表达，另一方面根据他的感受情绪的典型模式来定义。同一种情绪在感受和表达之间可能并不一致。**

情绪风格的层面　我们可以在两个层面来分析一个人的个体情绪风格：数量和质量（另见 3.5 小节）。

> 数量层面上的划分是依据人们感受和表达情绪的强度。那些原则上倾向过度调节情绪的人构成了这一层面的一个极端。他们的情绪感受不那么强烈，情绪性的行为动机——甚至可以说所有类型的行为动机——会被拓展而且削弱之后才转化为具体行为。这组人群中的大多数认为情绪对于他们的生活来说并不重要，一些人还会回避与情绪打交道，因此他们基本上很少把情绪作为资源来利用，比如述情障碍的人群。那些因总体上缺乏对情绪进行调节从而会有强烈情绪体验的人群则构成了这一层面的另一极端。由情绪主导的行为动机会被立刻转化为实际行动，就像人们在感情用事或者被情绪驱使而采取行动的时候。这些人可以坦然表达他们的感觉，并且认为它们对自己的生活很重要。这些人已经将情绪作为重要的资源来利用了，但与此同时，他们和周围的人也不可避免地承受着强烈情绪带来的痛苦。

> 质量层面的划分是依据不同情绪质量之间的区别和对不同情绪作为资源的利用方式之间的差异。一方面，不会在表达和感受上区分情绪的人群会诚实地做出好的与坏的、舒服与不舒服的判别。另一方面，能够感知、区分和表达出不同情绪之间毫厘之差的人往往正是因为这方面的能力过强而丧失了在情绪这片原始森林之中的定位能力。

人们必须在上述两个层面上都做到在适中原则下灵活地以最佳方式利用情绪资源：这在数量层面上的表现是，一方面，如果人们的情绪感受和情绪表达过于强烈的话，那么情绪和它们的潜能既会被自己也会被他人作为信号感知到；另一方面，如果这种强度一直被保持在合理范围内，那么它既不会给自己也不会给他人带来过重负担。表现在质量层面上为，根据不同引发场景能够加以区分地合理利用情绪以及其各自的意义。

质量和数量的结合　基于正态分布原理，总体上会过度调节或者缺乏调节情绪的人群可以被视为例外（另见 3.3 小节）。因此，调节情绪中遇到的棘手的难题更可能是由两个层面的共同作用导致的。这体现在许多人虽然能够感知和利用某些情绪质量，但对另一些情绪质量却无从下手。一些时候，对一种情绪质量的体验甚至能主导对其他质量的体验，例如恐惧障碍。当人们已经学会仅仅通过害怕一种手段来保护自己的时候，有可能发生的情况是，在愤怒状态中划清自我界限这一做法丧失了它的保护潜能。另一些情况则可能是一种情绪质量直接转换为另一种情绪质量，就像在次级情绪中所表现的那样，例如，当悲伤作为驱动力被掩盖在爆发出来的愤怒之中的时候，或者爆发的愤怒被戴上了一个"害羞的微笑"的面具。这些人常常从痛苦的经历中学会了不要利用单种情绪的潜能，而且在以后的生活中要回避它们。许多人为了不去经历一些痛苦的情绪或者只在被弱化的形式中去体验它们而付出了昂贵的代价，因为他们不过是在自我麻痹，比如通过物质滥用。

> **基本观点(11)**：描述个体情绪风格涉及数量和质量两个观察层面。数量层面上的区分依据人们感受和表达情绪的强度。同时，情绪能够从数量上被过度调节或者缺乏调节。在质量层面的区分是根据情绪感受和表达方式在不同情绪质量中体现出的差别。从两个观察层面的结合来看，一些人会在原则上以较多或者较少的强度和区分度体验不同的情绪质量；另一些人则是有选择性地相较于其他情绪类别以更高的强度感受和表达某些特定情绪。

> **模块目标**
> （1）患者和来访者能够识别和命名自己的情绪风格。
> （2）他们能够将一般的情绪知识应用到自己的情绪体验中。

10.2 模块流程

以区分被感受到的和被表现出的情绪为基础，我们可以从观察和图像化个体情绪风格入手开始这个模块的工作。所谓被表现出来的情绪指的是那些能够被他人通过表情、手势、身体姿态、行为或者语言表达而感知到的情绪。这些情绪可能与被感受的情绪是一致的，但不是必须是一致的。只有本人才真正拥有了解被自己感受到的情绪的渠道，然而对那些无法通过自己的努力激活这一渠道的人来说，最佳感受方式是被他人强调性地告知那些被感受到的情绪最可能位于何处——然而这往往蕴藏着心理投射的危险。

观察自己情绪风格的前提是准备好随时调动自己专注地感知情绪。

正念

正念（mindfulness）和正念训练是目前被采用较多的治疗方法的核心理念。正念作为治疗策略是在20世纪80年代中期被 Marsha Linehan 和 Jon Kabat-Zinn 从不同宗教信仰的冥想技巧中提炼出来。Kabat-Zinn 的正念疗法主要应用于克服焦虑的问题上；而在 Linehan 那里，正念则是辩证行为疗法的中心（DBT）。

她在实际应用正念疗法时是以区分"如何"技巧和"什么"技巧为前提的。正念的"如何"指的是它作为一个不予评价的、专注的和充满效力的过程。而正念的"什么"指的是它的关注对象：感知、描述和参与。

正念关注的对象是此时此地的存在。因为已经发生的事物已经不再存在，而将要发生的事物还尚未存在。

在自己的情绪面前持有正念就好比在一场夏雨中保持正念。我们在当下这一刻迎来了这场雨，就像它本身发生的那样自然而然，而且我们深知它即来即去，因此不会去想驱逐它，亦不会沉醉其中，我们穷尽所有感官来感知它，眼见雨滴的滚落，耳听拍打的雨滴声，嗅到它，也许还会尝到它，用我们的身体触碰它，不让自己受扰于之前的那阵雨生起的念头，也不会忧心下一刻有什么到来。

以正念感知自己情绪体验的前提是要将目光集中在体验上。这首先要求的便是有规律地进行训练。

许多为此努力的人都经历过一些需要以正念去接纳的障碍。

内心的声音已富含评价　评价要以正念被感知，而不应该纠缠于所谓的人不能不进行评价这样的评判。Linehan 将这条死胡同的出口翻译成一种极端的接纳态度：我接受我不能接受的事实。这一步使得正念又可以去评价的方式作用于此时此地。

思绪联翩　即使是这个过程也完全正常，毕竟我们并不是在佛教寺院中以参禅入定为主业的僧人。当我们感知到我们浮想联翩的时候也并不意味着一无是处，这种感知可以让我们重新回到目标上来，即将正念集中于此时此地。

通往此时此地的密钥是我们的身体　专注于感知经验可以帮助那些注意力容易被起伏不定的思绪牵走的人。所以我们建议以一直在场发生的事物作为开始：我们的呼吸，身体的感觉，感官的感觉。这些能够被外界刺激激发，例如通过碗的声音，冰块在手心的感触，咖啡在口中的回味，我们站立时会有的那种躯干渐渐前倾直至失去平衡的感觉等。注意副作用：请留心不要伤到自己！

> **正念通常可以随时进行** 不同于其他放松技巧，正念不太需要特别的地点、安静的环境，即使这些确实有所帮助。在散步、看报、清洁浴室、治疗患者和煮咖啡的时候都可以进行正念。注意副作用：请注意不要在危险的情境中进行正念训练，如驾车或者操作重型机械时。
>
> **正念不是在孤独中训练** 许多正念训练可以与他人一起进行。最终可能会上映一场诸多正念时刻的合演。
>
> **正念不是为放松服务** 虽然放松是正念训练可以期待的附加作用之一，但是放松并不是它的目的。正念没有目标，只是正念。

第三个模块的操作过程又包含了若干步骤。

10.2.1　步骤1：通过当下表现出来的和感受到的情绪来观察和图像化情绪风格

将表现出来的和感受到的情绪记录下来并且图像化它们的分布关系是这个模块的第一步。我们可以使用两个圆来表现这种关系，它们分别按照频率和强度记录某一时间段内被表现出来和被感受到的情绪，类似于蛋糕分割的示意图。原则上我们会首先选择呈现当前时间段的平均值，比如过去几天或几周的。由于这里要研究的不是个别场景，而是一种风格、一个稳定的模式，所以我们不仅仅需要一个按时间推算的平均值，还需要一个来自不同生活领域的均值。在接下来的情绪工作中，这两个圆也可以被应用于其他的框架系统（见下文）和时间段，比如与某些生平经历相关的阶段（见模块4）。

需要明确的是，用圆进行图像化的初衷不在于某个人相对于其他人来说是否频繁或者高强度地表现和感受情绪，而是人本身与他的情绪体验一直共处的状态是表现和感受它的基础。

> **指导**
>
> "我这里有两个圆，下面我先介绍一下它们：左边的圆描述了您在过去一段时间表现出来的情绪，也就是说表现给他人的情绪。请您设想一下，在整个这段时间内，您在自己的面前放置了一个录像机，接下来会有人详细计算出您分别以多高的频率展现了喜悦、悲伤、害怕或者生气的表情。也许您在过去一段时间也同样从他人那里听到了这样的反馈：'你今天看起来又

是……的样子。'同时可以写在左边圆圈内的情绪还包括您叙述给他人的切身感受，比如'我今天特别生气!'

即使您感到很困难，但请您务必尝试从过去的一段时间选出一个平均值，既根据您表现出某种特定情绪的频率，也根据您表现情绪的强度。

那么，您在过去一段时间最经常表现出哪种情绪：高兴，悲伤，害怕和愤怒？ 哪种紧随其次？

请您把这个圆想象成一个蛋糕。 您最经常表现出的情绪占了这个蛋糕的多大比例呢？

现在我们来看看右边这个圆。 它所表示的是您在过去一段时间之内感受到的情绪。 这与左边那个圆不同，因为其他人并不能看见这个圆里面的情绪，即使他们很了解您。 也许这些情绪按照比重确实有着同样的排序，但是也可能您以不同的频率和强度感受到了不同于您所表现出的情绪。 您在过去一段时间内最经常感受到的是哪种情绪？ 哪种是您第二或者依次下来经常感受到的情绪？ 这里我也同样要问：您如何为它们按比例分配这块蛋糕呢？ 非常感谢!"

案例 1

某个女性患者十分内向。 她深受自己评价的折磨。 她不得不反复地想："我不行!""我做不到!""我没用!"在之前的章节中我们已经证明了，她停留在思考这个岛屿的时间太久。 她可以做的是让自己试着拜访一下感觉的岛屿。 在简短介绍了基本情绪的入门知识之后，她可以在模块3中指出，她向外界以害羞、回避眼神接触、社交恐惧以及其他回避行为等形式展示了许多的害怕情绪，但是也表现了很多的高兴情绪，较少表现出悲伤情绪，断然不会表现出愤怒情绪。 她不经意间指出，内心深处她只感受到两种强烈的情绪：强烈的愤怒，针对那些不在意她的人也针对她自己，以及深深的悲伤。

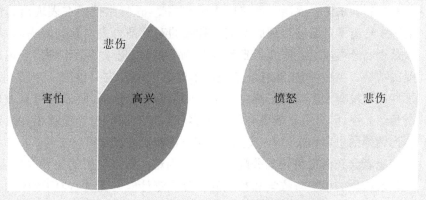

图 10-1 女患者表现出来的(左)和感受到的情绪(右)

案例 2

另一名患者，20岁出头，经常会愤怒。一些身体检查表明，他的许多器官已经明显受损。他自己也不能解释。通常他只是单纯感觉到"空虚"和"糟糕"。当他回想以往的生活经历，他能够确定自己不断有痛苦的丧失经验。在学习过基本情绪知识后他能够自己指出，这种"糟糕的感觉"更多与悲伤有关。而这些悲伤他从未表现出来，似乎从没有一个人会关心他的悲伤。

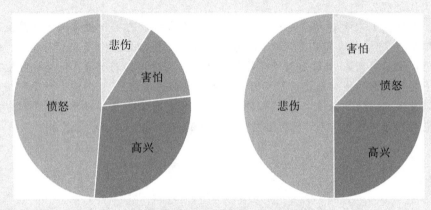

图 10-2　根据患者本人的描述而图像化的
表现出来的（左）和感受到的情绪（右）

建议

在处理表现出的和感受到的情绪的两个圆及它们之间的差别时，可能会产生三种典型的误解：

> 一些患者和来访者混淆了情绪的表现和感受，这导致他们在表现出的情绪的圆中给出了自己感受到的情绪。有效的对策是再去向参与者提问，其他人是否已经可以通过他的面部活动和表情或者说出来的话识别出他正在感受的情绪。当然，同样能有效避免误解的方法是首先只给出一个圆。针对那些此前没有太多渠道了解自己情绪的患者和来访者，我们可以从表现出的情绪入手（因为这显然更容易被观察到），针对那些已经能够很好地感受自己情绪的患者和来访者，我们则可以从感受到的情绪开始工作。

> 一些患者会在衡量情绪的分配比例上有困难。所以重要的是要在此强调，他们现在做的事情与数学和精确的百分比统计能力无关，他们要做的只是"凭直觉"估计一下。这要求治疗师要鼓励患者并指出这里并不涉及"对"或者"错"，只是一个模式、一种风格。此外，这项工作的意义也在于要重点关

注过去几天和几周以来出现的强烈波动或者对某些个别情绪的高强度体验。其次,这项工作还包括要计算出高强度爆发的平均值。在统计时我们可以使用白板,这样可以轻松用一个手指擦掉数值以便随时修改。

➢ 对于那些通常会过度调节和较少感受到情绪的患者,我们可以要求他们把关注点放在情绪表现出来的各个时间点上,并由此推导出一个固定模式。作为补充,我们还可以根据之前涉及关键剧本的模块内容提出一些辅助性问题(比如"为了更好体会一种情绪,您可以试着回忆过去几天的某个场景,在其中您:获得了某些对您很重要的东西;失去了某些对您很重要的东西;在面对某个挑战或者令人害怕的事情的时候退缩了;为自己划清了界限。")即使这些患者能够成功通过他们的表达来描述表现出的情绪的风格,也会发生感受到的情绪的圆是空白的状况。因而,这里有必要重新退回一步以避免再度触及强度过高的个人经历(比如通过辅助性地提问"结合您掌握的情绪知识,您认为其他人在您的位置也会如此的感受吗?")。

10.2.2　步骤 2:情绪风格的分析

这个模块的第二步是进一步分析每个圆以及它们之间的差别。从之前几个模块的工作中我们可以得出这样的结论:每种情绪都满足一个特定的意义并具备一种特殊的潜能,这种潜能可以帮助我们应对生活的挑战。在这一背景下我们可以断定,在体验到情绪风格的当下,如果人们能够原则上既对它们加以区分又能在区分的基础上不偏不倚地感知到所有基本情绪并表达它们,那么他们便在以最佳方式利用这些情绪的潜能。接下来的分析是基于以下两个基本观点:

> 基本观点(12):一种能够把情绪作为资源的潜能以最优方式加以利用的情绪风格既可以区分所有基本情绪又能均等地感知并表达它们。

从这一基本观点我们可以得出的结论是,在深入加工情绪风格的时候我们要特别注意那些没有被足够表现出来的基本情绪,因为其中蕴含着情绪的相关潜能没有被开发的危险。

> 基本观点(13):最常被表现出来的情绪对于深入加工一个人情绪风格的工作并没有决定性意义,相反是那些最少被展示出来的情绪决定了该风格,因为它们的潜能被利用得最少。

相关论证:情绪的核心功能在于它既发出了内向的(并激活了身体变化)也发出了外向的(并激活了社会关系变化)信号。如果说一种非适应性处理情绪的方式导致了它们并不能以合理的方式被表达出来,那么情绪便失去了外向信号的功能。

这可能会导致相应的情绪完全不能被感知到，从而导致它的内向信号功能失效。

把关注点放在最少被表现出来的情绪上是基于行为疗法的治疗实践的一项基本原则，即渴望回避，这也存在于情绪体验中。

对此，我们也可以从总结情绪风格的现有的优点和缺点入手：更强烈地表现某个特定情绪能给我们带来什么后果？不去表现其他一些情绪又会有什么后果？情绪风格可能与一些基本的心理问题（例如心理障碍）有着怎样的关联？

这一模块中对情绪风格的分析为我们指出了一条通往其他模块的道路：

- 在模块 4 中，我们将着眼于过去以求理解生平学习经历是如何导致人们以上述提到的方式体验情绪的。
- 在模块 5 中，我们将着眼于未来以及一些改变情绪风格的可能性。同时还要以更强效的手段将表现出来和感知到的情绪（以及两个圆）进行整合。

建议

这一步中我们可以重新联系模块 1 的内容。模块 1 中我们已经将患者或者来访者会把哪种基本情绪视为第一个和最后一个基本情绪作为与诊断密切相关的问题提出。该问题的答案很可能就隐藏在我们对他情绪风格的分析中，也就是说分析他如何表达和接受情绪，例如，被他视为最后一种基本情绪的情绪正是在表达中被他回避的情绪。

首先，针对未被表现出来的情绪包含的关键意义进行讨论是一个可能引发强烈抗拒心理的治疗步骤，这要求医患关系要足够坚实。该讨论的前提是，一方提及未被利用的情绪资源的做法不会被另一方识别为是在投射自己的"无能"进而因此开始进行自我贬低或者自我无效化，而是可以将此作为拓展情绪体验的契机。

所以，在下面一个模块中我们将介绍那些对个体情绪调节风格产生决定影响的生平经验。认识和理解该风格的根源可以更容易地判定该风格是否可以做出一些改变。

10.2.3　步骤 3：不同的加工情绪风格的方法

迄今为止，我们已经通过一个人所表现出的和感受到的情绪来描述和分析了他的情绪风格。

外在—内在—调节　该方法聚焦于不同的外在和内在的针对情绪表达和情绪感受的调节方式。同时，重点是对过去几天的日常生活中涉及高兴、悲伤、害怕和愤怒等基本情绪的一般性的观察。除此之外，其他一些区分和细化情绪风格的方式方法也是可行的，甚至是有意义的。我们将在下一个模块中详细讲述一种从生平经历出发的观察视角。

厌恶—吃惊作为补充　就像在所有我们目前讲到的模块中都可以在四种核心基本情绪之外补充厌恶和吃惊那样，在这一模块也不例外。而且，它们同样可以被添加进象征表现出来的和感受到的情绪的两个圆中。

应有—实有—调节　许多人对他们应该做出何种情绪表现有着十分具体的设想。而设想的背景是他们的想象和元情绪。然而，对自己情绪表达的预期（应有）和实际表达（实有）之间是有显著差别的。这些显而易见的差别会导致一种高压，即因体验到了自己表现出来的情绪被拒绝而强迫自己为此做出改变，但正是因在高压之下，可能这种改变并不能取得成功。

行为框架—行为框架—调节　除了某些特定情境的情绪风格模式之外，表现情绪本身在很大程度上也取决于行为框架。例如，就被表现出来的情绪而言显而易见的是，许多人根据工作和私人的行为框架的不同会有截然不同的表现。来自边缘系统的文化影响可能会笼统地或者加以区别地强化和抑制情绪表达。

> **案例**
>
> 　　一位事业有成的经理可以游刃有余地让愤怒在他的职业生活中占据一席之地，而且他有足够的理由这样做。而私人生活中他却避免这种情绪。甚至他会表现出明显的和平主义需求并且害怕他的生活伴侣会离开他。夜深人静之时，他常常会在惊慌中猛然醒来，出一身冷汗。

我—你—调节　另外一种调节的版本是将我们周围的人纳入调节范围之中，例如，针对那些一方时常表现出某些对另一方来说避之不及的情绪的伴侣关系（另见第 6.1.2 小节的第一个案例）。在其他的行为框架中，我们同样可以通过人们表现出的和感受到的情绪圆来总结并分析情绪调节的系统层面，比如在督导一段治疗师—患者关系时或者在一个上级—雇员关系的心理指导项目中（另见第 14 章）。

> **案例**
>
> 　　在督导负责残障人士宿舍的工作人员小组时，我们很快发现，这些工作人员在面对一位对陌生人有攻击性的残疾住户时会有极强的恐惧心理。这种恐惧使他们无法为这位在此前的人生经历中遭受过创伤的残疾住户提供必要的安全。在深入处理这种情绪模式之后，我们了解到，这些工作人员对该机构的领导怀有愤恨和不满。他们感觉自己被人弃置在这种棘手的环境中，然而并没有合适的渠道让他们以合理的方式发泄他们的不满之情。

情绪资源 // Emotionen als Ressourcen

> **材料**

治疗师可以随性地画出象征个体情绪风格的圆,并与患者和来访者一起把它们填充完整。下面几张练习表可以作为备选项:

练习表 3.1:我的情绪风格——当前表现出来的和感受到的情绪

练习表 3.2:我的情绪风格——在其他情境中表现出来的和感受到的情绪

可以利用下列材料深入进行第三个模块的工作:

练习表 3.3:情绪日记 情绪日记可以帮助患者更有效地观察自己的情绪和日常生活中对情绪的表达和感受。反思过程主要依靠记录情绪体验,日后,记录者可以与他人分享这些反思并检验它们,例如在治疗课时之后的总结讨论中。写日记的时候无须在乎细节,当然也有一些结构化好的现成版本可用(例如 Lammers,2007,340 页)。这本书的重点是基本情绪,因此,在这张练习表中也列出了这些情绪。患者不仅被要求观察他们已经感受到和表达出的情绪,而且还被要求注意其他可能到目前为止很少被体验到的情绪。对此,版本 A(高兴、悲伤、害怕和愤怒)和 B(补充了厌恶和吃惊)也都同样适用。

照片集的补充 治疗者本人当前的照片可被补充进模块 1 中提到的照片集中。我们要事先准备好一个照相机,以便拍摄患者和来访者的每种基本情绪的面部表情或者身体姿态,并能随时将这些照片打印且分发。患者对拍摄的照片进行反思,比如,"当您看到自己面带悲伤的表情时有什么样的感受?"如果这时需要给患者展示他们一直回避的情绪,那么这可能是引发抗拒心理的一步尝试,我们必须谨慎行事,因为这一做法可能激化患者的情绪体验。通过对照片的反思,情绪工作可以很好地过渡到下一个模块并开始总结生平经历相关联的工作。

创造性地表达情绪 以个体化的形式来呈现情绪表达并不仅仅局限于照片的使用,自然也有其他有创意的方式。比如可以把相应的情绪画下来(见图 10-3)。下面的例子中我们展示了一位有学习障碍的女患者的手绘画像,它出人意料地将情绪表达的关键特征全部展现了出来。

练习表 3.4:我的情绪风格的两面性 在这张练习表中,我们可以再次总结情绪风格。其中一面用来描述容易被觉察到的以及因此能够被表现出来的情绪,另一面则用于描述目前为止不太容易表现出来的情绪。在第二步中,该情绪风格的优势和劣势可以更好地被理解,并且它与原始心理问题的关联能够被有条理地呈现出来。

随着象征当前情况的两个圆的图示填写完毕,而且患者或者来访者有能力在区分自己表现出来的和感受到的情绪的基础上描述自己的情绪风格,我们模块 3 的任务便完成了。

图 10-3 情绪表达的手绘图示例

总结

模块 3

策略:理解

方法:自我观察

版本	内容	时长
详细	（1）通过图像化表现出来的和感受到的情绪总结情绪风格 （2）总结出在不同情境中的情绪风格 （3）结合优势和劣势深化对情绪风格的加工工作 （4）课程间歇式的巩固练习	2 课时 100 分钟
简略	通过图像化表现出来的和感受到的情绪总结情绪风格	0.5～1 课时 25～50 分钟

材料（可扫码获取）

➤练习表 3.1:我的情绪风格——当前表现出来的和感受到的情绪

➤练习表 3.2:我的情绪风格——在其他情境中表现出来的和感受到的情绪

➤练习表 3.3:情绪日记

➤练习表 3.4:关于我的情绪风格的两页总结

练习表 3.1

练习表 3.2

练习表 3.3

练习表 3.4

其他设施：挂板／白板／纸张，照相机／打印机，创意练习需要的设施。

练习：完成练习表；在照片集中补充自己的照片；有创意地表达情绪。

| 练习表 3.1 | 我的情绪风格——当前表现出来的和感受到的情绪 |

引言：一方面，人们通过他们的面部表情、行为和话语向外部表达情绪。另一方面，人们内在地感受情绪——而且没有人能看到。二者共同塑造了一个人的情绪风格。这张练习表用于呈现您的情绪风格。

练习指导：两个圆就像蛋糕，您可以将它们按照不同的大小切分。请您在左侧的圆中画出那些您目前会展现给别人的基本情绪。请您从最经常表现出的或者最强烈地表现出的情绪开始（如果您自己并不是很确定，您可以简单计算一下过去几天的平均值），也就是说请您从最大块的蛋糕开始切。接下来请您找出您第二经常表现出的或者第二强烈表现出的基本情绪，之后以此类推。接下来请您调整一会儿，随后在右侧的圆中填写您目前感受到的情绪。此处，也请您同样从最经常或者最强烈感受到的情绪开始，之后是第二位的……

我的基本情绪

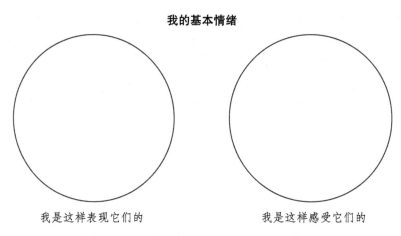

我是这样表现它们的　　　　　　　我是这样感受它们的

| 练习表 3.2 | 我的情绪风格——在其他情境中表现出来的和感受到的情绪 |

引言：在您了解了表现出来的情绪的圆和感受到的情绪的圆之后，接下来的这张练习表的任务是描述您的情绪风格在不同情境之间的差异，例如在私人生活和工作环境中表现出来的和感受到的情绪，或是在家庭和朋友中表现出来的和感受到的情绪。

练习指导：首先请您填写您具体情境（例如家庭）。然后请您以您表现或者感受相应基本情绪的强度或者频率为标准,像切蛋糕一样将圆分割成大小不同的部分。

A 情境：_____

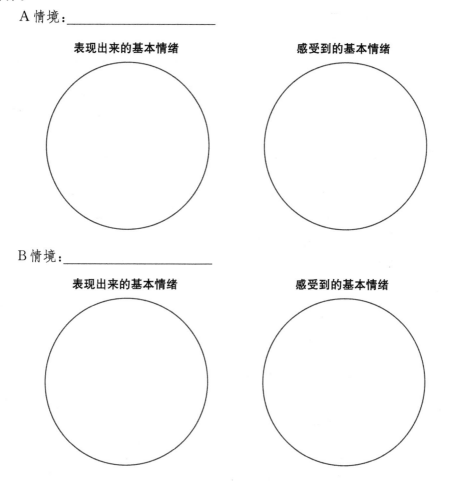

B 情境：_____

练习表 3.3A	四种基本情绪的日记

引言：通过定期的自我观察,您可以练习识别基本情绪。

练习指导：请您每天抽出一点时间来专注地体察您在当天都感知和识别了哪些基本情绪。请您在相应的表格栏中填入一个关键词或者一个能够帮助您日后回忆起该情绪意义的场景。

	高兴	悲伤	害怕	生气/愤怒
星期一				
星期二				
星期三				
星期四				
星期五				
星期六				
星期日				

练习表 3.3B	六种基本情绪的日记

引言：通过定期的自我观察，您可以练习识别基本情绪。

练习指导：请您每天抽出一点时间来专注地体察您在当天都感知和识别了哪些基本情绪。请您在相应的表格栏中填入一个关键词或者一个能够帮助您日后回忆起该情绪意义的场景。

	高兴	悲伤	害怕	生气/愤怒	厌恶	吃惊
星期一						
星期二						
星期三						
星期四						
星期五						
星期六						
星期日						

练习表 3.4	我的情绪风格的两面性

引言：一个人的情绪风格体现在他如何表现和感受情绪。一些人可以很好地表达出某些特定情绪，而另外一些情绪却不能那么好表达出来。这张练习表是用来描述您的情绪风格的两面性。

练习指导：请您在 A 栏下面填入您经常或者强烈地在他人面前表现出的基本情绪，无论您是否喜欢。B 栏下请您填入您不太容易表现出的基本情绪。接下来请您回答问题 1 到 6。

A）我的情绪风格中可见的一面		B）我的情绪风格中不太可见的一面
我可以很好地应对这些基本情绪。当我感受到它们的时候，我可以很轻松地在他人面前表现出来。		我并不能太好地应对这些基本情绪。即使我感受到了它们，我也很难将它们在他人面前表现出来。
_____		_____
_____		_____

1. 当表现出 A)中提及的那些情绪的时候，我可以从中获得什么？

2. 我喜欢自己对 A)中提及的那些情绪的处理方式吗？

3. 当表现出 B)中提及的那些情绪的时候，我可以从中获得什么？

4. 我喜欢自己对 B)中提及的那些情绪的处理方式吗？

5. 为了不表现出或者不去感受 B)中提及的那些情绪，我必须做哪些事情？

6. 我的情绪风格的两面性和导致我不得不寻求帮助的问题之间有什么关联？

11 模块4：理解与生平经历的关联

人们虽然通过回首过往理解生活，
但只有向前看才能真正地去生活。
幸运饼干中的一句话
　　（注：西方流行的一种亚洲点心，它中间的空心被塞进一张写有箴言的字条，往往被当作吃饼干那天的当日生活指导来解读。）

在第三个模块，一个人的情绪风格被明确归纳为他表达和体验特定情绪的固定模式。第四个模块紧承这一工作成果，它的任务一方面是回顾过往，另一方面则是依据个人以往的生活和学习经历展望情绪风格未来的发展方向。

11.1 背景

许多问题　关注点集中在这些问题上：哪些生平经验鼓励了特定情绪质量的表达，而哪些经验又阻碍了它们的表达？一个人的情绪体验可能在哪些情景中受到惩罚，而又在哪些情景中被神圣化？哪种情况下人们学会掩饰他们的情绪，甚至与其抗争？这一模块的目标是从学习经历出发理解自己的情绪风格。

许多原因　在第3.4小节中我们已经详细介绍了可能造成不适应性处理情绪方式的原因。特别是Berking的综合障碍模型(2010)指出了许多在回忆生平经历时会遇到的风险因素，它们甚至可以以查询表的方式罗列出来。对于Linehan(1996a)来说，情绪调节障碍是生物—社会性变化过程的结果，其间，一个人的先天条件（例如气质类型）会与周围社会环境整合在一起。但在这一模块中，先天条件不是深入探讨的主题，我们将重点关注那些通常十分困难的学习条件。

基本需求受挫　如果人们在过往生活经历中反复在实现基本需求方面（例如对亲密关系的需求）不断受挫的话（比如由于不可控

因素导致的持续性关系的破裂），这可能就是造成他们不适应性处理情绪的原因（这种情况导致了这些人对人际关系的高度恐惧和对悲伤情绪的回避态度）。可能因为监护人当时并不在场，或者因为他们不情愿或者没有能力实施外在的适应性调节措施，因此他们成了反面的学习模型。因基本需求一再受挫而导致的不一致经验造就了痛苦情绪，而它又最终激发了回避型行为模式。

回避痛苦情绪　一再发生的相似学习经历导致了固定的回避痛苦情绪模式的生成。在这期间学习到的回避技巧是多种多样的：从抗争到经验回避，麻痹（例如通过物质），中和（通过成就）一直到它的替代情绪（Greenberg 意义上的次级情绪）的生成。所有技巧的共同点是：它们导致了特定情绪连同它们的潜能在当前不能继续被作为资源使用。

"热学习"　第四个模块首先涉及的工作是在情绪体验中建立与生平经历的关联，并以此确定排他性的学习经验。明确危机性的学习经验作为该模块的第一步有助于理解自我发展，因而它也是接受自己情绪体验的前提条件。在下一步中我们要做的是建立与决定性的并且可能一直被回避的经验的关联（Greenberg，2006）。这意味着再次或多或少强烈地体验痛苦情绪，所以模块中的这一步也在"热学习"的意义上真正变得"热"起来。

改变的前提　深化、探索以及部分情况下重新体验情绪风格的生平经验关联是有助于开展改变工作的，但它的前提是：如果我知道一些发生在过去的事情是因何而至，那么我便可以更好地判断今后是否值得我努力为此做出改变。

案例

一位患者持续深受身体疼痛的折磨。疼痛主要来自被过度使用的半月板，然而根据主治医师的说法，这一原因并不能解释全部，其中必然还有心理因素作祟。

在谈话中我们逐渐了解到，这位患者也曾经体验过另外一种非身体性的疼痛，但却又和躯体的疼痛混在一起。这不仅是由于他对于目前生活状态的不满意，更是因为他必须要接受许多对他来说难以接受的条条框框。他把这种心态命名为对现状不满和愤怒。仅在稍微挖掘之后我们便发现，这背后还隐藏着伴随了他整个成年岁月的深深的悲伤情绪。他将这种不同形式的疼痛归结为他对悲伤的另一种表达：他讲到，在他还是小伙子的时候他的一位挚友在车祸中丧生了。他本可以阻止悲剧的发生，因此，他将所有罪责归结到自己身上。然而对他来说更严重的问题是，随着好友的去世，他的心态再没有放轻松过，同时他也不再认为生活可以无忧无虑地度过，在生活本应如此进行下去的时候。

情绪资源 // *Emotionen als Ressourcen*

> 那么，如果我们把这种疼痛视为悲伤这一基本情绪的表达方式，他愿不愿意对这种疼痛的处理方式做出改变呢？

过去，一片原始森林　就像所有的行为疗法所持的观点一样，您手中的这本书也同样将过去视为一个会让人在里面迷路的场所。理解自己的发展以及当下存在状态的根源是如此重要，以至于全力研究自己的过去便成了许多人无须再应对此时此地要做的重要决定的逃避策略。基于这种理解我们必须提醒：要反复估量在该模块中投入时间的多少，而且务必再三检视并确定从理解生平经历出发再回到当下状况这样一番周折的工作是否对后续工作的开展是必要的。

> **模块目标**
>
> （1）人们能够理解自己的情绪风格是过往生平经历中学习经验的结果。
> （2）他们能够接受某些情况下将这一情绪风格作为痛苦经历中的保护策略。
> （3）结合生平经历的关联分析情绪风格能够帮助他们决定是否改变此时此地的状态。

11.2　模块流程

第一步要做的是把生平经历的发展过程，特别是把情绪风格的发展过程带入到以资源为导向的思维框架中，它可以支持人们理解和接受这一发展过程，即使有些生平经历有时候被以功能失调的、人际交往不适应性的或者障碍的形式被体验到。对此，我们可以将该发展过程描述为从保护机制中衍生出的结果，并可以把它比作雨伞以方便接下来工作的进行。后续的步骤中，我们才真正开始探索和深入理解那些痛苦经验。

> **基本观点（14）**：在情绪作为资源的工作中，不适应性处理情绪的发展过程要从自我发展的背景和与保护机制紧密关联入手。

11.2.1　步骤1：保护机制下的情绪风格的发展过程

每个人都在保护自己，虽然持续的时间或长或短。从原则上看，这是无可厚非的,保护是功能性的。但是并不是在每个场景中都如此,它也并不一直以同样的方式进行。

大部分保护机制是综合性学习过程的结果并会自发运行下去。有时候我们基于反思性的决定来引导它。这一过程中,我们各自掌握的灵活性不尽相同,有些人可能多一些,而有些人则少一些。一些生平经验的影响是如此深刻,以至于因此生成的保护机制已经占据了绝对的统治地位。它随时随地散布着影响,即便周围状况已经发生改变并且不再具有威胁性。

作为行为立场的保护机制,许多人把痛苦经验作为资源来看待。当下应对情绪时本应产生的困难,却因那些在生平经历中培养起来的自我保护需求而发挥了另外的作用。

这让患者和来访者能够把自己从艰难的评价痛苦经验的过程中解脱出来("我肯定是经历了一些糟糕的事情!"),转而开始审视之前处理经验的过程("我怎样处理它们的?这件事怎样改变了我的生活、我的行为方式?")。如此一来,他们可以开始逐一验证自己各种形式的防卫行为——根据它们的作用,但也根据为此要付出的代价。

保护的目的不是绝对的。对安全的渴望和对自由的向往处在持续的相互牵制中。就像我们会发出情绪是否合理这样的疑问一样,我们同样也会质疑保护机制的合理性。保护策略可能在一个场景中是正确的,而在另一个场景则并非如此。这要求人们要采取灵活的应对方式:什么时候以及以什么方式我才能保护自己,而且这个保护行为所要求的代价不会超过它的效用?这种灵活性的发挥往往受制于那些决定性的生平经验。

诚然,保护的行为框架也适用于治疗师和咨询人员。这些人也在时刻保护自己。作为治疗者在验证自己的情绪风格时,例如在自我体验的时候,可能集中关注的问题是自我保护机制如何在治疗或者咨询的时候影响自己对情绪的体验以及再次作用于医患关系(另见 14.3 小节)。

指导

"在这个模块中将要讨论的问题是如何更好地去理解某些特定的个人经验是怎样决定性地影响了您体会情绪的方式以及您的情绪风格。

此处我想给您介绍一幅画,它常常能够帮我更好地了解为什么一些人以特定的方式行动或者以特定的方式感受,即使当我们以置身事外的姿态说'以这种方式行事或者这样去感觉简直不可理喻!'的时候。 这便是一幅雨伞的画。

为此，我必须从头讲起。请您设想一下，每个人都有一个'我'，而我们脱口而出这句话的时候，情绪似乎已经在帮助调节着自我认同的界限，在调节这个'我'。（在挂板上写一个大大的我并着重圈起来。）这个'我'并不是一个器官，除了大脑之外没有一个可供这个'我'安身的地方，它是我们人类构造的，用来减轻为迎合社会生活的要求而产生的压力。而且这个'我'也并非一成不变。可以肯定的是，中世纪的人对'我'有一个完全不同于现代人的设想，有些人甚至称呼当今时代为众'我'泛滥的时代。我在现代社会扮演了一个中心角色，而且产生了一系列有关自我发展和强化自我的课程。无疑，百年之后的人们肯定又有了另外一番关于'我'的设想。请您务必牢记，不可能一个可以绝对定义'我'到底是什么的概念，相反，可以定义的是这个'我'以什么方式帮助我洞悉这个世界。当然，这个'我'不仅是在人类的发展历史中不断变化，而且也在每个人的生活中不断变化。即使一个新生儿已经有了某种形式的'我'，它也会随着时间的推移而改变，而且您今天的'我'也不是您曾经拥有过的那个'我'。而且它也绝不是您将来在耄耋之年时拥有的那个'我'。

　　这个'我'是不断发展的，就像肌肉那样。这意味着，如果您只是把这个'我'呵护在手心里，那么它绝对不会成长为一个强健的'我'。就像肌肉一样，这个'我'需要的是要求和挑战，然后以此为土壤生长——这些要求和挑战在生活中比比皆是，就像云朵，它们遍布天空（在挂板上画一朵云彩）。然而生活并不总是给我们配备好最优良的学习环境。挑战也不总是恰好符合自我的力量和发展阶段。但这并不糟糕，因为我有一个相当精密的保护机制：一把雨伞（在被圈起来的'我'上面画一把遮蔽它的雨伞）。当我不堪重负的时候，这个'我'可以撑开这把雨伞。比如，当您和您挑剔的上司马上要进行一次令人不愉快的谈话时，您可以打开这把雨伞并任由上司的批评打落在它上面，就像水滴那样噼啪作响，但您自己不会因此被淋湿丝毫，也就是说您不会受伤。当您回家的时候，您可以——而我也希望如此——重新收回这把雨伞，然后以真心坦然面对您最亲近的家人。当生活中的挑战可能带来危险，甚至超出我们负荷的时候，这个'我'的自我保护行为便是一个完全正常的和有目的性的变化过程，正因此才有了雨伞的图像比喻，它是灵活可变的。如果我们需要它，那么就撑开它，如果我们不再需要它，就合起来。

遗憾的是，在一些人的生活中不仅仅存在接二连三的挑战，而且他们的'我'不得不在持续性的超负荷状况中成长。也就是说，在他们的生活中不仅时不时下场阵雨，而且电闪雷鸣更是家常便饭（在云彩里面画上闪电）。之后会发生什么，您完全可以自行想象：雨伞完全不可能再被收起。我们可以这样想，伞骨是怎样变得锈迹斑斑而且僵硬挺直，以及它如何渐渐丧失了控制雨伞开合的灵活度。如果这个过程延续的时间过长，人们就日渐荒废了灵活使用雨伞的技巧，甚至在被威胁的状态中把雨伞干脆变成了铠甲（把雨伞重描几笔变成一条粗线）。而且，因为我们在雨伞之下有时完全察觉不到外面是否在下雨，所以我们只会自顾自地沿袭那些会做的事情。可悲的是，在雨伞上面的人完全不按照雨伞下面的'我'的所感和所需的方式来行动或者感觉。因此我们可以想象，那些充满攻击性的打人者，例如在电车上殴打其他乘客致死的年轻人可能在冲击性的外表之下有一个受伤的'我'，而这个'我'恰恰在过往的生平经历中时常是暴力的牺牲品。虽然事实不一定如此，但这让我们能够从侧面更好地理解它。但是，外部表现出来的不一定非得是攻击性和破坏性的行为。相反，有的人完全可能从外部看起来非常害羞和充满负罪感，他们可能被所患疾病折磨得筋疲力尽，或者他们完全屈从于自己的伴侣，一系列的行为方式和感觉都可能反应在铠甲或者雨伞的表面上。接下来就是我们的任务了：向下望，找找雨伞上的破洞，兴许它们能够让我们一窥雨伞下那个受伤的'我'和它的感觉。毋庸置疑的是，即使是那些功能失调的、往往是非常糟糕的、破坏性的、不舒服的以及费力的行为和感觉也不知何时在自我发展过程中已经接管了保护那个受伤的'我'的任务。如果您喜欢这个图像比喻的话，我非常愿意和您一起研究，哪些挑战甚至是超负荷的要求造成了您目前不得不撑开自己的雨伞保护自己的局面，以及这把雨伞是如何影响您的生活的。"

图 11-1　雨伞的图像比喻作为在自我发展中的保护机制

情绪资源 // Emotionen als Ressourcen

> **建议**

雨伞的图像比喻反映了比可见层面更深层次的一个层面,并把它置于保护行为的行为框架中。雨伞的意义可以继续从两个方向被深入挖掘:

理论框架的拓展　许多理论和治疗方案都关注不同心理调节层面之间的差别。因此,雨伞的图像比喻能够广泛适用于许多不同的理论框架系统中。

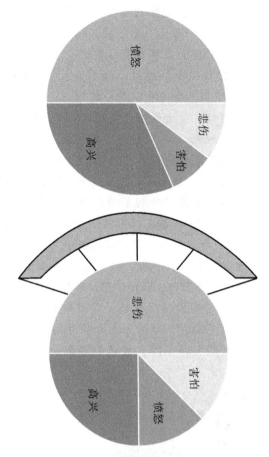

图 11-2　保护功能(雨伞)与表现出的和感受到的情绪之间的不同关联(上面和下面的圆)

➢ Greenberg(2006)的初级情绪和次级情绪的区分,在以不适应性方式处理情绪的人群身上体现为:位于雨伞表面的情绪体验首先可被称之为次级情绪和不适应性初级情绪,而位于雨伞下面的是初级情绪,包括适应性的和不适应性的。

➢ Sachse(2004)描述了互动行为中的障碍并区分了一个人的动机层面(基本需求层面)和角色扮演层面(互动行为层面,常常是失调性的角色扮演)。相应的,角色扮演层面位于雨伞的表面,而动机层面则在雨伞之下。
➢在基模治疗(modus model)的模型(Roediger,2011)中,一个人有问题的因应反应(因应反应模式:从属、被动的情绪回避,主动的自我镇定和过度补偿)位于雨伞表面。这其中包含了初级情绪反应(儿童模式)。在基模治疗的模型中,撑开雨伞的行为源于儿童模式和被激活的父母模式所做出的评价之间的矛盾,而且会长时间阻碍二者的整合。

与情绪风格的关联　　我们可以通过图表建立起与第三个模块中的情绪风格工作的联系:代表感受到的情绪的圆常常象征了雨伞之下受伤的需求的层面,表现出来的情绪的圆则代表了雨伞的表面。所以我们可以在二者之间画一把保护伞,或者在讲解雨伞比喻之后把两个圆补充进雨伞的图像中。

11.2.2　步骤 2:探索决定性的生平经历

在下面的探索阶段我们会提出一系列问题以易于找出基本需求的潜在伤害和生活挑战。对此可行的策略是,与患者和来访者共同建立起从资源视角出发的理解态度并以此来看待他们在何种情况下会开始自我保护。还可以更进一步研究有哪些保护机制在情绪或者也可以是在思维和行为层面被利用过,它们曾经带来了什么效果,以及长期来看患者为了这个保护目的都付出过哪些代价。辅助性提问可参考:

➢您还记得哪些生活挑战或者痛苦的心理负担?哪些您想和我一起仔细看一看?
➢您当时有什么感觉?如果今天回想起来,你还能以多少强度体会这种感觉?
➢您当时从这一经历中得出了什么结论?为了避免如此痛苦的经历再次发生,您做了哪些决定?针对这一经历您可以归纳出哪些生存法则?
➢您在当时那种场景中表现如何?随后您的生活发生了什么改变?
➢这种保护帮助到您了吗?您什么时候第一次注意到这种保护还有副作用,也就是说您必须要为此放弃一些东西?您为了这种保护措施付出了什么代价?
➢在您的家庭、周围环境、朋友圈、看过的电影或者媒体中,有没有这种保护行为的范例?有没有也经历过类似事情的人,而他们也像您一样保护了自己?
➢当这种保护行为的代价之一是不能再表现出某种情绪,您是怎样学会不再表现这种情绪的?
➢哪些情绪模型影响过您,哪些人令您印象深刻或者影响过您?当然,无所谓从今天来看您是因为他们更多地利用了还是回避了某些情绪。

情绪资源 // Emotionen als Ressourcen

> **建议**

这个探索性的需要通过问题来引导的治疗程序可以补充进其他的图像化方法。例如,象征表现出来的和感受到的情绪的两个圆现在可以被应用于表现生平经验中不同的时间段。这种时候,我们可以在之前的两个圆下面画上另外两个代表其他生活阶段的圆,例如童年时期或者关键的生活事件的时期来体现期间发生的改变。

> **材料**

练习表 4.1:我如何保护自己? 我的雨伞　　通过这张练习表我们可以理清楚一个人学会保护自己的过程。我们可以以此做出受伤的需求以及与此相关的雨伞下面的情绪和雨伞上面的或多或少发挥效用的保护机制之间的区分。雨伞代表的是灵活的保护机制,因此,有必要不断合理化认同人的保护需求,同时也要指出我们必须为每一种形式的保护行为付出代价。

练习表 4.2:过去表现出的情绪和感受到的情绪　　这张练习表涉及之前模块中引入的用于情绪风格图像化的圆,并且将它们运用到分析一个人生平经历的重要生活阶段上。它的作用是结合表现出来的和感受到的情绪的变化来决定是否改变保护方式。

练习表 4.3:我的情绪模型　　这张练习表的作用是分析学习经历中那些可能对情绪风格产生决定性影响的模型。患者和来访者会被要求命名这些模型——无论他们是支持还是压抑对某种基本情绪的体验,同时,我们的工作焦点问题仍落在患者当前依旧在回避体验那些情绪。这些体验连同其各自的模型会根据需要被继续深化加工(另见第 11.2.3 小节)。此处也有 A 和 B 两个版本可供使用(四种或者六种基本情绪)。

练习表 4.4:我个人的关键剧本　　这张练习表不涉及产生决定性影响的模型,而仅仅是为了打开关于生平经验的视域来帮助理解影响个人情绪风格的场景和经验。为此,在模块 2 中被引入的基本情绪的关键剧本将被再次使用并根据个人体验被检验。这里也同样可以使用分别包含了四种和六种基本情绪的两个版本。

11.2.3　步骤 3:生平经历的深化和加工

除了探索性质的关于生平经历的讨论,而且在这个讨论中出现的情绪都会被合理化认同和接纳,我们还可以深入加工一些对患者和来访者个人来说产生决定性影响的个别场景和具体的经历。对此,我们不应该自发带入问题视角和表现出对不适应性处理情绪方式的特别关注。以资源为导向的治疗过程也同样注重有帮助的生平经历，它们甚至可能一度支持了某种适应性处理情绪的方式。然而，与许多被讲述的生平经历有关联的情绪体验是痛苦经验。

因此，我们的出发点应该像对待一般的创伤经历那样——分析生平经历的工作很长一段时间以来都被回避掉了，它最多表现为暴露疗法的一种形式。这种回避行为和各种与此相关的个人自我保护策略应该得到尊重。如果治疗师已经掌握了使用针对创伤疗法的干预手段的经验或者类似图式疗法那种用于激发生平经历的治疗方式，那么这对眼前的工作是大有帮助的。为了深入加工生平经历，治疗师应该既要熟悉各种用于激活体验的干预手段，还要清楚利用何种手段来稳定体验。

我们现在回头再来看雨伞比喻：为了靠近伞下的东西而把伞合起来是一个令人痛苦、惧怕的过程。它可能导致患者再次而且更为强烈地体验到伤害。就像针对其他类型的恐惧的暴露疗法那样，我们必须要注意患者的心态是否足够稳定，并且要遵循患者的自主意愿来选择适合的推进速度。能产生决定性影响的诸多不同经验的分析结果可以像恐惧等级那样按照难度系数被制成一个量表。我们推荐门诊治疗采用40%～60%的中等难度系数。

> **建议**

在深入加工生平经历时，我们必须要预估到三种挑战：
➢ 那些深受情绪体验困扰的患者和来访者可能给自己施加压力，要求自己一定要处理关键的生活事件，"以便最终完成"。如果不加以反思，这种做法可能会导致情绪负荷过重甚至是二次创伤。因此，重要的是要像我们上文讲述的那样，分清生平经历工作的框架并预先在准备阶段探索到可能的创伤经历。
➢ 通过激活相关情绪来深入加工生平经历不仅仅有着探索性功能，而且通常会导致根据现有经验对初始经验进行重评。这种做法已经是改变的征兆，所以在这种情况下我们可以顺畅地从模块4——理解一种情绪风格的生平经历的根源过渡到模块5情绪风格的改变。这一过渡应该根据其可行性来把控，目的是把是否选择改变的最终权利留给患者和来访者。
➢ 深入加工生平经历中的情绪体验的常见后果是此时此地的情绪体验的高强度化，它会变得越来越"热"（"热学习"意义上的）。这里尚不清楚的是，当前以多大强度体验那些与生平经历相关的情绪是有意义的。比如Missirilian等（2015）已经证明，在治疗中间阶段被适度激发出来的情绪将大大影响治疗效果，虽然这些情绪曾经被深刻地感受和反思过。Greeberg（2010）为如何在治疗过程中完成一次理想的情绪体验总结了一条定律:在 25% 的治疗时间中以 25% 的强度来体验情绪。

下文中我们将介绍三种在深入加工情绪体验时可用到的针对生平经历的核心治疗方法:想象力训练、叙事疗法、关于自我状态的工作。

11.3 想象力训练

想象力训练是当今被广泛应用的治疗方法之一(Jacob & Tuschen-Caffier, 2011)。它让激活与以往生平经历相关的情绪体验变得简单易行。在曾经真实的生活场景中无法拥有的自由通过它得以实现,而且它还具备"治愈能力"(Reddemann, 2001)。时间和空间可以被改变,不同的看待视角可以被引入。此外,来访者还可以借此发掘出情绪体验中的新层面从而完成情绪的重评(Arntz & Weertman, 1999)。

此外,想象力训练还提供了辅助的图像比喻来支持以资源为导向的处理创伤经验的方式,例如保险柜训练(Reddemann, 2001)。而且,想象力训练也不应该一直以痛苦经验为训练内容。但是,只有在对舒服的和有益的生平经历进行想象才会产生积极的效用(Pictet 等, 2011)。

所有现在通行的想象力训练内在都有着相似的组成元素:
➤ 通过想象一个舒适场所来保障和传达安全感。
➤ 通过所有感官渠道体验想象(例如对某次生平经历)。
➤ 实施一次与治疗相关的改变(例如,在改变了人称视角后借助想象探访以往的经历)。
➤ 通过所有感官渠道体验改变后的想象。
➤ 通过探访安全场所而重新达到稳定状态。
➤ 根据训练所得出的结论开展关于此时此地的总结讨论。

下列给出的关于想象力训练的指导意见很大程度借鉴了 Young 等人(2005)和 Roediger(2011)的方法。

> **指导**
>
> "一般来说,在想象力训练中需要您做的是回忆起一个生活中对您有决定意义的场景,这个场景塑造了您的情绪风格。 这可能是一次让您获益匪浅但也可能是一次让您痛苦不堪的经历。 为此,我请您设想一些特定经历。 我将向您提出一些问题,但您不必大声回答。

今天的训练主题是，您什么时候开始通过撑开雨伞来保护自己的情绪。请您回忆一次与此相关的痛苦经历，并试着调动所有感官——视觉、听觉、嗅觉、味觉和您的触觉进行想象。这可以是您已经给我描述过的与您现在不会经常表现出来的情绪【指出该具体情绪的名称】有关的场景。可能发生的情况是，您在这次练习中又要再一次体验当时的感觉。

您同意我们今天进行这项训练吗？如果同意的话，那么请您主动掌握体验的节奏，控制在您觉得可以接受的程度。

请您调整好一个能让您集中注意力的姿态。最好您的双腿不要交叉重叠在一起，这样您的双脚都可以触碰到地面。当您想坐直的时候，请您注意不要过于紧张拘束。为此您可以试着稍微吸住肚子并倾斜一下骨盆。如果您愿意，可以闭上眼睛，当然您也可以一直睁开双眼或者注视着地面。请您检查好您的坐姿。您的双脚是否触地，臀部是否贴在座椅上，背部是否倚在了靠背上，头部是否水平垂直于肩部？您只需感知您的感受，不要去评价它。让您的想法来去自如。

请您把注意力放在呼吸上。观察您是怎样吸入和呼出空气的，您的腹部和胸部如何起伏，起，伏……

在练习的第一部分中，请您设想一个地方，在那里您感到安逸和舒适、贴心和轻松。那可以是一个您已经去过的真实存在的地方，也许是度假的会所，也可以是您的床，当然还可以是一个您幻想中的地方。

如果在您的脑海里出现了多个不同的这种地方，请您挑出那个此时此刻浮现在您眼前的地方。

当您到达这个地方之后，请您首先环视一下四周。它看起来什么样？您周围有什么？这里光线的明暗如何？有没有特别引起您注意的事物？还有没有其他人？您在那里有没有听见什么特别的声音？有没有听见什么呼啸而过或者一个人声？您在那有没有闻到什么特殊的气味？或者尝到什么特殊的味道？您的皮肤，您的身体触碰到了什么吗？您在那个让您惬意和舒心的地方感觉到了什么？请您在每次吸入空气的时候不要那么用力，然后感知这种感觉。在呼气的时候也稍微轻一些……

在这个练习的第二部分中，我要请您暂时离开一下那个安逸的小窝，但您可以随时回来。请您现在回想生活中一次对您有决定性意义的经历。它可能是多年前的一个场景，也可能发生在仅仅几天之前。它可以是您私人生活中的场景，也可以来自您的工作环境。

如果在您的脑海中出现了多个不同的场景和经历，那么请您挑出此时此刻出现在您眼前的那个。

情绪资源 // Emotionen als Ressourcen

现在，也请您先设想一下那个场景。环视一下四周。那里看起来怎么样？您周围有什么？有没有其他人？您在那里有没有听见什么特别的声音？有没有听见什么呼啸而过或者一个人声？您在那有没有闻到什么特殊的气味？或者尝到什么特殊的味道？您的皮肤，您的身体触碰到了什么吗？您在痛苦的时刻感觉到了什么吗？如果您不介意的话，请您接纳这种感觉并且忍耐一会儿。如果您愿意，请您在每次吸入空气的时候不要那么用力，然后感知这种感觉。在呼气的时候也稍微放轻一些……

在第三部分的练习中，请您在想象的痛苦经历中停留片刻。同时，请您设想一些在现实中虽然不可能但却可以在我们的想象中发生的事情：请您冻结住当前这一刻在您脑海里出现的痛苦经历的图像，就好像您在录像的时候按了暂停键一样。请您现在作为今天的您并连同您现有的经验以当事人第一人称的身份在这个痛苦的场景中登场。您能够以今天的视角看见痛苦经历中的自己了吗？请您试着让这个在痛苦场景中的自己的图像对您施以影响，并且专注地感知它。您看到的东西发生了什么改变吗？有没有什么别的声音进来？其他的气味？另一种味道？不同的感受？此刻在自己面前，您是如何感觉自己的？如果您愿意，也许您可以和当时那个情景中出场的自己取得联系，试想一下，凭借您今天所掌握的经验，您在这个场景中想为当时那个作为当事人的自己做些什么事情？或者根据今天所拥有的经验您会对那个自己想要说些什么？或者还有其他一些可以改变痛苦经历的事情……

现在到了第四部分练习，我请您把自己从这个痛苦的场景中释放出来。哪怕您要把当事人也就是当时的您留在那里，您也可以随时回到自己所在的地方，只要您愿意。现在请您作为今天的您再度回到您在练习开始时所设想的舒适场所，请您再运用您所有的感官感受那个地方"继续上文"。

训练结束，请您回到现在这个屋子。我开始倒数：5—4—3—2—1。今天是【周几，日期】。您和我一起待在这个诊所里。如果您愿意，可以做做伸展运动，活动一下，走两步……"

建议

想象力训练可以极为有效地充实关于患者和来访者的生平经历的工作。这里要注意的是：

➢ 那些倾向过度调节情绪的患者和来访者，比如述情障碍人群，常常在体验想象中的图景时有困难（另见第 3.3 小节）。因此，在想象困难场景之前应该先利用舒适场景的例子测评一下来访者是否能完成想象和对它的体验。体验的量表我们可以完成测评，从 0（完全不能）到 10（特别强烈），就好像事情恰好正在发生一样。
> 重要的是，即使在进行想象力训练的时候也要让患者充分自由并且以不同版本来体验自己的想象。虽然我们所做的指导是相同的，但每个人从中受益的程度各有不同。
> 在总结讨论的时候，我们可以让患者重新提出在训练中遇到的问题并对其深入加工。工作重点应该放在验证此场景中的情绪体验在之前和之后的区别。与之前可能有什么不同的地方？今天又有哪些不一样？情绪风格是能够被拓展的，甚至拓展到患者不但接受了情绪与决定性经验的关联，而且能够以口号的形式明确指出："（从训练中得到的）经验已经让我学会面对痛苦经验时要保护自己，我通过……"

11.4 叙事治疗

叙事治疗（Meichenbaum，1996；Schauer 等，2011）是一种能够有效保护治疗师在与有创伤经历的患者工作时不受干扰的治疗方法。该疗法的背景观点是：人们都是以语言为中介建构了他们的自我认同。这意味着，他们讲述有关自己的故事。

创伤经历的后果通常是回避与此相关的（所有）痛苦情绪。患者之后会产生切断相关自我平生回忆的倾向。创伤疗法借助叙事治疗的帮助可以将面对痛苦情绪时的暴露程度限制在可控范围之内，这种可把控的暴露也让后续的重建自我生平内容成为可能。通过有步骤的不断重复的叙述自己的生活过程，人们逐渐学会内化自己的创伤经历。

在以情绪为导向的工作中分析对自己的情绪风格产生决定性影响的经验时，治疗师也可以以上述方式运用叙事治疗的基本要素。治疗目标是能够叙述有关自己和自己的基本情绪的故事，特别是那些被回避的情绪。这无疑是一个极为私人的过程，然而在该治疗场景中，我们可以通过让患者大声讲述或者朗读他们事先写下来的自己的故事来推动治疗的进程。在征得患者同意的前提下，我们还可以对在课时中陈述的故事进行录音并要求患者在课时间歇再次聆听自己的故事，这无疑会额外提升治疗效率。

建议

叙事治疗的程序在速度和内容的把控上有很高的自由度。重要的有两点：一是患者要一而再,再而三地陈述故事,例如在治疗的不同阶段;二是要专注地感知其间的变化。有些患者和来访者对在录音中听见自己的声音有抵触情绪。这时候我们可以和患者一起听第一次的录音,以便让他们意识到,他们可能在面对自我的时候对自己的人格进行了非合理化处理。如果发生上述情况,我们首先应在与患者共同讨论录音的时候检验哪些以评价或者报以同情态度的内心声音的形式出现的屏障阻碍了亲身体验情绪的道路。

材料

练习表 4.5:一个有关我和我的情绪的故事　这张练习表的作用是鼓励患者和来访者书写有关自己和对自己情绪风格产生决定性影响的经历的故事。这个故事是能够在接下来的课时中被当众大声(有需要的话还会被重复)朗读出来。

11.5　自我状态的工作

自我状态的工作见于许多治疗方法中,例如以基模治疗的模型形式出现(Young 等,2005)。这些方案共同的基本观点是:人们会在不同的行为框架中强调个性中的不同方面。我们既不能在时间的意义上也不能在地点的意义上保持一贯不变,相反,我们能够在不同的环境中以不同的方式行动、感觉和思考。原则上,如何出演是由我们自己决定的,而且对环境的适应过程通常也是自发的。有时候我们能够认识到生平经历中的根源,有时候它们却在我们面前躲了起来。

例如,作为成年人的我可能在与上司意见相左的时候感觉自己就像当年在学校被老师批评的时候那样不知所措。也许我也的确表现得像当时那样紧张,绕着某个东西团团转。或者作为父亲我会警告我的孩子快点来餐桌前吃完饭,而这听起来像极了当年我父亲的口吻。

同样道理,演员也利用生平经历的回忆来激活情绪体验,以便把自己的情绪带入到所饰演角色的情绪中。这些不同的即兴演出的发动机便是自我状态,随着生活的继续,它们会被激活并且通过无数的经验被巩固。

Nijenhuis 和 Matthess(2006)举例描述了与创伤经历背景相关的自我状态是如何产生的。这些经历可能导致人格结构性分裂为表面上看起来很正常的人格部分和情绪化的人格部分。后者常常发展为私人生活。它会被创伤联想的引发机制激活并覆盖其他人格部分。创伤治疗工作的目标是稳定受伤的情绪化的人格部分并通过分析创伤经历更好地融合它们。

深入开展情绪工作的基础是:每种基本情绪都与自我状态的体验相关。我们对被情绪占据的自我状态的熟悉程度是不同的,也许是因为我们以不同的方式和它们打交道。回忆起儿童时代的某个深深喜悦场景的那一刻的我肯定不同于回忆起一个极为恐怖情景的那一刻的我。

在回避痛苦情绪的过程中,与此相应的自我状态也可能被回避掉。所有针对自我状态的工作的目标都是促进不同自我状态和它们各自经验之间的交流。

这里有几种不同的可能性,例如:

➢自我状态的房子。

➢椅子的使用。

11.5.1 自我状态的房子

这一干预手段通过房子里一个个有着不同程度可通达的房间而形象体现了通往被特定情绪占据的自我状态的不同途径。

> **指导**
>
> "请您想象一座房子。该房子是为了您和您的生活而建造的,它可以是座大宅子也可以是个小屋子,是木质的或者是混凝土建筑。有很多扇或者很少的窗户,墙上布满裂痕和污点,或者刚刚被修葺和清理过——就像您眼前看到的那样。
>
> 房屋里有不同的房间。一间房间代表您的工作或者学校,一间代表您的闲暇时间,一间代表您经常参与的社团。一间代表您的父母,还有一间也许代表您的孩子。当然,肯定还有许多其他的房间。
>
> 它是您的房子,只要您愿意,您可以允许任何人进入。
>
> 如果说人们从外面看不见房屋的哪个部分的话,那便是它的地下室。地下室代表了外表之下的事物。地下室代表了我们的过去,代表了那些对我们产生了决定影响的事物,并且我们之后的生活是搭建在它们之上的。您的这个地下室是什么样的呢?
>
> 有些地下室是完全整齐有序的,里面的陈设一览无余。我们知道东西都放在哪里。另外一些地下室则阴暗、肮脏,布满了蜘蛛网。我们有时会害怕踏进去。
>
> 请您想象一下,在您家屋子的地下室里也有不同的房间。一间代表着喜悦和所有您拥有的此前与喜悦相关的经历,一间意味着悲伤并囊括了所有悲伤的经历,一间代表了害怕,另一间代表了愤怒。

情绪资源 // Emotionen als Ressourcen

> 这么多房间中您可以轻松地迈入哪间呢？有没有哪间的门上挂了'注意！禁止入内！'的牌子呢？可能您对这种状况很了解了：有时候我们想要进入一间屋子，朝里面看看，但却被我们看见的东西吓了一跳，所以我们只得立刻返回。这是完全可能发生的。也许在您身上已经发生过了一次，当时您进入了某个房间，身处黑暗之中。即使您有一把手电，但您当时也只能照亮零星的角落。其他的角落仍是黑暗的。这也是可能的。
> 有没有哪个情绪的房间是您今天想和我一起迈进去一探究竟的呢？"

建议

请您务必记住下面几方面是有区别的：a) 知道地下室有房间，b) 清楚这房间的样子，c) 想要立刻整理这个房间。

所以可能发生的情况是：患者和来访者回忆起这里有一个房间，它代表了痛苦的情绪以及与此相关的经历，但并不一定要立刻进入。打开房门的控制权只能掌握在患者和来访者手中。

材料

练习表 4.6：我的情绪的房屋　这个为自我状态设计的房屋的图像比喻特别适用于那些拥有较好的视觉空间想象能力的患者和来访者。如果他们当时手上还有可供发挥他们艺术潜质的工具，您可以鼓励他们按自己的意愿把房子画出来。而另一些能力稍差的人依情况可能需要更多的结构上的指导，为他们准备的练习表应该预先给出这座有着不同房间的房子的总体轮廓以及使用守则。

11.5.2　椅子的使用

类似借助一座房屋中多个有着不同程度可通达的房间的比喻，情绪状态也可以通过使用各种不同的椅子被激活和强化（Kellogg, 2011）。为此，我们为每种基本情绪分配了一把椅子。患者和来访者被要求以不同基本情绪的视角来观察生平经历。相应的，他们需要挑选一把椅子并且坐在这把椅子上来强化对这种基本情绪的体验。比如，当被讲述的感觉的含义不是很明确的时候，这种方法是非常有效的。

和之前那些干预方法一样，椅子训练的意义在于通过促进不同情绪基调中的自我状态之间的对话来实现情绪风格的改变。但首先我们要弄清一个观点：在患者描述的特定场景中，如何将对一种综合情绪的感受归类到各个基本情绪之下，而这些基本情绪是怎样相互叠加在彼此之上的？比如，隐藏在顽固而挥之不去的悲伤情绪之后的还有哪些情绪？

通过将它们归类到基本情绪之下，我们还能继续激活和深化加工其他的相关生平经历。

指导

"非常感谢您刚刚给我讲述了一段您在……场景中的人生经历。通常来说，将某一体验归类到不同的基本情绪之下是件不容易的事情。这些情绪相互重叠并交织在一起谱成了一首情绪的协奏曲。如果我们没有成功将这次体验根据之前提到的关键剧本理论归类到某一个基本情绪之下，那么对您而言再一次以更强烈的方式体验那些基本情绪是有必要的。

下面的训练将帮助您弄清楚不同的基本情绪在您讲述的这个场景体验中所占的不同比重。

为此，我们使用不同的椅子开始训练。每把椅子都代表一种不同的基本情绪。从坐在椅子的那一刻起您便和相应的基本情绪取得了联系，同时您也必须从这个基本情绪的视角出发来观察您给我讲述的场景。

您记得有高兴、悲伤、害怕和生气的情绪（视情况可以补充进厌恶和吃惊）。我在这里为它们准备了不同的椅子（至少四张不一样的椅子，例如可通过外形、颜色、标签加以区别）。您想从哪种基本情绪开始呢？您选择哪张椅子代表这个情绪？您想把它放在哪里？

现在您坐在了这把椅子上，因此您和您的悲伤取得了联系。您感觉到了什么？请您有意识地运用所有感官去感知您的呼吸、您的身体姿态……当然，在您的生活中出现过许多不同的场景，您失去了或者得到了对您很重要的人、事、物。这可能会引起不同的感觉，但是如果您意识到对您重要的人、事、物已经不在了的话，您或许能够回忆起这种痛苦。请您现在试着感受这种情绪。现在您能多强烈地感受到这种情绪？（体验的强度等级可以制成从0（完全没有）到10（极为强烈）的量表。如果您在体验过程中切换到了另一种情绪，那么请您继续这一转变。）可能发生的情况是，您对悲伤的感受很快被其他的感觉（例如愤怒）覆盖。这时候我请您换一把椅子。哪一把椅子符合现在这种基本情绪呢？

现在请您坐在这把椅子上，当然，之后您也可以重新回到第一把椅子。当您现在坐在这把椅子（例如愤怒）上的时候，您就与愤怒取得了联系。请您再次全神贯注地感知您的呼吸、您的身体姿态，运用所有感官……即使现在请您带着对这种基本情绪的体验再次观察您在训练开始时给我描述的场景。这一场景和您之前取得联系的情绪有什么关系，虽然您现在坐在这把情绪的椅子上？（……）

您可以试着换坐另一把椅子来体验另外一种基本情绪。"

情绪资源 // Emotionen als Ressourcen

建议

通过自我状态和促成它们之间对话来激活情绪不是必须要借助椅子。治疗师也可以选择其他的象征手段和物品。一些人习惯的方式可能是沙发靠枕,他们能借助这些不同的靠枕和不同的基本情绪一一建立联系。当他们想加强对某一特定情绪的体验时,他们便可以把相应的靠枕拿在手里。

第四个模块可以按照完全不同的流程单独进行,所以最后的结果很难事先确定。对一些来访者而言,可能只要我们做出"对,这就是我为什么变成这样的原因。"这样的提示就足够了,而对另一些患者来说,这个模块可能会变成一次全面且长期的心理治疗的关键组成部分。它的最终目的是找出一个充分理解自己学习经历的个性化标准,而这个目标可能在一些人那里比在另一些人那里更容易达成。但需牢记的是,虽然从行为治疗的角度来看对情绪的理解是有效的辅助手段,但就自身而言它并非是做出改变的充分条件。改变情绪风格是下一个模块的关注重点。

总结

模块 4
策略:理解
方法:生平经历

版本	内容	时长
详细	(1) 根据雨伞的不同层面理解个人的保护策略 (2) 以关键的情绪发展阶段、情绪模式以及关键剧本为基础探索对个人风格发展有决定影响的生平经历 (3) 在想象力训练、叙事治疗和自我状态理论的帮助下有选择地深入加工生平经历	至少 2 课时 100 分钟
简略	探索对个人情绪风格发展有决定影响的生平经历	0.5~1 课时 25~50 分钟

材料(可扫码获取)
➤练习表 4.1:我如何保护自己?我的雨伞
➤练习表 4.2:过去表现出的情绪和感受到的情绪
➤练习表 4.3:我的情绪模型
➤练习表 4.4:我个人的关键剧本
➤练习表 4.5:一个有关我和我的情绪的故事
➤练习表 4.6:我的情绪的房子

11 模块 4：理解与生平经历的关联

其他工具材料：挂板／白板／纸张，可以用作记录患者叙事的音像工具，至少四张椅子或者可以坐下来的东西。

练习：完成练习表；重新听一遍录制下来的故事。

练习表 4.1	我如何保护自己？我的雨伞

引言：所有人都在学习在困境中保护自己。有时候他们因此撑开了一把类似想象出来的雨伞。它是灵活的可伸缩的，因而人们能够在不需要它的时候再次把它收回。有时候人们荒废了收回雨伞的技能，保护措施自此变得不再灵活。您在雨伞的表面表现出了不同于您在雨伞下面感受到的情绪。您的雨伞在困境中或者在受到挑战时看起来是什么样子的？

练习指导：请您介绍一个您在生活中遇到过的给您带来了挑战的困境，它可能甚至超出了您的承受范围。该场景可能影响了您处理情绪的方式以及您的情绪风格。请您首先回答问题 1，然后再回答上面的问题 2。

1. 我在这个场景中，为了保护自己我都做了什么？

结合现在的自我保护方式，我从这个场景学到了什么？

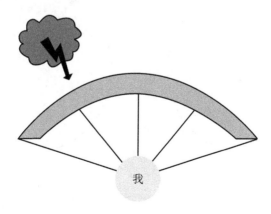

2. 我在这个困境中有什么感觉?

| 练习表 4.2 | 过去表现出的情绪和感受到的情绪 |

引言:在您了解了关于表现出来的和感受到的情绪的知识之后,您可以利用这张练习表来描述您的情绪风格在不同人生阶段的不同之处,例如今天和一个已经过去的人生阶段。

练习指导:请您首先填写您要从哪个人生阶段入手(例如当下)。接下来请您像分蛋糕一样把这些圆分割成不同的大小块,依据是您表现和感受这些相关情绪的强度或者频率。

A 人生阶段:

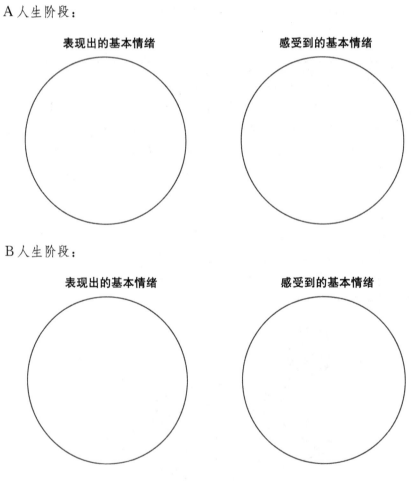

B 人生阶段:

| 练习表 4.3A | 我的情绪模型（四种基本情绪） |

引言： 每个人都向他人学习，这些他人便成了榜样。处理基本情绪的方式也同样是向他人习得的。有时候人们会在习得之后完全遵循这种处理方式，而有时候人们却恰恰采取了正好相反的方式。这张练习表用于描述那些深刻影响了您处理基本情绪的方式的现实中的人或者虚拟的人物。要么因为他们的处理方式对您来说是一个有用的模式，要么他们的模式在您看来是不可理喻的。

练习指导： 请您回忆一下您的生平经历。在第一行中，请您填写一个深刻影响了您的情绪风格的人的名字。请您在第二行中描述他如何影响了您。如果某个基本情绪并没有一个特定的模型，那么请您划掉相应的表格栏。

	高兴	悲伤	害怕	生气/愤怒
模型				
这个人是如何影响我处理这种情绪的方式的？				

| 练习表 4.3B | 我的情绪模型（六种基本情绪） |

引言： 每个人都向他人学习，这些他人便成了榜样。处理基本情绪的方式也同样是向他人习得的。有时候人们会在习得之后完全遵循这种处理方式，而有时候人们却恰恰采取了正好相反的方式。这张练习表用于描述那些深刻影响了您处理基本情绪的方式的现实中的人或者虚拟的人物。要么因为他们的处理方式对您来说是一个有用的模式，要么他们的模式在您看来是不可理喻的。

练习指导： 请您回忆一下您的生平经历。在第一行中，请您填写一个深刻影响了您的情绪风格的人的名字。请您在第二行中描述他如何影响了您。如果某个基本情绪并没有一个特定的模型，那么请您划掉相应的表格栏。

	高兴	悲伤	害怕	生气/愤怒	厌恶	吃惊
模型						
这个人是如何影响我处理这种情绪的方式的？						

情绪资源 // Emotionen als Ressourcen

练习表 4.4A　　我个人的关键剧本（四种基本情绪）

引言：在一个人的一生中，能够影响并塑造他的经历会一再出现。这些可能是格外美好的，但也可能是非常痛苦的。这张练习表涉及的内容是：特定的体验、场景、经历是如何影响了您和您处理基本情绪的方式的。

练习指导：请您回忆一段您的生平经历。在第一行中，请您描述一个影响了您处理基本情绪方式的场景，前提是如果有这么一个场景的话。第二行中，请您讲述一下它是如何影响您的。

	高兴	悲伤	害怕	生气/愤怒
场景				
这个场景是如何影响我处理这种情绪的方式的？				

练习表 4.4B　　我个人的关键剧本（六种基本情绪）

引言：在一个人的一生中，能够影响并塑造他的经历会一再出现。这些可能是格外美好的，但也可能是非常痛苦的。这张练习表涉及的内容是：特定的体验、场景、经历是如何影响了您和您处理基本情绪的方式的。

练习指导：请您回忆一段您的生平经历。在第一行中，请您描述一个影响了您处理基本情绪方式的场景，前提是如果有这么一个场景的话。第二行中，请您讲述一下它是如何影响您的。

	高兴	悲伤	害怕	生气/愤怒	厌恶	吃惊
场景						
这个场景是如何影响我处理这种情绪的方式的？						

练习表 4.5　　一个有关我和我的情绪的故事

引言：人们常常以故事的形式回忆。那些深刻影响过处理情绪方式的经历也同样可以以故事的形式呈现。在这张练习表中，请您记下这些故事中的一个。

练习指导：请您回忆一个您的生平故事。也许您回忆起一个深刻影响了您处理情绪方式的故事。这可以是一段美好的,也可以是一段痛苦的经验。请您写下这段经验的故事,当然您也可以在电脑上完成写作。请您带着这个故事来到下一个课时。

练习表 4.6	我的情绪的房子

引言:对于某些情绪,人们可以很轻松地在他人面前把它们表达出来。这就像您的住所或者房子中的某个房间,您可以随意把它们展示给来访的客人。而对于另外一些情绪,展示它们会相对困难。同理,这也类似一个对他人并不可见的房间。只有您自己才能踏入这个房间。有时候,地下室中会有一些房间,人们已经很长时间不曾进入它们,也许是因为那里太脏太乱了,以至于他们自己都不想收拾。也许这座房子中还有一些房间,它们的门是紧锁起来的。这张练习表的任务是描述象征您的自我状态的一座情绪的房子和里面相应的房间。

练习指导:比如,您房子中那些地面上的房间是供您的家庭成员、工作或者朋友使用。首先,请您填写您的主要生活领域,之后请您填写您在这些领域中所有可以轻松表现出来的情绪。然后请您检验您房子的地下室中是否有一些对他人不可见而只有您自己才能进入的房间。请您写下所有对您而言很难展示给他人的情绪。也许您的地下室中还有一些长期以来您已经不再进入的情绪的房间。

情 绪 资 源 // *Emotionen als Ressourcen*

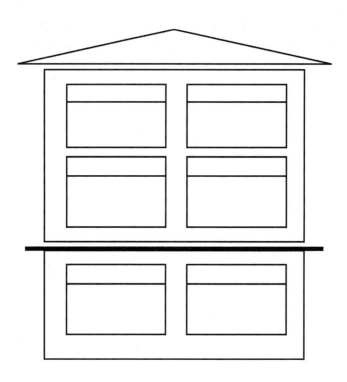

12 模块 5：改变情绪风格和激活新的潜能

成为你自己。
——Friedrich Nietzsche

变得与你不同。
——无名氏

在模块 1 和 2 中拓展了有关情绪的普遍性知识之后，我们又在随后的模块中探讨了如何理解个人处理情绪的方式。模块 3 中，我们还讲到了如何运用代表表现出来的和感受到的情绪的两个圆描述一个人的情绪风格。在模块 4 中，我们则根据生平经历对情绪风格的发展过程进行了解读。如果说在第 4 个模块中我们立足于过去，那么现在摆在我们面前的则是对未来的展望以及随之而来的问题："一个人如何处理他未来的情绪？"

12.1 背景

情绪的旅行会延伸到哪里？

改变无疑是治疗和咨询的核心。它是那些承受痛苦的人动身前往治疗和咨询的动力，即使这种改变并不是必须要涉及人格层面。

作为挑战……的改变　改变这一行为向想要改变之人提出了巨大的挑战。因为改变在原则上无疑是一个痛苦的过程。它意味着要背离一直走到现在的路，虽然这条路已经被证明是有问题的，即便如此，这个现况本身就已经和悲伤联系在了一起。这种背离牵涉来访者的尊严，因为这条路一直走到现在是有原因的，而这些原因常常与基本需求受挫有关。背离行为还意味着自由选择新道路的时刻即将来临,而这也可能引发不安和对未来即将发生之事的恐惧。

……也涉及治疗师和来访者 改变这一行为也对一直在改变过程中陪伴和支持患者的治疗师和咨询师提出了挑战。因为这种情况面临的是心理治疗中的关键问题之一:如何从外界触动、影响和陪伴内在心理的改变。对作为实际操作者的我们来说其中自相矛盾的地方不言自明。我越是想靠近一个人,他在面对我的时候便越想远离我。诚然,无数互动行为之间的抗争都是受电抗[1]现象的影响。

辩证法原则 Marsha Linehan(1996a)将许多活跃在治疗一线的同事的实践经验与接纳和改变的辩证法策略结合在了一起。

> **基本观点(15):在以激活新的情绪潜能为目的地的这条道路上,缺乏充分的接纳态度与只有接纳态度却没有改变可能性的改变策略都不能帮我们到达目的地。**

根据 Marsha Linehan 的辩证法原则,治疗过程切换于生平经历角度和改变角度之间以求达到二者兼备的新层面,其中,前者帮助患者理解和接纳情绪。因此,在这一过程中我们需要不断从模块5折返到模块4。

情绪风格的改变 情绪风格可能在发挥下列效用时导致不适应性处理情绪方式产生(另见模块3):

(1) 人们总体上过度调节他们的情绪。
(2) 人们总体上缺乏情绪调节。
(3) 人们过度调节某些情绪质量的同时忽视了对另一些情绪质量的调节。

许多患者和来访者的痛苦常常是因为他们从生平经验中学会了回避特定情绪质量,不去表现它们,或者通过表现出其他情绪来掩盖它们。这无疑一度是他们的功能性保护机制,而且在特定环境中它还会一直是功能性的。但由此形成的重复模式导致了灵活性的丧失。人们通过回避表达某些情绪逐渐将适应性的处理这种情绪的方式抛之脑后。因此,他们也不再利用这种情绪的相关潜能——他们不再将这种情绪作为资源利用。

灵活性作为改变目标 改变情绪风格的中心目标是提高处理情绪方式的灵活性,这涉及内在和外在的两个作用方向的情绪调节方式。该目标的前提是要外显那些内隐的情绪调节策略,以便验证它们在给出的特定场景中是支持了还是阻碍了适应性处理情绪的方式。而在这个基础上我们才能决定是否采用另外的调节方法以及是否对情绪处理方式做出改变。

---

[1] 物理学术语,指交流电路中电容和电感对电流的阻碍作用,已经按部就班走到现在的情绪道路会阻碍开辟新的道路。

> 基本观点（16）：情绪作为资源的中心目的是提高处理情绪方式的灵活性，同时降低障碍性学习经验的影响和当前阻碍性的生活条件的影响。

一致性作为改变目标 通过提高处理情绪方式的灵活性，能够调节情绪的感受和表达，进而可以使两者逐渐靠近。这让情绪体验的一致性成为可能。一致性或者可靠性抑或真实性是个人中心疗法的核心条件。Carl R. Rogers（2009）将治疗师或者咨询师的能力定义为能够在他们的患者和来访者面前做他们自己真实的样子。无关乎在专业性治疗的医患关系中究竟是否可能，一系列调查研究结果已经表明，长期来看，情绪的不一致性或者情绪失调作为一致性的对立面会导致健康隐患（另见第 3.2 小节）。所以我们认为，一致性是提高和保障心理满足感的有利因素。

> 基本观点（17）：增加处理情绪方式的灵活性让表现出来的和感受到的情绪趋于一致。它是提高和保障心理满足感的有利因素。

至少有两条路通向罗马……

改变情绪风格以拓展情绪灵活性有两个明确的目标：更多的感觉（支持）和更少的感觉（调节）（Greenberg, 2006，第 69 页）。

这个模块的重点一方面是支持以适应性方式处理那些总体上或者有选择性的被患者和来访者过度调节了的情绪，而另一方面则要支持以适应性方式处理那些目前为止因为过度调节而一直被以不适应性方式处理的情绪。因此，在改变过程中，情绪的支持和情绪的调节策略一直在不断相互转换且相互制衡。

导航图的图像比喻 它象征了情绪风格的三种变化特性。

（1）对于那些在应对问题和生活带来的挑战时只会短暂逗留在感觉岛屿的人群来说，他们要完成的任务是全面支持自己的情绪体验。

（2）对于那些常常在感觉岛屿上寻找解决问题方案的人群而言，他们能做的是再次带着更为明确的思路进行情绪体验以及划分情绪的各个房间——如果这能起到作用的话。

（3）对那些一再强烈体验某一特定情绪质量，而同时较少或者完全不能体验其他情绪质量的人群来说，有两条路可以完成改变过程：

> ➢ **带着现有的情绪走下去** 这条路意味着对表现出来的情绪的体验行为进行合理化认同，认可这种体验，基于情绪的关键剧本验证这种体验的合理性以及适时支持它的策略以便更有效地调节相应的情绪。这条"经典的"道路是第一种选择。它是围绕着模块 3 中左边代表表现出来的情绪的圆开展的（图 10.1）。面对一位原则上以不适应性方式应对自己愤怒情绪的患

者时，我们也有可供选择来支持他调节害怕情绪的治疗干预方法其实非常之多。面对一位原则上以不适应性情绪应对自己的愤怒情绪的患者时，我们也有一系列符合社会规范的策略来化解他的愤怒。这也适用于针对高兴和悲伤情绪的处理。身为治疗师或者咨询师的我可以走这条路，只要它能够发挥效用并且能让人觉得还可以继续走下去。但如果我自己觉得在这条路上停滞不前了，而治疗对象可能又十分好奇，那么还有第二条路可走。

> **走向不在场的情绪** 这条路上我们将重点关注模块3中右边的圆和它代表的感受到的情绪，它们可能并没有以类似的重要方式表现出来。这条路的目标是支持这种情绪体验，以便把它的潜能作为资源加以利用。

稳定性 Lammers(2007)建议在情绪的改变过程中将患者分为稳定和不稳定两组。他一方面推荐不稳定患者使用情绪管理和调节被强烈体验到的情绪的方法，另一方面主张稳定患者优先使用情绪支持型的和体验主导型的方案。如果这一标准可以应用到上述两条改变的道路上，那么这意味着：

基本观点（18）：在改变过程中，我们可以从表现出来的情绪入手并增加调节被强烈体验到的情绪的机会。当患者表现得足够稳定之后，改变过程可以以那些没有表现出来的情绪结束，同时，也可以支持以目前为止较少表现出来的情绪为对象的体验行为，以至于患者有能力利用这些情绪背后的潜能。

情绪硬币的两面性

上述治疗过程让我们想起了认知疗法的一个图像比喻：硬币。它被用来向人形象地解释我们如何不断自发地对场景进行评价，但是就像一枚硬币一样，事情还有另一面。

情绪硬币的原理与此类似。当人们基于他们的学习经验掌握了不适应性处理情绪的方式时，他们很有可能在特定场景下不断重复以同样方式进行情绪反应，也就是说硬币总是落在同一面。可以主动翻转情绪硬币的能力表示我们意识到了其他可选的情绪反应方式也是可能发生的。这些方式的合理性可以基于关键剧本被验证。来访者能够紧接着做出决定，他们在多大程度上想要改变自己的情绪风格，例如在特定场景中以其他更为适应的方式来处理特定情绪，这些情绪可能在此前都被回避或者拒绝。情绪硬币的图像比喻能够帮助那些在高强度体验某些特定情绪质量的同时又较少或者完全不能体验其他情绪质量的人群，而且这能帮助他们提高处理这些情绪的灵活性。

案例

也许您还能回忆起那个有着焦虑症且面露忧伤的年轻师范女学生的案例（另见第 6.1.2 章节）。

害怕和焦虑显然是治疗的重心。行为疗法提供了一系列理性建议和干预措施用以理解恐惧障碍和焦虑作为恶性循环的必然结果：一个由诱发性的刺激机制、敏感的感知身体变化的能力、挥之不去的对危险的担忧以及对害怕和连带的生理反应的体验所组成的循环。该恶性循环通过回避行为得以维持。如果患者在理解理性疗法的内容之后能够接受它，那么她便能够在门诊治疗过程中完全自主地控制恐惧的暴露程度并学会如何应对自己的害怕情绪。这样一来她可以在这些场景中养成新的习惯，即重新评估该场景和其中的害怕情绪以及提高处理害怕情绪的灵活性。只要这些措施能够发挥作用，而且这位女大学生学会了适应性地应对自己的害怕，那么我们便无须质疑我们的道路。

然而她去哪里找到一种适应性的方式来应对她因失去母亲而产生的悲伤呢？有时候对一些人来说，心怀恐惧比面对过去的痛苦要容易接受一些……

建议

如果想深入进行情绪硬币的工作，我们务必要牢记模块 2 中讲过的基本双极或者基本情绪的对立组：高兴／悲伤和害怕／愤怒。通常情况下，它们都能代表情绪硬币的两面性。

在个体和他们的个体经验中只会涉及较少的几种以反复出现的固定模式表现出的基本情绪质量，这些模式中一些情绪质量会较强地凸显出来，而另一些则相对没那么明显（这种模式需要结合具体个案进行验证）。

> 对害怕情绪有强烈体验的人群往往会在表达愤怒的时候有困难，虽然他们能够感受到它。在威胁场景的剧本中，他们普遍学到的是通过害怕来保护自己。他们的学习经历并没有支持过愤怒的表达，毕竟还有破坏性的处理愤怒的模型。

> 对愤怒有强烈体验的人群往往觉得与害怕和悲伤很难打交道。因为愤怒的表达经常与体验控制联系在一起并且在很多场景中是立竿见影的，所以那些深受不适应性处理愤怒困扰的人会在应对悲伤和害怕的时候不知所措。这在情绪不稳定的人身上体现得尤其明显，他们虽然能够没有障碍地感觉到愤怒和害怕（常常在羞耻心的作用下），然而要他们与他人分享悲伤却异

情绪资源 // Emotionen als Ressourcen

常艰难(Linehan,1996a,第 66 页)。

案例

一位边缘型人格障碍的女患者是"愤怒模式"的典型：她的愤怒把她变成了强者。她从人生中学到的第一件事情是："我必须强大！"在悲伤的时刻，她体验到自己的软弱和不堪。之后，她必须通过酒精、暴食、高强度运动和自残行为来掩饰这一切。如果他人或者自己因失去自控力而表现出弱小的一面，那么依据她的人生经验是要受到惩罚的。对悲伤的纵容对她而言是象征着懦弱的禁忌标志："一旦我表现出悲伤，我将无法走出来。然后别人会利用这点榨取我……"

➤ 对悲伤有着强烈体验并且随着时间推移逐渐掌握了不适应性处理悲伤方式的人群会在第一时间回避高兴，因为他们会把这种情绪视为对丧失之物的背叛。在他们悲伤的外表下常常潜伏着害怕和愤怒的混合情绪：害怕的对象是那些因丧失而导致的一切可能后果，愤怒则是针对丧失本身和造成它的原因。

➤ 对高兴有强烈体验的人会第一时间对他们的人生构想给予美好的祝愿，而且很少会在心理治疗和心理咨询中现身。但是当这种情况发生的时候，说明他们处理高兴的方式是不适应性的，高兴逐渐掩盖了他们处理由丧失经验引起的悲伤情绪的困难以及他们在可能的生活挑战面前感受到的害怕。

模块目标

（1）患者或者来访者通过提高处理情绪方式的灵活性而改变他们的情绪风格，因而也让表现出来和感受到的情绪趋于一致变得可能。

（2）通过减少过度调节策略的使用和丰富调节策略，以及按照合理的数量和质量来体验情绪，患者和来访者提高了他们处理情绪方式的适应性。

12.2 模块流程

这一流程由三大部分组成。

首先我们将在第 12.3 小节讲述改变情绪风格的基本条件和前提。当我们认为所有条件和前提被满足之后，便可以决定是否应该支持或者调节这些情绪。

第12.4小节将会详细讲解支持情绪体验的干预措施以及如何化解那些抑制型的学习经验造成的障碍。

第12.5小节将会讲解降低情绪体验强度的干预措施和如何制定合理的调节策略。下面的图示形象地呈现了治疗的具体流程。

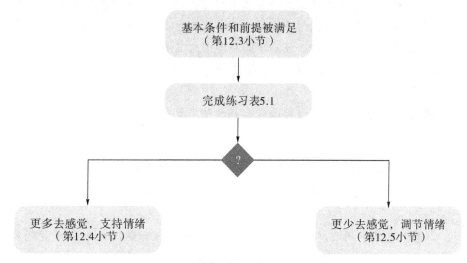

图12-1 改变情绪风格过程的流程图

材料

练习表5.1：情绪硬币的两面性：我想改变哪一面？

这张练习表的主题是做出情绪风格的哪方面应该被改变的决定的过程，并且支持这一过程。它同时也为在接下来的工作中更多地利用支持性还是更多地利用调节性干预手段提供了依据。

12.3 改变情绪风格的前提

以心理治疗或者咨询过程为框架设置的改变情绪风格要求几个基本条件，总结如下：

基本条件

➢一段经受得住考验的医患关系的标志是相互间的信任和坦诚的氛围。这也包含了必要的结构条件，比如被保护起来的私密空间和充裕的时间。

> 至少已经具备了大致的基本情绪知识，该知识是通过以资源为目的的对情绪潜能的利用而获得的。这包括识别体现在自己身上和他人身上的不同情绪质量的能力和根据关键剧本验证这些情绪合理性的能力。
> 所有参与者都要准备好接纳自己的情绪体验。这意味着参与者至少能够大致理解自己的情绪风格，该情绪风格是通过对不同情绪质量的感受和表达以及在自己生平经验中的根源来定义的。
> 能够专注于当下这一刻中在自己身上和他人身上发生或者没发生的事情。
> 要求来访者要有明确想要改变自己情绪风格的意愿。

如果这些条件暂时不能被满足，我们首先应该验证这些条件是否有后续逐渐被满足的可能性，当然验证必须在人们继续开展情绪作为资源的工作之前完成。

! 感觉岛屿的所有拜访者都有权利在环游一圈之后启程离开。毕竟还有别的岛屿可以帮助我们深入地处理问题和挑战。

如果患者和来访者想要继续走改变情绪风格的这条路，那么还有另外四个方面需要兼顾到：
> 接纳不是解决办法(12.3.1)；
> 结束内心的抗争(12.3.2)；
> 找出情绪的中间道路：走钢丝(12.3.3)；
> 应对伴随的想法(12.3.4)。

12.3.1 "接纳不是解决办法！"

每个时代都有自己的潮流。我们可以把之前许多认知学派治疗师的努力总结成一句话："请您往积极的方面想想（所有一切都会变好的）！"相应的，我们也可以用漫画式的口吻嘲讽一下当今治疗师的努力："请您接受您的痛苦（所有一切都会变好的）！"

两句话的共同点是，它们不仅仅没有效果，相反可能会造成更多的伤害。当然，虽然两种要求都是逻辑自洽的！

这其中的问题在于治疗师们命令式的语气，首先，正在承受痛苦的人并没有什么必须要做的事情（除了痛苦之外，但这仅仅出自犬儒式的观察视角）。然而即使没有命令式的口吻这两句话也揭示了一些人痛苦背后埋藏的问题：不停寻找一种解决方式(Glasenapp,2010a)。这本身并无可厚非,然而这种寻找并不总能成功,相反,其中蕴藏的危险更多,因为寻找本身,即解决问题这一尝试企图本身将会变成问题。

接纳是一间可以踏入的房间,而里面将会发生了什么是不清楚的。这个房间任何情况下都是独一无二的,没有预备的解决方案。也许有一些相关的经验可以参考,但最多是作为提示。这个房间的门大多数时候是并非出自本意的突然被打开。人们原本打算回避这个房间,但回过头来却已经身在其中。

Marsha Linehan 将此界定为极端的接纳(1996a;Bach,2004):这意味着我们开始接纳我们缺乏接纳的能力。这一刻真正奠定了日后建设性发展的基石。

在这个意义上可以说心理治疗的任务是陪伴人们设计这个房间。然后还要鼓励他们积极主动地用手上掌握的资源来布置它。我们还要支持患者将身处房间时的痛苦感觉作为有用的资源来接受,同时还要不被这种痛苦吞噬。

12.3.2 结束内心的抗争

人们承受的痛苦往往意味着一场抗争。这场抗争有许多对手,例如我们的上司、我们的同事、我们的邻居、我们的父母、我们的伴侣、我们的孩子。在寻找解决方案时,我们常常会继续这场抗争,然后遇到另外一个强劲的对手:我们自己。这场抗争的代价是高昂的,从心理障碍到冲突,再到乃至真实的战争。

抗争的图像比喻的典型特性是追求胜利和回避失败的两种心态。如果从抗争演变成了战争,那么所有人都是失败者。

转移到内心和对外的抗争,我们可以这样解释:为了签署和平条约,我们不是必须要站在自己一方或者与之抗争的他人的一方。而且,我们不能把导致我们置身于这场抗争的相关经验神话成积极的东西。但这也意味着我们每次都要重新验证,我们做与不做某件事情是给这场抗争火上浇油还是熄灭它。这还意味着建立信任的同时还要留有可以让和解或者合作等缓和性质的行为图示替代绝对性的胜利和失败的图示发挥影响的空间。

抗争的比喻对于治疗工作是有关键意义的,因为即使在治疗过程中也存在着使用胜利和失败图示的风险。

如果我们在治疗过程中把接纳作为一条可行之路,那么,只要我们抗争的对象尚能承受抗争的状态,他就会尝试利用我们所提供的道路来战胜自己内心的一部分,而这大概率是不可能成功的。

许多时候我们在治疗过程中都会讲到内化,比如内化痛苦的经历或者那些有意被疏远的记忆。所有适用于内化手段的理性建议也同样适用于接纳。只要抗争状态还在持续,患者和来访者随时将内化错误解读为内心看起来比较正常的一部分战胜了内心被拒绝的以及痛苦的那部分。

因此，残障人士的援助早已摒除了将他们内化到社会中的工作范式标准。替代这种形式的社会方式变成了包容。对此形式最好的解读是创造一个空间，让两个之前如平行线一般存在的社会层面现在开始互相串访。因此，内心抗争的结束并不意味着战胜。而和平也不意味着失败。这项工作的目标是达成一份结束战争的和平协议，但它并不因此代表和平已经降临，但凡和平依旧仅仅作为目标存在，它就只是一种尚未被实现的潜在可能性。

这在情绪工作中意味着，只要患者和来访者还在与自己的情绪抗争，他们就可能会把所有被建议的干预方法作为赢得这场抗争的工具。因此，接受和包容被体验到的情绪是以资源为导向的情绪工作方式的基础。

12.3.3 找出情绪的中间道路：走钢丝

以资源为导向处理情绪没有对错之分。

适应性处理情绪方式的问题是针对情绪质量和数量的合理性（另见第 3.5 小节）。

然而这种合理性也不是绝对的，必须要结合具体的行为框架而言：以同样的质量和数量体验一种情绪在某个行为框架中可能是合理的，而在另外的行为框架中则是不合理的。有关适应性处理情绪方式的问题也是在变相询问，以特定强度在特定行为框架下体验特定的情绪会对自己和他人的生活造成什么后果——既包括短期的，也包括长期的。

确定可能的影响后果并做出合理的预判是一项复杂的任务，特别是在我们缺乏相关标准的时候。在情绪体验中明确后果的实质内容实际上是做不同层面的平衡工作。

在模块 2 中，关键剧本已经被作为评判情绪质量是否合理的标准，它们可以作为判定某种情绪质量的体验在某场景中就其发生原因而言是否合理的依据。通过参考关键剧本，人们可以验证从自己身上或者他人处被感知到的情绪性反应，对于此刻来说是否是一种合理而有意义的情绪。

即使一种情绪质量原则上是合理的，但感受它的数量程度或者表达方式也可能是不合理的。然而，即使这个以精确度量为目标的量化标准本身也不能提供一个绝对明确的答案。一方面，在一个受到威胁的场景中，按捺快要爆发的怒火是合理有效的，而另一方面，在其他状况下摔门而去甚至可能更有意义。但是基于对情绪作为资源的工作的核心理解，我们在中间还有一些别的事情可做，在"按捺怒火"和"摔门"之间，在"似乎感受不到害怕"和"逃避式地离开"之间，在"一个印第安人不知道什么叫疼痛"和"挥之不去的悲伤"之间，在"不经意的喜悦"和"笑得满地打滚"之间。

所有这些中间性的过渡事物铺就了情绪中路。找到这条路往往如同走钢丝一样。如果在气质类型和学习经验的共同作用下产生了一种场景特有的调节模式，且因为该模式处理情绪的方式在质量和数量上的灵活性被降低时，人们很容易陷入失衡状态。而这正是心理治疗和咨询过程的目标：掌握其他备用方案，能够自主而灵活地在它们之间进行选择以保持（情绪）平衡。

12.3.4 应对伴随的想法

感觉岛屿上的改变不可能脱节于相邻的思考和行动岛屿的改变而发生。同样，当改变发生于社会关系中和处理自己的身体反应过程中时，它也会反作用于感觉的岛屿。

特别是对自己情绪体验的评价，可以被证明是一道难以逾越的屏障。这个背景条件下通行的法则是："利用思想的世界，只要它还有帮助！"

如果说辩证行为疗法教给我们的是："你不仅仅是你的感觉！"，那么接纳承诺疗法则告诉我们："你不仅仅是你的思想！"思想世界是由绵绵不断的评价的河流汇合而成，而所有这些评价都是从我们精神的发声机器具象显现而成的话语。因此，这些作为情绪基础的评价无外乎是这架机器的产品。

处理情绪时我们的语言表现出的作为界限限定的基础地位同理也适用于其他实践活动。例如，人们学习的不是游泳本身，而只是在人们述说这句话的时候。（游泳本身作为思维不可限定的、类比于连绵不断的评价河流的纯粹实践活动才得以作为可被说话人思维的特定对象出现在精神具象生成的话语中——译注。）因此，被改变处理情绪方式是以情绪体验本身为前提。或者像 Greenberg(2006)说的那样："把一种感觉置于另一种感觉之上比把理性置于一种感觉之上要有效得多"（第 374 页）。许多人都会在他们因心理评价活动而给自己设置的界限处碰壁。通常他们产生的这些想法其实是毫无用处的，但依旧因此获得了巨大的活动空间以至于最后决定了这些人的整个人生走向。Hayes(2012)用一个简单的实验把思想的能力拉下了神坛：请您把手握成一个拳头，同时抱着非常强烈的想法——我不能握拳……

对一些人来说，他们思想的世界不断膨胀，甚至迫使他们把本应放在情绪变化和对其体验上的注意力完全转移了。这种情况下有益的做法是把思想的世界尊为可以在大多数时候帮助我们解决问题的有效手段——但绝对不是一直有效。

接纳承诺疗法对此设计了一个沟渠的图像比喻。我们手里拿着铲子坐在一条沟渠里面，而这把铲子是理性思维工具的比喻。人们忙着从沟渠里出来，而他们为此除了挖掘什么也没做。然后他们惊讶地发现自己竟然出不来。但他们接下来采取的行动通常只是更快更深地继续向沟渠深处挖。本打算挖掘逃离沟渠的出路，却被引向了更深更远的地方。

接纳承诺疗法的立意不是要扔掉铲子并在沟渠里安家。相反，它主张去感知人们原来可以如此乐此不疲地挖掘。他们如此沉迷在挖掘工作中，以至于无暇再做其他的事情。因此，改变过程正是开始于人们开始接纳他们之中有人停下不去工作的那个时间点。虽然这个做法并不能直接把这个人带出沟渠，但只是至关重要的第一步。

长时间以来人们都在尝试改变主观臆测中的消极思想，理想的情况是把它变成所谓的积极的思想，或者有时候变得至少不那么消极。如果情况允许，那我们当然可以采用这种做法。然而这样一来，认知疗法开始阶段的热情必然会被消磨殆尽，因为预期的和逻辑上应该成立的效果并没有出现。

如果我们已经不能改变我们的想法，我们至少可以学习不要把它们看得那么重要。这包括与没有太多益处的想法保持一个内在的距离，虽然外在看起来我们可能与它们已经融为一体。

另一个接纳承诺疗法中常见的比喻是驾驶公交车（Hayes 等，2004），在这个比喻里患者和来访者坐在公交车的驾驶座上。车里坐着许多乘客，整个行程中他们都在不断找茬儿，指责司机，让他害怕，转移他的注意力，交头接耳，以及或多或少地以威胁的目光看着他。可惜这位司机不能扔掉他的乘客，这些乘客是他生活中的组成部分，就像我们帆船的龙骨一样（第6.2小节）。相反，他可能要给予乘客们足够的关注，他必须在整个驾驶期间和他们打交道而且思考如何应付他们。至于那些同行的声音（患者内心的声音）是否会因此被屏蔽目前尚不清楚。但是公交车司机却可以选择不让自己回头去看，而是专注于眼前正在行驶的道路。手握方向盘的他可以为他的人生指明一个符合他的价值观的方向，而他的人生在比喻中正是这辆公交车。

另一个受交通工具启发而在治疗实践中常用的比喻是挡风玻璃上的污点。这些污点是因为苍蝇被行驶过程中的气流刮到了玻璃上。无数的撞击痕迹肯定遮挡了一些人的视线。但是我们永远掌握着调整关注点的机会：把更多的目光投向眼前挡风玻璃上的污点还是我们面前的道路乃至全景。我们有选择！

如果患者和来访者一再使用"我必须"这种表达，那么我们可以试着让他们用"我想要"来代替。如果这一替换并不影响同样结果的出现，那么我们可以继续跟随患者的想法。但如果患者在使用"我想要"这种表达时产生了逆反心理而且察觉到了一个内心的声音说"我其实不想要"，那么我们可以随即深入追究这个内心的声音和它在生平经历中的根源。

在应用所有这些削弱思想权力的可能方法时，我们要谨记，该做法的目标是较少关注那些益处不大的想法，而不是不去关注与它们相关的情绪。否则这又跌入了相关情绪去合理化认同的过程。

12.4 支持情绪体验和减少过度调节

本节将要讲到用来支持情绪体验的干预措施，主要针对那些原则上会过度调节情绪、会选择性回避或者拒绝特定情绪质量但同时又有意愿对此做出改变的患者。

这里同样也有两条路可走，它们就像一枚硬币的两面：

➤ 人们积极面对情绪，这主要体现为在日常生活中研究它，尝试专注地感知它以及强化这种情绪的感受和表达（12.4.1）。

➤ 人们可回顾导致了回避情绪体验的学习经历。他们尝试通过改变视角重新评估学习经历以清除因它形成的感受和表达情绪的障碍（12.4.2）。

这两条路在实践操作中往往相互补充并相互融合。人们首先选择哪条路可能取决于个人偏好。第一条路实质上是模块3的后续工作，这体现在它的目标依旧是继续支持体验目前为止一直被回避或者拒绝的情绪；另一面也体现在它的辅助手段依旧为多种媒体和其他工具材料。而第二条路的实用性则在我们探索完成模块4中相关的危机性学习经验之后才凸显出来，现在，它们将继续在这条路上被深入探究下去。

12.4.1 人们积极面对情绪

如果有人想要积极分析研究某种他尚未在"雨伞表面"发现的情绪或者已经被他回避和拒绝的情绪，有诸多不同的做法可供他采用。这里建议的那些干预措施无疑只是一种选择结果。某种意义上这些措施建立在彼此之上，从轻到重，但是每个人的体验大概都是不同的。

思考它 第一步是纯粹认知性的。"根据你的目光，根据你的感知！"是Jean Piagets在谈到儿童认知发展时的著名论调之一。通过感官（再次）感受到情绪和特定的情绪质量意味着将目光投向情绪并关注它们。这其实就是我们根据模块1到4中提供的方案进行的情绪工作，正是我们在网上收集的资料和阅读的书籍让自己变成了这些情绪的专家，而这也意味着更好地从自己身上认识情绪并给予它们足够的关注（《情绪日记》第3.3章节）。如果在日常生活中某些情绪一再从我们眼皮下溜走的话，设置提醒机制和关键词能帮助我们记忆（例如，镜子上贴上写有该情绪名称的纸条，钱包上的一个点，一个提示该情绪的屏保，桌子上的一个符号）。

正念 与其说正念是让注意力和感知集中在情绪体验上的核心控制方法，不如说它是对此的一种基本态度（另见模块3）。这里我们将把重点放在我们一直回避的情绪的正念上。我们建议有规律地实施相关的正念训练并把它们真正融入日常生活。

镜子训练 这项训练被Paul Ekman和David Matsumoto应用在他们的工作中。训练内容是观察镜子中的自己，同时摆出一直被我们回避但对它的体验需要被支持的情绪的面部表情。完成该训练需要几分钟时间，患者被要求把注意力集中在自己和镜子中的图像上。结束以后一起讨论训练中的感受。这项训练适用于所有的基本情绪。患者也可以在课时之外自己独立重复练习。

情绪资源 // *Emotionen als Ressourcen*

再身体化 从理论上讲,伴随着年龄增长的情绪表达的去身体化过程被理解为情绪发展的一个特征(另见1.3.2小节)。在下一个强化情绪体验的训练中我们将倒置这个过程,因此称之为再身体化。我们要做的是把身体再次用作展示"情绪的舞台"(Damasio,2000,345页)。这可见于许多以身体为导向的治疗方法中(Revenstorf,2012;Fuchs & Schlimme,2009)。目标是用整个身体来表达情绪质量。首先,患者要积极配合身体表达,结束后我们会和他详细探讨身体反应的感受。一些患者可能会遇到困难,感到不自在或者羞耻。这些反应要被合理化认同。此外,可以通过播放一些电影片段来进行模型解释(见下文)。在身体表达被强化之前,所有训练可以像恐惧等级那样循序渐进地开始。

激发单个基本情绪的手段可以是:

➢ **高兴** 当某人想到他得到了一些对他非常重要的东西时,大声喊"我太高兴了!"手舞足蹈,欢呼雀跃,鼓掌,挥拳庆贺,淡然一笑(Bohus & Wolf,2009,147页)。

淡然一笑

Marsha Linehan将半笑(half-smile)作为一种有效缓解压力的技巧引入。在压力情景中放松的淡然一笑能带来自我平静的效果,它甚至能改变在这种场合下的情绪体验。当然,这种微笑只有在其他情绪没有绝对的发生必要的情况下才是合适的,否则就会有去合理化的风险。

Kraft和Pressman(2012)在一项研究中证明,在"表演性微笑"的感觉下操控面部肌肉会对心血管系统应激后的恢复时间产生直接有益的影响。此外,参与调查研究的人还叙述了关于压力感应时能够有意识地感知情绪变化。研究结果可以被解读为对面部反馈假设理论的佐证(1.3.2小节)。

➢ **悲伤** 当某人想到自己的丧失经历时,轻轻地说:"我很难过!"垂头丧气地走来走去,撇一撇嘴角,大声叹气,抱怨,大声呼气,摆出饱受痛苦的姿态,手里端着一杯茶或者热牛奶,裹着被子蜷缩在家里的沙发上。

➢ **害怕** 当某人想到可能的威胁时,用不安的声音说:"我害怕!"示弱,踱来踱去,想躲起来,瞪大双眼,目光躲闪,试图通过不断拍打和敲击来找回心跳的节奏,而且打得越来越快。

➢ **愤怒** 当某人想到可能的威胁时,大声喊出:"我生气了!"挺直腰杆,抬起胸脯,攥紧拳头,左手的肌肉连带着胸脯和双肩一直到右手都全部绷紧,大喊:"停!"怒骂,拧紧眉头,目光紧盯住想象中的威胁不放,用手/拳头捶打枕头,把空的塑料瓶甩向桌子。

暴露疗法 特定的地点或者物体能够明显强化之前被回避的情绪。从当今恐惧治疗的实践来看，理性导向的暴露疗法在消除回避行为上是很常用的。就像治疗过程本身那样，充分的准备工作以及适当的陪同也是有必要的。这个理性疗法也可以被应用于所有形式的回避行为：

> **针对被回避的高兴** 人们可以找寻曾经给他们带来喜悦的场景。试图亲近能增加这份喜悦的人或物。但是在寻找过程中必须要小心谨慎！

> **针对被回避的悲伤** 人们可以找寻能让他们联想到丧失经历的地方。可能是事故现场，也可能是墓地。体验失去带来的悲伤能够通过逝者的照片、个人物品以及气味（如香水）来加强。

案例

一位抑郁症患者第一次独自前往埋葬着他半年前去世的女儿的墓地。原因是他和妻子发生了争吵，而他只想离开。在墓地，他感到强烈的悲伤袭来，而这种情绪他已经很久没有体会过了。他号啕大哭。保持着一定的距离感，他开始描述他体验到的悲伤："一种平静的感觉降临在我身上，没有高兴，没有喜悦，但这的确是积极的心态。某一刻我甚至有了这样的想法：什么人正在照顾我的宝贝女儿。墓地是一处平静的极地，安静，舒服，让人放松。这个地方赐予我力量。然而之所以能产生这种感觉，完全是因为我独自一个人在那里。当有人在场的时候，我不会表现出我软弱的一面。在这一刻，我卸下了肩上的重担，释放了我的压力，好像我的人生能够更轻松地继续下去。"

> **针对被回避的害怕** 这包括对引发害怕的场景的研究，例如站在高处，在游泳池做三米板的跳水，或者看恐怖片。

> **针对被回避的愤怒** 我们在不同的苛刻的场景中练习说"不"，比如在路上行驶的时候被其他司机按喇叭威胁，在餐馆中与服务人员交涉过咸的饭菜。

运用多媒体 在各种多媒体资料中都不乏情绪体验的主题，它们可被用作支持情绪体验：选取一些代表不同情绪的音乐片段并聆听它们，找出他人的或者自己的带有被回避的情绪的生活照，并把它们摆放在显眼的位置，找一些以这些情绪为主题的艺术作品，或者观看那些相应情绪的电影（另见模块1）。

叙说 最重要的调节策略之一便是情绪的语言表达。对于寻求以适应性方式处理被回避的情绪的人群来说，基于下列两个原因谈及这些情绪是非常有必要的：

（1）在作为情绪反应触发者的来访者面前谈及情绪感受是一项至关重要的社

会能力，它直接关系到处理问题的策略。一个人是否直接明说"我很生气！"或者是否直接表明他很反感某个合作伙伴会导致截然不同的后果。命名情绪不仅可以有利于内心对话，而且也有利于人际间的对话交流。

（2）从功能上看，在没有直接参与情绪体验的人面前谈及情绪体验就像开启一个重要的阀门，它在某些情况下激活了来自社会关系层面的支持（Rimé，2007）。周围环境的特定反应只能被情绪的关键词激发。有些人虽然能够通过"我今天过得很糟糕！"这种话语解读出情绪感受，对另一些人来说可能更有用的做法是命名情绪，例如"今天我的上司令我很生气！"

然而，社会空间是适应性处理情绪方式的前提，在这个空间里面，努力以合理方式表达情绪的人可以得到尊重并且连同他的情绪体验一起被合理化认同。如果单纯以训练为目的，那么这些空间很容易在心理治疗和咨询过程中得到保障，但我们工作的真正目的是在来访者的日常生活中同样建立起这些空间。这便要求我们要采用系统性的针对周围社会环境的干预措施，例如开展夫妻或者父母的共同咨询（14.2小节）。

表达型写作 除了叙说，写作也是处理情绪的很好的形式之一。患者可以自己进行训练而无需互动伙伴。类似情绪日记那样，笔头的情绪表达形式多种多样——从完全的自由发挥到结构性写作。将情绪作为资源利用的有效做法是在写作过程中把注意力放在应该被支持的情绪上。这表示，我们工作的重点不是在写作中厘清生平经历，而是激活相应的情绪。

案例1

一位患者在与他对父亲的思念抗争，他十分想念他的父亲，但是他的父亲从没有出现在他的回忆里面。患者可以根据基本情绪的知识命名出感受到的情绪为悲伤。他冒出了给父亲写信的念头，而且愈演愈烈。在治疗的第二步中，他被鼓励重新写一封信。这次不是写给他的父亲，而是写给他的悲伤。通向幸福生活的钥匙不是他的父亲，而是他必须处理长期以来被回避的悲伤。

案例2

一位年轻的患者有抑郁症。他在人生中有过许多丧失经历，因此他常常与藏在他冷峻而易怒的外表背后的悲伤抗争。在治疗过程中，他的生活伴侣离开了他。他重新陷入了复发的抑郁症。他的悲伤变得越来越强烈，他面临被湮没其中的危险。在这个背景下，他给他的前女友写了一封信，动情而集中地诉说了他的悲伤：

"我写这封信,因为过去几个月的日子我过得不好,为此我感到十分悲伤。 这几年来我们的关系起起伏伏,但对我们这样的年纪而言我们其实已经共同完成了许多事情。 正因如此,我非常难过你在过去几周不再为我们的关系做出努力。 我一直认为,你对我的依赖至少像我对你的依赖那么深……每每回想起那些美好的点滴,我们一起散步,游泳,或者什么都不做躺在床上一起大笑,我就会难以抑制伤心之情。 当我过得不好的时候,你常常出现在我身边,包容我,理解我。 我们是一个整体,本应该携手走过人生。 你离开了我,这个事实沉重地打击了我。 我还有许多事情想和你一起做……我们不是说好冬天一起度假的吗,而现在? 我们要放弃全部这一切,因为你'不能'? 这让我太失望了。"

按照情绪硬币的模型,这位患者即使在被悲伤威胁的时候也能够感知情绪的另一面,并且他非常富有表现力地把它表达出来,这一面就是愤怒:

"我现在要写这封信,因为你让我厌恶得想吐,快要气死我了,你个臭不要脸的。 你可以若无其事地结束一段关系,是不? '谁谁谁,我希望你以后过得更好。'给我滚蛋!!! 别瞎扯了! 你是不是其实还想告诉我你到底在说什么。 你已经这么没羞没臊地当着我的面说谎,然后我还信了。 这算什么! 什么都不是! 每天晚上我都在想怎么把你叫醒,但你是这么蠢,一点都没料到你已经在玩火自焚了。 我希望你能为你蹩脚的做法买单。 反正你已经在我这里混不下去了:不是所有发光的都是金子。 我希望不久之后你能明白这个道理,然后忘掉发生的一切,因为你从我生命里再也得不到什么了。"

当然,患者并没有把两封信寄出去,因为意义不在于此。 表达型写作训练的立足点是进行内在的情绪调节。 暂且忽略第二封信中的措辞,书写这封信时患者背后的愤怒体验本身已经激发了情绪的另一面,而且中和了给他带来深重打击的悲伤。 患者学习了用两封信来积极调节他的不同情绪。 当他再次被悲伤压倒的时候,他能够利用这封愤怒的回信来降低他的悲伤等级。 当他过于强烈地感受愤怒的时候,他能够通过这封悲伤的信来体察他所怀念的一切。

艺术表现手法 人们能够通过不同形式的艺术表现手法来分析目前为止被回避的情绪并且对这种情绪给予支持。这包括所有形式的创造性活动,例如绘画、素描、不同材料的雕塑、运动、舞蹈、演奏、谱曲。创作作品可以自己保留,当然,如果人们愿意,这些作品也完全可以成为治疗和咨询的讨论主题。

开放性训练 Tom Lynch(2011)建议了一系列针对倾向过度调节情绪的人群的干预措施,它们遵循了辩证行为疗法的原则并且拓展了该疗法。他所提到的训练都是以提高处理情绪方式的开放性为主旨。其中包括：减少回避行为，消除情绪表达的障碍，放弃对自己和他人抱有的完美主义态度，化解抱怨、嫉妒以及冷漠。作为补充的练习表是为了帮助那些已经带有被普遍过度调节了的情绪的患者。它们有助于场景验证，比如患者是否能够信任他人，他们如何让自己融入新的场景和他们如何能够在日常生活中保持开放性。

这包括了检验一直被贯彻的行为模式并尝试非常具体的新方法，比如用另一只手刷牙，上班时候换一条路，尝试新的菜谱。

12.4.2　检验排除性学习经历

促进体验此前未被感知到的、被回避的或者被拒绝的情绪的第二个方向紧承模块4中有关生平经历的工作，如果这些经历导致了相关情绪被排除。这里的目标是：通过一个新的视角来验证并且适当时候重新评估这些排除性学习经历从而削弱它的影响。

对一些人来说，仅仅再现危机性的生活经历这件事就构成了困难，比如在想象力训练的时候。另一些人可能需要一些激励措施，比如意识到加工生平经历可以改变他此时此地的处理情绪的方式。所有干预措施的共同点是：它们为被回避的情绪和体验赢得了更多的空间。

想象中的修正型关系体验　想象力训练为在此时此地制造新的体验提供了自由，但这种自由也包括将这些体验再次自由地应用回生平经验的场景中。这条路把重点放在了模块4中处理过的学习经历，而这可能导致患者总是或者选择性回避某种情绪。通过带入其他人称视角可以帮助患者检验情绪的排除性学习经验。由于视野的改变和新信息的获取，某些时候可能会重新评估初始学习经验的结果，从而使这种经历对当下的情绪体验产生较少的影响。

患者当下的人格可以结合他今天掌握的经验从而创造并使用作为有别于场景中的"我"的其他人称视角，当然，他也因此与那个处在生平经历中的"我"的人格取得了联系（另见模块4中有关想象力训练的指导意见）。其他的视角可以来自朋友，好心的亲戚，或者想象中的一位智者。

讲述另外一个有关自己和自己情绪的故事　这里我们将续写有关自己和自己情绪（模块4,4.5小节）的故事。训练重点在于培养对现有经验的基本的接纳态度。对情绪的回避行为将被作为生活的一部分被接受，而对该行为的抗争将不再继续。

促进与被回避的情绪的对话　这一治疗方案针对的情况是被情绪占据的自我状态因生平经历而被封闭起来，就像不会被探索的地下室。模块4中首先完成的是认识被锁上的地下室，并理解哪些经历导致了门被上了锁。现在我们要做的是打开这些门，进入房间并布置它——这是一个没有预案的任务（Leahy,2011）。这些房间会在想象中进入，它们黑暗的角落被照亮。在这个过程中被感知到的情绪会在被保护的治疗空间内被表达和被接受。踏入这些房间的来访者决定是否重新布置或者整理它们。这项工作的目标是：将房间布置得让来访者以后更容易进入，而且还能再次将与房间相关的情绪作为资源利用。

与被回避的情绪的对话能够通过不同的椅子来加强。这里以情绪为重点的治疗提供了一系列针对聚焦和加工痛苦经验的鼓励措施。

案例

一位女患者再次体验了高强度的悲伤，她无法摆脱这种悲伤而因此郁郁寡欢。每当她在生活中感到不堪重负和孤独的时候，悲伤的情绪便会不期而至。她讲述了一个在过去几天里发生的让她力不从心的情景。她很快就与自己的悲伤取得了联系，接纳了它，命名并且体验它。当她还想继续讲述该情景的时候，她的心态突然改变了，出现了一种气愤的基调。坐在一把新的椅子上之后，她可以更清楚地体验和说出她在那个场景中因自己的界限受到侵害时所感到的愤怒。坐在不同的椅子上，她与愤怒和悲伤进行了对话，而与这些情绪相关的生平经验则补充了对话内容。一个内在声音在整个过程中反复浮现，是它在拒斥愤怒情绪，因为她不应该表现出这种情绪，而且多年来她已经确实放弃了这种情绪。女患者可以让自己不断融入这种感觉和由此产生的声音之中。在第三把椅子上，她能够在情绪上保持距离感地处理这两种情绪。带着对许多在生活中被经历过的界限伤害行为的同情，她能够应对她愤怒的一面。而在悲伤的一面中，她则把这种同情体会成一种安慰，这种安慰给予了她内心强大的感觉。

总结：促进情绪体验和减少过度调节

> 人们按照下列步骤积极面对情绪：思考它，正念，镜子训练，再身体化，暴露疗法，运用多媒体，叙说，表达型写作，艺术表现手法，开放性训练度。
> 人们利用想象出的可起到修正作用的关系经历来检验排除性学习经验，讲述另外一个有关自己和自己情绪的故事，支持不同情绪之间的对话。

12.5 减少高强度的情绪体验和学会合理的情绪调节策略

那些深受不适应性处理情绪方式困扰的人群是有能力学会改变这种处理方式的,这种类型的不适应性方式的特征通常体现为超出其合理范围的高强度。

就像促进情绪有不同途径那样,减少被高强度体验的情绪也有着不同方法:

- 自我镇定,自我合理化认同,同理心　这是一种自我镇定方法,人们通过这种方法学会自主进行对情绪相关的刺激机制的合理化并且以同理心调节情绪的强度(12.5.1)。
- 直接调节被高强度体验的情绪　这是一条直接的道路,在这条路上,人们通过改变某种已被激活的情绪行为动力而学会调低情绪强度(12.5.2)。
- 间接调节被高强度体验的情绪　这是一条间接的道路,人们可以在这条路上学会以间接的方式改变被高强度体验的情绪,即通过对抗初始的、因情绪产生的行为动力而做出改变(12.5.3)。
- 深入处理有强化作用的生平经历　这是一条立足于生平经历的道路,在这条路上,我们可以深入处理学习经验,这些学习经验导致了人们在特定情景中会通过高强度的情绪体验来保护自己(12.5.4)。

所有这些道路都遵循了 Marsha Linehan 的辩证行为疗法。它为调节高强度的情绪提供了丰富的参考资料(Linehan,1996b;Bohus & Wolf,2009)。

12.5.1　自我镇定,自我合理化认同,共情

正念　每种自我镇定方法的基础都是正念以及之前介绍过的它的"如何"和"什么"原则:去评价,专注和有效地观察、体会以及参与到当下。因为我们毕竟不是那些每天花无数个小时进行正念禅修的佛教僧侣,这些原则在压力时刻只会变成我们可以无限接近的目标。因此,这些原则好比一座灯塔,它为我们在波浪汹涌的海上指明了方向,然而我们却不能真正到达那里。

呼吸　有意识的呼吸是自我镇定的一个核心策略。通过将注意力聚焦于我们在吸入和呼出空气时的身体感受上,从而使得把精神集中于当下和体验此时此地的状态成为可能。加剧痛苦的评价可以通过呼出空气被释放和削弱。其中有两个核心层面要注意:(1)呼出的时间要长于吸入的时间,因为呼出的时候心跳速度会降低(相比吸入空气,呼出时心跳大概每分钟少 10 下)。(2)腹式呼吸(横膈膜呼吸)比胸式呼吸(胸腔的起伏)更能让人放松。

哪个更重要？吸入还是呼出？

这个问题很容易回答：两个都重要。尽管如此，我们还是可以用它作为与患者和其他来访者探讨呼吸方式时的开场白。当您故意停留在这个问题上等待回答时，其他人可能会说：吸入，毕竟活着还是需要空气啊。完全正确！这种方式也透露了一种在许多西方文化影响下的核心工业区域中的常见心态：在这些区域之中，收入和所得效益被看得比考虑如何处理随着消费产生的垃圾产品更为重要。

诚然，其他文化圈不能幸免于自己的环境被污染这一趋势。然而，我们在呼吸面前似乎应该持有另一种态度：为了能够吸入空气，我必须先要呼出空气。这种释放是认可和接纳新事物的条件。

呼出时间长于吸入时间的呼吸才能让人真正放松。另外，当人们紧张时，这种呼吸方式避免了当可能发生的过度换气。

有意识地用腹部代替胸部进行呼吸可以更好地促进这一过程。人们可以在躺着的时候练习腹部呼吸，比如把手或者一本不太厚的书放在肚子上，然后集中注意力观察它们如何随着呼吸上下起伏。同时人们还可以在吸入的时候从1数到4，之后做一个短暂的停歇，然后在呼出的时候以同样的节奏慢慢地从1数到6甚至是8。

智能手机上有许多自我镇定式呼吸的视听软件可供下载。

自我合理化认同　合理化认同包括了能帮助一个人接纳自己情绪体验的不同反馈意见。这一治疗性质的合理化认同的一贯目的是人们要学会自发地合理化认同自己和自己的情绪体验(Neff, 2011; Fruzzetti, 2011)。相应的，自我合理化认同(SV)也包含了不同等级，它们在治疗和咨询过程中不断被反映出来。

- 等级1(SV1)：不去回避自己的情绪体验，接受它，不让自己的注意力被转移或者被物质麻痹。
- 等级2(SV2)：仔细观察和描述自己的情绪体验。认可和重现它："我感觉到我的眼泪涌出了。""我如鲠在喉。""我感觉到怒气在酝酿。"
- 等级3(SV3)：说出情绪体验背后的基本情绪。"我高兴／悲伤／害怕／愤怒。"
- 等级4(SV4)：将自己的情绪体验归类到一个生平经历的行为框架内。"我有过一些痛苦的经历，它们导致了我在不同场景中想要通过体验巨大的恐惧来保护自己，而不是在愤怒中划清界限。"

> 等级5(SV5)：将自己的情绪体验联系到一个功能行为框架中："即使我没有学会很好地处理愤怒，我也能接受我的愤怒体验，它可以作为一种在威胁场景中保护我的手段。"
> 等级6(SV6)：在一个新的"我"的第一人称视角下接纳情绪体验，而这个新的"我"是充满智慧而且和我共情的。

最后一个自我合理化认同的阶段对应于面对自己时的同理心，就像Gilbert(2009)在他的慈悲聚焦疗法中讲到："请您想象一下，您遇到了一个聪明、智慧、耐心和充满力量的人……请您想象一下，这个人就是您！"

注意力集中于镇静经验上　由于被高强度体验的情绪是一个强有力的信号，所以我们的注意力首先会毫无保留地放在作为引发机制的物体上。只有在被体验的强度阻碍了适应性处理情绪的时候，转换注意力的方式才能作为核心的情绪调节策略使用。它保护我们不会沉湎于不断增强的探究唤醒机制的意愿，类似于问题催眠。该做法的目标是将注意力放在镇定的经验上。

这可以是借助我们感官完成的专注的感知(Linehan,1996b)。

> 眼睛　观看一幅可以让人平静的画，例如一朵花，一根燃烧的蜡烛。
> 耳朵　聆听可以让人舒缓的音乐，例如令人放松的声音，海浪的声音。
> 鼻子　感受让人舒服的气味。
> 嘴/舌头　感觉让人愉快的味道(但绝不是马上吃完一整板巧克力)。
> 皮肤　感受温暖，例如泡澡。

我们可以通过专注地感知周围的活动和事物来限定自己聚焦于某种情绪体验的时间。我们还可以尝试较少触碰那些会反复导致对情绪进行高强度体验的地点、物品和人，如果这种情绪正好是我们想要改变的。

给被体验的情绪写一封充满同理心的信　这项训练以Leahy等(2011,253页)设计的为自己写一封富含同理心的信为基础。我们的重点不是自己，而是被高强度体验到的难以应对的情绪。

指导

"我们在这个训练中要做的是给自己某次强烈的情绪体验写一封信。同时需要强调的是，我们要在自己和自己的情绪体验面前保持一个充满同理心的、无条件接纳的和有着深刻洞见的态度。

您需要为这项训练准备一段不受打扰的时间，一个您觉得舒适且有安全感的地方，以及一支笔和一个笔记本。

也许您已经在您的感受和表达中强烈体验过一种情绪。而且您也认识这种情绪。可是每当您遇到这个情绪的时候就会给自己判刑。内心的声音让您拒绝面对这种情绪。但也许还真的有别的声音……

请您首先把注意力放在您的呼吸上：我们是如何吸入和呼出空气的。请您感受您的双脚如何接触地面，您是如何与大地连接在一起。也许您还是听到了内心拒绝的声音。请您通过每次呼吸的过程来摆脱您的评价和分析。请您感知您思绪的流淌，不要抓住其中一点不放，感知这些思绪如何去，如何来。

请您把自己想象成一个富有智慧和同情心的人。作为富有智慧和同情心的人，您对无条件的爱和无条件的接纳持有开放和时刻准备好的态度。请您抽出一点时间来感觉一下这样的一个自己。

记住，其实所有人都会在痛苦处境中保护自己。这种保护取决于我们如何感受和表达情绪。记住，您也同样已经学会通过体验某种特定的情绪来保护自己。请您花一点时间体会一下这种痛苦，这种导致您不得不保护自己的痛苦。请您花一点时间感受一下抗争，这个您为保护自己而进行的抗争。

请您在写给您自己和您的情绪的这封信中，让这个与您共同感觉却又让您不得不保护自己的痛苦发声。"

与杏仁核的对话 这个训练已证明了它对于那些在不同场景中均有可能被强烈恐惧压制的人群是有效的。患者和来访者可以在相应的练习之后独立自主地在暴露疗法中使用它，而且他们还能在暴露过程中逐渐开始接近引发恐惧的事物。同时，我们还会讲到一些神经科学知识，例如杏仁核及其与前额叶皮层的神经元联结对杏仁核激活的抑制作用。就像在害怕发生的时候注意力会集中在可能的引发机制上，思维也会聚焦于可能的危险。不难看出，与杏仁核的对话是一项思维性的活动，相比于通过美好的想法转移注意力，这个活动更具备合理化认同的效力，而且它能够减少头脑剧场在害怕的状态中上演的小剧场。

指导

"我们的脑区和杏仁核之间的交流非常活跃，就像一段对话。但是在有着恐惧障碍的人群那里这个对话常常变成争吵，而且有着不断扩大升级的危险。有害怕情绪的人们已经学会在许多场景中逃避恐惧。同时他们又在与这种恐惧抗争，希望不要再被迫感受它。

与杏仁核的对话意味着既不会在所有场景中都同意它的做法，也不会毫无保留地遵从由它发起的行为，比如离开让人害怕的情景。但对话也不表示要和杏仁核说：'行了，别说了！'

相反，与杏仁核的对话意味着以赏识的眼光对待它，同时也了解它在许多场景中已经为我们的生命化解过危机。这表示要尊重以往的经历，即便它们让杏仁核学会在某些场景中相对过激地进行反应。这意味着要承认自己时常说服了杏仁核，告诉它我们身处危险之中而且需要它因此变得活跃起来。这表示要把它的活动视为我们自己的活动、作为属于我们的一部分来接受，虽然这并不表示我们要一直无条件地遵循它的活动。

如果您愿意，您可以把杏仁核想象成您头脑中一个发出红光的点。处在活动状态的杏仁核在大脑的 PET 扫描中正是被如此显示的，这些造影成像将供血循环和正在执行各自任务的不同脑区的活动状态以视觉化的方式呈现出来。

您的不安，您的颤抖，您在当前所处场景中的身体反应都是杏仁核活动的一个正常结果。您现在颤抖，不是因为您（站在电梯间里，坐在飞机上，看见一只狗，独自在家），而是因为您的杏仁核发起了神经元的搏动。杏仁核在做它的工作，它正是为此存在的。但是您的杏仁核不是您的敌人，它是您的一部分。

您可以和这个红点，这个正在活动状态中的杏仁核聊天。而且您可以和它说，这一刻一切正常，您是自愿置身于这个危险场景中的。您可以以安抚的方式说服它，和它倾诉，您已经训练它很多年了。您可以和杏仁核说，您现在不想继续想象那么多悲剧情景来令它不安，而是希望想象一幅让大家都轻松的画面。您可以向它建议类似停战的协议。最后，您还可以对杏仁核表示感谢，感激它一直以来这么尽心地照顾您，在危险面前保护了您，并且以后也许还会在某刻拯救您的性命。"

12.5.2 直接调节被高强度体验的情绪

不要和感觉抗争！这是调节被高强度体验到的情绪的核心思想，它的主旨是不要和被体验到的情绪抗争。因为这场抗争往往是自相矛盾的：被体验的情绪增强了。谁没有曾经尝试过尽量憋住不合时宜的笑声，直到最后还是发出扑哧的声音。谁没有曾经尝试过在社交场合尽量掩饰自己的不安，但最后满面通红或者颤抖得更加明显。可是反过来看，不去与被高强度体验到的情绪抗争并不意味着必须自发听命于被它发起的行为动机。就像我们已经掌握的那样做，我们有选择。

情绪作为波浪　在体验到高强度情绪时，能帮助我们的做法是与情绪体验保持距离并把这种体验反复想象成一阵波浪，它开始上涨，到达最高点，之后回落，无需我们为此做什么或者必须听从这一行为动机（《Emotion Surfing》，Bohus & Wolf，2009，268 页）。

以符合社会规范的方式表达情绪　只要被体验到的情绪的强度没有超过一定限度，患者就有可能将这种情绪表达重新整合为符合社会规范的形式。这首先涉及语言表达。就像我们在其他地方已经讨论过的，在按捺愤怒和摔门之间还有一些其他东西。除了在社交场合谈及情绪之外还有许多不同种类的表达形式，例如表达型写作和不同的艺术表现手法等（另见 12.5.1）。

感官刺激　Marsha Linehan 在行为疗法的框架中提出了许多减轻压力的方法。这些耳熟能详的干预措施作为包容压力的技巧一方面包括了基本的接纳能力，另一方面也涉及具体的自我镇静和转移注意力的技巧。后者是在高压之下对强烈感官刺激机制的应用，而选择哪些刺激机制则取决于当前所承受压力的形式。这包括：用冷水冲洗小臂，尝试听听高分贝的声音，闻闻强烈的气味，尝尝辛辣的食物，看看富有冲击力的视觉图像，从事高强度的体力活动。

12.5.3　间接调节被高强度体验到的情绪

以不同以往的方式来做　这一原则体现了暴露疗法的基本原理：患者前往引发危险的场景，虽然情绪性的行为动机告诉他必须回避这个场景。一次成功的暴露疗法可以让患者：(a) 经历一次搁置身体反应的体验，(b) 对恐惧的引发机制进行重评，(c) 最后学会更灵活地处理恐惧。习惯的养成、重评和提高的灵活程度可以普遍起到作用，以至于人们还可以学着接近更大更复杂的危险。

能够违背被强烈情绪发起的行为动机而行事的能力就好比是肌肉。过度调节情绪的人群在这个肌肉意义上就好比真正的健美运动员。其他那些深受强烈情绪体验痛苦的人也能够训练这些肌肉组织。就像过低的要求和过少的刺激不会产生任何训练效果一样，过高的强度和超负荷的要求也有失败的风险，因而也不会产生作用。这就要掌握适度原则，即使在我们不按照情绪指示行事的时候也是如此。

Linehan 将这一情绪调节技巧训练的中心原则称为对抗行为（opposite action，另见 Rizvi & Linehan，2005）。对抗行为包含了不同层面的改变行为。Bohus 和 Wolf（2009）列举了若干如何弱化那些就其原因而言并不合理的或者长期高强度体验毫无益处的情绪。这包括了反向感知（例如转移注意力），反向身体反应（例如变化了的身体姿态和有意识的呼吸），反向思维（例如对引发机制的重评，验证生平经验中有决定影响的思维模式）和反向行为（例如接近令人害怕的场景）。

翻到情绪硬币的另一面　作为补充，我们可以加入情绪硬币的图像比喻。根据这个比喻，我们每次的情绪体验仅仅是一枚硬币的一面，可是我们有能力把这一

情绪资源 // Emotionen als Ressourcen

面翻过来查验是否还可能以其他形式体验情绪。

➢ **高兴** 如果我们确定强烈的高兴情绪在某个场景下是不合理的或者是源于成瘾或者一种破坏性的爱,长期来看它是毫无益处的,那么我们可以尝试把注意力放在其他东西上以便摆脱目前的指示机制。我们可以放眼其他曾经取得过成功的生活领域或者生活中另外一些可以充实我们的方面。我们可以减少高兴的表达,根据引发对象来验证乐观想法的合理性并对它进行调整。最终我们可以尝试不再进入那些与这种高兴情绪相关的场景。我们可以翻转情绪的硬币,看看是否高兴背后还隐藏其他的情绪,诸如对改变的恐惧、与丧失经历相关的悲伤、自我界限被伤害时的愤怒,这些都可能会被高强度体验到的高兴情绪掩盖掉。

➢ **悲伤** 如果我们可以确定强烈的悲伤在某个场景中是不合时宜的或者我们有沉溺于这片泥泞的悲伤沼泽的危险,那么我们可以尝试将注意力放在当下生活里能充实我们的那些时刻。我们可以在呼吸训练中通过聚焦于呼出而达到平静的状态,而且我们还能够通过聚焦于吸入来敞开心扉去迎接新的事物。我们可以检验情绪硬币的另一面并感受可能由被丧失经历突破的心理界限所造成的愤怒,也可以去感知自己对新事物的恐惧,还可能通过当下生活中可以充实自己的时刻重新接纳高兴。

➢ **害怕** 如果我们确定强烈的害怕在某个场景中是不合理的或者我们会被它的强度压制,也就是说如果在这种强度下我们会不知所措或者只能退缩不前,那么我们可以尝试把目光放在能够让我们平静的事物上。我们可以想象一个安全的处所,一个在我们内心让人镇定的声音,一个让人镇定的物品。我们可以通过专注的呼吸让自己镇定以及检视我们的身体姿态。我们可以从内到外地让自己振作起来,用眼神盯住场景中可能的威胁并用清晰的声音说话。我们可以检验针对唤醒害怕场景所做的想法,并尝试形成一个更为贴近现实、没有高估当前危险的看法。我们可以在相应场景中审视毫无益处的经验并让自己清楚地意识到,这一刻我们身处的是一个崭新的场景。在这里,我们能够接近危险,造访这个地方,遇到不同的人,表达我们的观点,说不。我们有能力检验情绪硬币的另一面并看看我们心中是否还有残余的愤怒,它也许可以通过划清界限的方式在威胁情境中保护我们。搜寻一下我们心中是否还有悲伤的角落,因为在类似场景中我们可能已经有过多次失去幸福和满足感的经历。再看一下这个场景中是否还有高兴情绪的存在,毕竟我们一直乐此不疲地为自己设置挑战并为此感到骄傲。

➢ **愤怒** 如果我们确定强烈的愤怒在某个场景中是不合理的或者我们可能被它那有破坏性和毁灭性的强度所压制住,那么我们可以尝试将注意力从威胁转移到场景中的其他方面。我们可以尝试通过有意识的呼吸来镇定自己,放松我们紧绷的身体姿态。也许我们可以微笑。我们还可以检验关于危险和威胁做出的评价,也许通过转换为一个新的人称视角,例如来自我们对面的人的视角。或者迈出和解的一步,提议一种类似停火协定的方案,但同时我们也深知人是不会和朋友缔结和平协约的。我们能够把心中的情绪硬币翻面,同时体察一下强烈的愤怒是否遮盖了其他情绪,这些情绪也许是我们在类似场景中体验过的愤怒,虽然我们发誓再也不去感受它,也许是因为丧失了无忧无虑的生活而感到悲伤,因为我们的生活越来越多像一个战场,但我们也许也因为扩展了新的界限和亲密关系而重新感到高兴。

> 厌恶　如果我们感到厌恶,那么说明已经有什么具有威胁性的东西逾越了我们的界限。保护我们的界限变得刻不容缓。当我们确定强烈的厌恶在某种场景中是不合理的时候,例如并没有实际的威胁或者厌恶的事物出现阻碍了其他基本需求的保障,那么我们可以尝试通过正念和有意识的呼吸来镇定自己。我们还能尝试将注意力放在一些能够平复内心和让人舒服的事情上,同时集中所有感官的能力来感知它们。我们可以检验哪些指示机制可能已经引发了厌恶和越界的行为。当我们已经准备好与那些充满痛苦的甚至与界限受伤有关的创伤经历打交道时,我们就能接近并处理它们。我们可以翻转情绪的硬币,看看还有哪些不同的情绪藏在厌恶背后。这里肯定会有害怕,也许还有对体验过的痛苦的悲伤,也许还有愤怒。我们可以尝试以新的眼光看世界,就好像我们第一次见它,然后期待它让我们惊奇。

> 吃惊　体会过吃惊的我们知道这种体验原则上只能持续很短时间。即使是强烈的吃惊也会很快转变成另一种情绪,这取决于作为引发的事件。这些情绪可以是面对威胁时感到的害怕或者愤怒,同样也可以是为生活中一次意料之外的收获感到的高兴。一直深受强烈吃惊情绪折磨的人倾向于把自己置身在一种摇摆不定的状态。因此制造安全感是十分重要的。这包括了仪式感以及清晰的空间和时间结构。此外还包括强化对地点、物品和人的记忆。

12.5.4　深入处理有强化作用的生平经历

就像回避情绪体验那样,高强度的情绪体验通常也和生平经历相关。一些人学会了原则上必须尽可能少地体验情绪来应对痛苦的经历。而另一些人则学会了通过强化其他情绪体验来掩盖痛苦经历,他们的口号是:如果我已经不愿意或者不能完全放弃情绪体验,那么我宁愿强烈体验一种情绪,而不是必须和另一种情绪纠缠不清。

对模块4中生平经历的深入处理是围绕被高强度体验到的情绪的不适应性处理方式开展的,所针对的情况是患者从经验中学会将雨伞作为保护机制撑开,同时会高强度体验到其表面而非内里的情绪。该治疗程序类似于上文讲述过的对情绪上的排除性学习经验的验证(另见 12.4.2 小节)。

想象力训练通过想象激活记忆中相关的痛苦场景,接受并感知该场景中的危机和可能发生的心理负荷过重的状况,给它们一个发声的机会并且从他人的视角出发,并用与以往不同的方式来回答这个声音。

这一他人的视角可以是现在作为成年人的自己的,也可以是一位富有智慧和同理心的人的,或者是一位好朋友的。

该训练的目的是制造一场体验。在这个过程中,初始的情绪体验仍是充满安全感的,以至于我们的雨伞不再或者不再那么不灵活地非撑开不可。我们以这个状态体验到了内心的强大,重新理解了以往的体验,同时也培养了对自己痛苦经历的共情能力。达到这种状态通常意味着我们在内心看见自己作为一个受伤的人存在并接受它。

总结:减少高强度的情绪体验和学会合理的情绪调节策略

(1) 可以通过这些方式来自我镇静:专注的呼吸,转移注意力到让人镇定的经验上,自我合理化认同,培养对自己和自己情绪的共情能力,本着相互尊重的原则与杏仁核进行对话。

(2) 直接调节高强度的情绪是通过不再与高强度体验到的情绪抗争,观察它波动的起伏就像在观察海浪,以符合社会规范的和非自我伤害的方式表达它,以及根据需要利用感官刺激机制来转移注意力而实现的。

(3) 间接调节高强度的情绪是通过训练以不同以往的方式进行情绪反应和翻转到情绪硬币的另一面而完成的。

(4) 深入处理那些可能加剧高强度情绪体验的生平经历并且通过重评来化解它们对此时此地的体验的影响。

所有在 4.4 小节中提到的情绪工作方案都可被应用于这里所介绍到的方式方法和许多其他关于支持和调节情绪的训练项目中。

材料

练习表 5.2:情绪硬币的两面:我如何改变它们? 这张练习表总结了上述所有改变情绪风格的干预措施。我们会和患者或者来访者一起完成它,同时,相关的其他治疗工作的干预措施也会被标识出来。

将高兴、悲伤、害怕、愤怒、厌恶和吃惊六种基本情绪处理方式从 1 到 6 编号并制成提示卡片 可以在提示卡片的正面总结认知、理解和改变单个基本情绪的重要步骤。在背面则可以根据患者和来访者的个人情况将普遍指导意见个体化,以便他们在日常生活之中也可利用这些卡片。

正如开篇时提到的那样,模块 4 和 5 是相互补充的。投向前方的目光可以一直延伸到人们在未来想要如何以资源为导向处理他们的情绪,但同时我们的目光也在不断回望过去和迄今为止应对情绪的经验。

从生平经验的工作和改变当前情绪体验之间的交互作用中产生了一种个体性的动力,这很难从普遍意义上去描述。如此一来,第 5 个模块便可以对治疗或者咨询的基本内容和相关训练课时提出相应的具体要求。心理治疗和咨询通常为生活提供了一个缓冲地带,在这里,迄今为止的人生道路被证明存在着问题。对此我们要做的是指明一些新的道路,深入分析各条道路的优势和劣势,并且支持患者和来访者选择踏上新道路的决定。这并不意味着我们要陪伴他们将全部的道路走完一遍。因为同样有可能发生的情况是,患者在模块 5 中受到了鼓励进而自发地带上他们已经掌握的资源走上了改变之路。

总结

模块 5
策略:改变
方法:支持和调节情绪

版本	内容	时长
详细	(1) 满足改变情绪风格的基本条件和前提 (2) 关于改变情绪风格的方向的决策过程 (3) 实施不同的支持和调节情绪的干预措施	至少 3 课时 100 分钟
简略	领会改变情绪风格的建议	0.5~1 课时 25~50 分钟

材料(可扫码获取)
➢ 练习表 5.1:情绪硬币的两面:我想改变哪一面?
➢ 练习表 5.2:情绪硬币的两面:我如何改变它们?
➢ 从 1 到 6 标识了关于高兴、悲伤、害怕、愤怒、厌恶和吃惊六种基本情绪处理方式的卡片。

情绪资源 // *Emotionen als Ressourcen*

练习表 5.1　　练习表 5.2　　提示卡片

练习：完成练习表；根据各个治疗干预措施进行训练。

| 练习表 5.1 | 情绪硬币的两面——我想要改变哪一面？ |

引言：您还能回忆起您的情绪风格的两面性吗（练习表 3.4）？它们就像是一枚硬币的正反面。其中一面代表了那些您可以很轻松地、经常地、强烈地在他人面前展示出来的情绪。而另一面则代表那些让您棘手的情绪。如果您现在想改变情绪风格，您可以按照两种最基本的方法进行：更多或者更少地去感觉——视具体情绪而言。

练习指导：请您在左侧填写那些您可以很轻松地、经常地并且强烈地在他人面前展示出来的情绪（A），右侧则是那些您不能很轻松地、经常地并且强烈地在他人面前展示出来的情绪（B）。然后请您回答下面的问题。

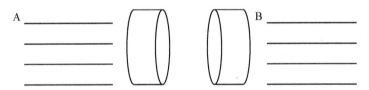

1. 请您从左侧开始（A）

a）您想改变您处理某一种情绪的方式吗？如果是的话，请您在这种情绪下面画上横线。

b）您想更多或者更少地体验这种情绪吗？如果是的话，请您在旁边画上向上或者向下的箭头。

c）如果您想更多/更少地表现这种情绪，可能会发生什么？（在您的自我认知中，在他人的反应中）

_____

_____

d）如果您想更多/更少地感受这种情绪，可能会发生什么？（在您的自我认知中，在他人的反应中）

_____

_____

2. 现在请您翻转硬币来到右侧(B)

a) 您想改变您处理某一种情绪的方式吗？如果是的话，请您在这种情绪下面画上横线。

b) 您想更多或者更少地体验这种情绪吗？如果是的话，请您在旁边画上向上或者向下的箭头。

c) 如果您想更多/更少地表现这种情绪，可能会发生什么？（在您的自我认知中，在他人的反应中）

_____
_____

d) 如果您想更多/更少地感受这种情绪，可能会发生什么？（在您的自我认知中，在他人的反应中）

_____
_____

练习表 5.2	情绪硬币的两面——我要如何改变它们？

引言：通过练习表 5.1 的内容您已经可以命名情绪，这既包括那些您较多体验并想要增强的情绪，也包括那些您较少体验并希望进一步调节的情绪。这张练习表所涉及的内容便是您如何能够实现上述目的。

练习指导：请您和您的治疗师/咨询师一起完成这张练习表。

当我想要促进情绪体验和减少过度调节的时候

A) 通过下列方法，我可以让自己面对情绪
☐ 思考它 ☐ 暴露疗法 ☐ 表达型写作
☐ 正念   ☐ 运用多媒体 ☐ 艺术表现手法
☐ 镜子训练 ☐ 叙说   ☐ 开放性训练 ☐ 再身体化

B) 我回顾排除性学习经历的方式是
☐ 想象中的修正型关系经验
☐ 讲述另外一个有关自己和自己情绪的故事
☐ 促进与被回避的情绪的对话

C) 其他_____

我想要更多去调节的情绪   我想要更多去增强的情绪

_____ _____
_____ _____
_____ _____

情绪资源 // Emotionen als Ressourcen

当我想要减少情绪体验的强度和学习合理的调节策略的时候

A) 我的自我镇定方式是

☐ 专注的呼吸　☐ 自我合理化认同　☐ 对自己的共情

☐ 集中注意力到镇定的经验上　☐ 满怀敬意地与我的杏仁核进行对话

B) 我的直接调节高强度情绪体验的方式是

☐ 我不再与它抗争　☐ 就像看海浪一样观察它的起伏

☐ 在社会认同和不自我伤害的前提下表达它们

☐ 根据需要利用强烈的感官刺激来转移注意力

C) 我的间接调节高强度情绪体验的方式是

☐ 我训练自己以不同于当下持有的情绪风格进行反应

☐ 我将情绪的硬币翻转过来

D) 我会深入处理导致强烈情绪体验的生平经历，同时削减它们对我在此时此地的体验的影响。

E) 其他_____

提示卡片 1A	高兴情绪的处理方式

我识别高兴的依据是？

➢ 面部：笑，神采奕奕的眼睛，舒展的、放松的脸。

➢ 身体：轻松的身体姿态，生动的表达。

➢ 所做：在高兴的引发机制（人、物体、地点、活动）面前表现出的令人放松的平静到充满活力的行动。

➢ 所想：从对高兴的引发机制（人、物体、地点、活动）的静思到强烈的思维活动。

高兴情绪的关键剧本：

➢ 在物质或者非物质角度上，我获得了许多对我来说意义非比寻常并且能拓展自我和我的界限的东西。

➢ 我周围的人能与我一起感到高兴。

我依据什么意识到对高兴情绪的处理方式不是有益的？

➢ 我在符合其他基本情绪的关键剧本的场景中表现出了高兴。例如，在丧失经历或者受到威胁的场景中。

➢ 我的高兴情绪导致我重视的人离我而去，或者我失去了我所珍视的东西。

➢ 我的高兴强化了长期看来会给我造成伤害的行为方式（物质滥用、游戏上瘾、依赖关系）。

我如何强化高兴情绪？

➢ 我使用了一个令人高兴的身体表达。

➢我确定了能够充实自己的场景(例如作为一个集邮者)。
➢我将自己与一些引发高兴的事物联结起来。
➢我会意识到生活中的价值并且实现它们。
➢我不断造访那些把生活变得富有价值的场景。
➢我寻找(新的)高兴的源泉。

我如何调节高兴情绪?
➢我不再同这种情绪抗争。
➢我试着理解高兴情绪背后的依赖性。
➢我清除引发机制以及对引发高兴的对象事物的回忆。
➢我培养另外的较少造成自我伤害的行为方式。
➢我让自己回忆起这种形式的高兴并不是有益的。
➢我让自己逐步认清丧失是生活的一部分这个现实。

提示卡片 1B	我处理高兴情绪的方式

我依据什么识别出我的高兴情绪(面部、身体、所做、所想)?
_____
_____
_____

我的高兴情绪的典型场景是什么?
_____
_____
_____

在哪些场景中,我的高兴情绪是没有益处的?
_____
_____
_____

我想更多地还是更少地感受和表达我的高兴?
_____
_____
_____

情绪资源 // *Emotionen als Ressourcen*

我如何强化我的高兴情绪?
_____
_____
_____

我如何调节我的高兴情绪?
_____
_____
_____
_____

提示卡片 2A	悲伤情绪的处理方式

我依据什么识别悲伤?
- 面部:哭泣,下垂的嘴角和眼睛,因痛苦而扭曲的脸。
- 身体:耷拉的肩膀,蜷缩的身体,断断续续的表达。
- 所做:从退到一个角落并蹲在那里以求自我镇定和同情到不安地四处游走,部分情况下还伴随着寻找与某个丧失经历对象(人、物品、地点、活动)相关的行为。
- 所想:从脑中一片空白到过分集中思考的注意力到丧失经历的对象上(人、物品、地点、对象)。思考的焦点定位于过去已经发生的事情上。

悲伤情绪的关键剧本:
- 在物质或者非物质角度上,我丧失了许多对我来说意义非比寻常的东西。这些东西拓展了我和我的界限。我的界限因丧失经历受到了伤害。
- 我周围的人安慰我。

我依据什么意识到对悲伤情绪的处理方式不是有益的?
- 我在符合其他基本情绪的关键剧本的场景中表现出了悲伤。例如,我得到了一些珍视的东西或者在受到威胁的场景中。
- 他人并不能将我的悲伤解读为信号并随即离我而去。
- 我的悲伤导致了我一再把自己孤立起来。
- 我的悲伤强化了长期看来会造成自我伤害的行为方式(物质滥用)。
- 我的悲伤变得挥之不去,而且侵占了越来越多的生活空间,以至于其他对我的生活很重要的价值和目标不断被缩减。

我如何强化悲伤情绪?
- 我将悲伤接纳为一种对伤害和丧失经历有治愈作用的情绪。

➢我练习专注的呼吸:每次呼吸我都更深一步地感知我的丧失经历。
➢我摆出一个悲伤的身体姿态。
➢我着手处理照片或者其他一些唤醒我的丧失经历的物品。我去造访丧失经历发生的地点。
➢我分析那些在其中我丧失了物质或者非物质东西的生平经历。
➢我主动与他人分享我的悲伤。例如,通过叙述,写作,艺术性表达。
➢我利用多媒体资源,例如悲伤的音乐和电影。

我如何调节悲伤情绪?
➢我不再同这种情绪抗争。
➢我为悲伤抽出时间,但也对这个时间加以限制。
➢我寻找悲伤的地方,并将它限定在这些地方。
➢我练习告别仪式,并尝试主动放手。
➢我接纳来自他人的安慰。
➢我做一些能充实我当下生活的事情。
➢如果可能的话,我会为我丧失的东西寻找替代品。

提示卡片 2B	我的处理悲伤情绪的方式

我依据什么识别出我的悲伤情绪(面部、身体、所做、所想)?
_____
_____
_____
_____

我的悲伤情绪的典型场景是什么?
_____
_____
_____
_____

在哪些场景中,我的悲伤情绪是没有益处的?
_____
_____
_____
_____

我想更多还是更少地感受和表达我的悲伤?
_____
_____

情绪资源 // Emotionen als Ressourcen

我如何强化我的悲伤情绪?

我如何调节我的悲伤情绪?

| 提示卡片 3A | 害怕情绪的处理方式 |

我依据什么识别害怕?
- 面部:瞪大的双眼,因担忧堆起的皱纹,张开的嘴,因痛苦而扭曲的脸。
- 身体:蜷缩的身体,就像准备起跳时绷紧全身,心跳加速,急促的呼吸,汗流不止。
- 所做:从身体在某一刻僵住到局促不安,乃至惊慌失措地离开引发害怕的场景,同时高度专注于制造安全感。
- 所想:从脑中一片空白到注意力完全集中在危险事物上,以及全神贯注地思考应对危险的方式。思考的焦点落在接下来将要发生的事情上。

害怕情绪的关键剧本:
- 一个人可见的和不可见的界限受到了威胁,他通过逃跑、回避、自我贬低的方法拉开与威胁之间的距离。
- 我周围的人将害怕作为信号识别出来。

我依据什么意识到自己对害怕情绪的处理方式不是有益的?
- 我在符合其他基本情绪的关键剧本的场景中表现出了害怕。例如,我得到或者失去了一些我珍视的东西,或者在受到威胁本应采取更为有益的划清界限的措施的时候却只能害怕。
- 当下并不存在实际的危险,我此刻的害怕是由之前的经验决定的。
- 我回避了对生活重要的活动。
- 我周围的人不能将我的害怕作为信号识别出来并因此留下我一个人。
- 我的害怕导致了过分自我贬低,以至于扭曲了自己原本的样子。
- 我的害怕强化了长期看来会造成自我伤害的行为。

我如何强化害怕情绪?
➢ 我摆出了一个害怕的身体姿态。
➢ 我将害怕作为一种在危险场景中有治愈作用的情绪来接受。
➢ 我着手处理那些在其中受到过潜在威胁的生平经历。
➢ 我主动在他人面前通过直接谈论或者其他表达方式来分享我的害怕。
➢ 我利用恐怖电影等资源。

我如何调节害怕情绪?
➢ 我不再同这种情绪抗争。
➢ 我专注于呼吸,同时让自己意识到害怕会到来,但也会离开……
➢ 我通过体力劳动来缓解紧张。
➢ 我让自己镇静下来,比如通过与杏仁核的对话。
➢ 我转移注意力到其他事情上,让自己分心,或者离开引发害怕的场景。
➢ 在我的自主可控范围之内,我会根据需求让自己置身于引发危险的场景中。
➢ 如果可能的话,我会在威胁场景中划定自我界限。
➢ 我会强化建立信任的措施并且减少控制行为。
➢ 我尝试停止对害怕的体验,不让自己背离生活的长期目标和价值观。

提示卡片 3B	我的处理害怕情绪的方式

我依据什么识别出我的害怕情绪(面部、身体、所做、所想)?
_____
_____
_____
_____

我的害怕情绪的典型场景是什么?
_____
_____
_____
_____

在哪些场景中,我的害怕情绪是没有益处的?
_____
_____
_____
_____

我想更多还是更少地感受和表达我的害怕?
_____

情绪资源 // Emotionen als Ressourcen

_____
_____

我如何强化我的害怕情绪？
_____
_____
_____

我如何调节我的害怕情绪？
_____
_____
_____

提示卡片 4A	处理生气和愤怒情绪的方式

我依据什么识别生气和愤怒？
- 面部：收缩的瞳孔，拧紧的川字纹，紧闭的嘴，板起来的脸。
- 身体：直立的身姿，全身紧绷，握紧的拳头。
- 所做：从明确的划清界限到分析可能的威胁，乃至攻击行为。
- 所想：从集中精力保护自己的界限到专注思考如何清除威胁。

生气和愤怒情绪的关键剧本：
- 一个人可见的和不可见的界限受到了威胁。自我界限的保护通过划清界限以及视情况应对威胁来实现。
- 我周围的人将生气和愤怒作为信号识别出来。

我依据什么意识到对生气和愤怒情绪的处理方式不是有益的？
- 我在符合其他基本情绪的关键剧本的场景中表现出了生气和愤怒。例如，我得到或者失去了一些我珍视的东西，或者在受到威胁时采取防卫性的回避措施或许更为有益的时候。
- 目前并不存在的危险，我当下的生气和愤怒是由之前的经验决定的。
- 我的生气和愤怒导致了他人的界限受到伤害。
- 我的生气和愤怒导致了我越来越孤立自己。
- 我的生气和愤怒让我失去了同情心。
- 我的生气和愤怒强化了长期看来会造成自我伤害的行为。

我如何强化生气和愤怒情绪？
- 我将生气和愤怒作为一个在威胁性场景中有治愈作用的情绪来接受。

➢ 我采用了生气和愤怒的姿态、手势和话语表达。
➢ 我着手处理那些在其中感受到生气和愤怒的生平经历,并且检验和我处在亲密关系中的人对此的应对方式。
➢ 我开始在他人面前谈论我的生气和愤怒。
➢ 我在对他人不会造成伤害的场景中练习生气和愤怒的表达。
➢ 我大声播放音乐,观看展现有益的生气和愤怒情绪的处理方式的电影。

我如何调节生气和愤怒情绪?
➢ 我不再同这种情绪抗争。
➢ 我保持一个舒展的身体姿态。
➢ 我让自己多做运动来缓解紧张。
➢ 我按照社会规范为生气和愤怒制造一个调节活塞。
➢ 我让自己短暂休息一下,练习专注的呼吸和轻松的微笑。
➢ 我把注意力转移到其他地方,让自己分心,或者离开受到威胁的场景。
➢ 我回顾感知到的威胁并练习转换视角。
➢ 我提高我的社会交往能力。
➢ 我强化建立信任的措施并且接纳自己受到伤害的事实。

提示卡片 4B	我的处理生气和愤怒情绪的方式

我依据什么识别出我的生气和愤怒情绪(面部、身体、所做、所想)?
_____
_____
_____
_____

我的生气和愤怒情绪的典型场景是什么?
_____
_____
_____
_____

在哪些场景中,我的生气和愤怒情绪是没有益处的?
_____
_____
_____
_____

我想更多还是更少地感受和表达我的生气和愤怒?
_____

情绪资源 // *Emotionen als Ressourcen*

　

我如何强化我的生气和愤怒？

　

我如何调节我的生气和愤怒情绪？

　

提示卡片 5A	处理厌恶情绪的方式

我依据什么识别厌恶？
- 面部：眯起来的双眼，抿起的双唇，扭曲的脸。
- 身体：紧张，自我封闭的身体姿态，恶心，出汗。
- 所做：从身体在某一刻僵住到紧张不安，乃至呕吐，并前往一个被保护起来的空间。
- 所想：专注地分析伤害了我们界限的事物和再度摆脱它们的方式。

厌恶情绪的关键剧本：
- 一个人可见的和不可见的界限突然被一些负面的事物逾越。我们尝试尽快再次将它们赶出我们的界限。
- 我周围的人将厌恶作为信号识别出来。

我依据什么意识到对厌恶情绪的处理方式不是有益的？
- 我在符合其他基本情绪的关键剧本的场景中表现出了厌恶。例如，我得到或者失去了一些我珍视的东西。
- 逾越了界限的事物并没有表现出负面影响，我当下的厌恶是由之前的经验决定的。
- 我把自己在所有事物面前封闭起来，回避了生活中重要的活动。
- 他人并没有把我的厌恶作为信号识别出来并且继续逾越其他的界限。
- 我的厌恶强化了长期看来会造成自我伤害的行为（例如拒绝进食）。

我如何强化厌恶情绪？
- 我将厌恶作为一种在受到侵犯或者腐蚀的场景中有治愈作用的情绪来

接受。
➢我着手处理那些在其中感到过厌恶的生平经历。
➢我开始在他人面前通过直接谈论或者其他表达方式来分享我的厌恶。
➢我利用一些会引发大量厌恶感的资料来(再次)感受它。

我如何调节厌恶情绪?
➢我立即清除掉已经逾越了我的界限的负面事物。
➢我不再与这种情绪抗争。
➢我专注于呼吸直到厌恶渐渐消散。
➢我把注意力转移到其他地方,让自己分心,或者可能的话回避场景。
➢如果可能,我会在引发厌恶的场景中进行自我隔离。
➢我尝试在体验到厌恶之后再度保持开放的态度。
➢我感知自己的世界好像我第一次在感知它。

提示卡片 5B	我的处理厌恶情绪的方式

我依据什么识别出我的厌恶情绪(面部、身体、所做、所想)?
___
___
___

我的厌恶情绪的典型场景是什么?
___
___
___

在哪些场景中,我的厌恶情绪是没有益处的?
___
___
___

我想更多还是更少地感受和表达我的厌恶?
___
___
___

情绪资源 // *Emotionen als Ressourcen*

我如何强化我的厌恶？
_____
_____
_____

我如何调节我的厌恶情绪？
_____
_____
_____

提示卡片 6A	处理吃惊情绪的方式

我依据什么识别吃惊？
- 面部：瞪大的双眼，错愕的眼神，张开的嘴。
- 身体：僵硬的姿势，全身紧绷。
- 所做：僵在当前发生的场景中，只能被动等待接下来发生的事情。
- 所想：首先的反应是自我定位，尝试理解发生了什么，试图尽快评估已经发生的事情是否构成威胁。全神贯注于已经发生的事情，屏蔽了对其他信号的感知。

吃惊情绪的关键剧本：
- 一些尚不能评估的事物已经逾越了我们可见和不可见的界限，我们还不知道自己应该如何反应。
- 我周围的人将吃惊作为信号识别出来。

我依据什么意识到对吃惊情绪的处理方式不是有益的？
- 我在符合其他基本情绪的关键剧本的场景中表现出了吃惊。例如，我得到了一些我了解并欣赏的东西。
- 我已经多次体验过这种情况。
- 我一再退缩并且回避了生活中重要的活动。
- 他人并没有把我的厌恶作为信号识别出来并因此离我而去。
- 我的吃惊强化了长期看来会造成自我伤害的行为（例如，设置一些不断束缚着我的安全措施和仪式）。

我如何强化吃惊情绪？
- 我将吃惊作为一种有益的情绪来接受。
- 我减少控制策略，同时尝试不去提前计划所有的事情。
- 我着手处理那些让我感到过吃惊的生平经历。

➤我开始在他人面前通过直接谈论或者其他表达方式来分享我的吃惊。
➤我利用诸如有开放性结局的游戏等资源。

我如何调节吃惊情绪?
➤我不再与这种情绪抗争。
➤我专注于呼吸,同时很明确地知道,吃惊不会停留太久。
➤我会适时锻炼身体来缓解紧张。
➤我让自己镇定下来,比如通过与杏仁核对话。
➤我接纳这种认为不必一下子理解所有事情的观点。
➤我训练自己快速评估场景的能力。
➤通过给自己留出空间和时间,可以在新的让人吃惊的情况发生时保护自己。

提示卡片 6B	我的处理吃惊情绪的方式

我依据什么识别出我的吃惊情绪(面部、身体、所做、所想)?
_____
_____
_____

我的吃惊情绪的典型场景是什么?
_____
_____
_____

在哪些场景中,我的吃惊情绪是没有益处的?
_____
_____
_____

我想更多还是更少地感受和表达我的吃惊?
_____
_____
_____

我如何强化我的吃惊?
_____
_____

情绪资源 // *Emotionen als Ressourcen*

我如何调节我的吃惊情绪?

13　模块6：日常生活中的情绪作为资源

正确的实践行为的目标应该是废黜自己。
（行为的自我否定，因为行为本身是途径，而非目标——译者注。）
——Adorno

我们已经在模块5中提到了一个缓冲地带，在那里我们可以思考情绪风格应该沿哪个方向改变。无论能够陪伴患者和来访者在这条路上走多远，它都是有意义的。一些人能够很快肩负起对自己的责任，他们很快就能把讲过的改变步骤付诸实践并且自己操办一切，而另一些人则首先需要得到外界支持。这便是第6个模块的核心。

> **模块目标**
>
> 　　患者和来访者承担起改变自我的责任，而且他们的情绪风格的改变应该持续维持下去。

从行为治疗的角度来看，改变得以持久下去需要满足三个条件：

（1）患者和来访者准备好了为新的道路付出努力而且可以忍受随之而来的不确定性。

（2）他们做好了多次练习新道路的准备并能重复不断练习下去。

（3）他们准备好了观察自己的做法以及反思和分析可能的复发状况。

下面的故事可以帮助我们为患者形象地解释这些基本条件。

情绪资源 // Emotionen als Ressourcen

指导

"作为情绪工作的结束,我想给您讲述一个关于我们大脑的运转方式的故事。

请您想象一下,您生活在一片茂密的原始森林中。长久以来您每天都走着同样的路,比如到您的水源地。这条路看起来可能是什么样子呢?是的,它被踏平了。路上寸草不生,道路的左右两边的植物显得格外茂密。也许您在黑暗中也能找到这条路。

请您想象一下,您决定从今天开始在某个地方转到另一条路上。也许因为某个人,例如您的治疗师已经这么向您建议过。也许因为您登上了一座山,俯瞰后您发现原来迄今为止您每次去取水的时候都绕了一大圈弯路。

那么您在这一刻产生了什么想法?嗯,有很多的工作要去做,因为您必须要开辟新路径。您必须踏平周围的草木,清理枝杈。也许您还会变得踌躇不安:新的路真的更好吗?我能不能相信给我建议的人?这么费劲值得吗?

理想的状态是您很快到达了水源地,而且验证了新的道路是否真的更短、更省力,因为成功是最好的动机。

然而旧路会怎么样呢?当然,它会一直在那里,而且它被植被再次覆盖历时很久。新的道路也要求您在一段不短的时间之内坚持每天都走,直到它像旧的路那样被踏平。这时候需要您的耐心。过渡时期自始至终坚持走下去也非常重要。

请您想象一下,您正急步走向水源,或者您被其他的东西转移了视线,因为您想到了别的事情,或者您仅仅是感冒了,您觉得浑身乏力而且头疼。如果您走到了新旧道路的交叉点,您会怎么做呢?很可能发生的情况是您走上了旧的道路,但是每次当您走到旧的道路上,您都妨碍了上面植物的生长。因此有效的对策是您在交叉路口树立一个指示牌以提醒您,您想走新的路。"

一些人需要许多的鼓励和强化措施,前提是他们准备好为了新的道路付出辛苦和努力。更重要的是,我们要时刻验证不断变化的难度等级并根据来访者的自主性进行调整。同时不应该被忽视的是,即使来访者只是取得小小的成就,我们也要不厌其烦地去赞赏和表扬他们。

在预防复发的意义上,维持情绪体验改变的持续性的有效做法是探索和命名可能的风险因素:

➤哪些事件的发生会迫使我再次返回原路?
➤哪些压力因素可能导致重蹈覆辙?

➢其他人对新的道路怎么看？
➢新路上会遇到哪些障碍？
➢哪些信念可能导致患者重蹈覆辙？
➢没有留意新道路的指示牌的情况是如何发生的？

对于因不同原因正承受风险的患者和来访者而言，能帮助他们的是放慢治疗和咨询进程的脚步。我们对此可以做的事情有缩短咨询时间（心理治疗的课时时长减半）以及延长课时之间的间隔，这符合药剂学中大家耳熟能详的口号："长疗程，低剂量"。

> 材料

练习表 3.3：情绪日记　写情绪日记能够在较长一段时间内维持专注地感知日常生活中基本情绪的习惯以及巩固它。

练习表 6.1：我的改变了的情绪风格：检验　通过这张练习表我们可以根据各个日常生活中的情景来验证对情绪风格的诸项改变。

练习表 6.2：我的新的处理情绪的道路　作为训练的最后一张练习表，它通过控制可能发生的复发风险支持了新道路的加固工作。我们推荐的做法是在接下来几周不断回顾这张练习并进行验证。

> 情绪作为资源工作的结束

不论您在治疗或者咨询时是否使用这本书，不论您仅仅快速而粗略地将模块任务执行一遍还是事无巨细地把它们分配到若干个课时中严谨地按步骤完成，以情绪为资源的工作总有落下帷幕的一刻。

下面几个问题能够帮助您确定结束的时间点：
➢患者和来访者能够识别和命名发生在自己和他人身上的情绪体验中的基本情绪，同时还可以验证其合理性。
➢他们能够利用不同的可能性来合理表达基本情绪。
➢他们能够识别自己的功能失调的保护机制并灵活地调整它们。
➢他们能够将情绪风格的发展变化作为生平经历的后果来理解，同时能够主动接触那些与基本需求受伤有关的痛苦经验。
➢他们已经准备好结束对抗情绪体验的内心抗争以及让自己着手为这个情绪布置一个新房间。
➢他们能够识别自己处理情绪方式造成的短期的和长期的适应性以及非适应性的后果，同时能够灵活改变情绪体验。

普遍适用于每例心理治疗和咨询的定律是：为准备接受帮助的人提供帮助的

情绪资源 // *Emotionen als Ressourcen*

意义不应该是强化他们对帮助的需求,而是应该让他们学会利用自己的知识和自主性来过自己的生活。我们在工作的开始阶段和在医患关系以及咨询或者督导关系建立之初就应该持有这一基本态度。因为 Adorno(2003)如此回忆道:"正确的实践行为的目标应该是废黜它自己。"(第769页)

总结

模块 6
策略:改变
方法:应用到日常生活

版本	内容	时长
详细	(1) 将改变情绪风格中的步骤应用到不同的日常生活场景中 (2) 验证复发风险 (3) 以保障改变为目的的较低频率的陪伴	至少一个课时 50分钟
简略	本着对自己负责的态度保障改变的持久性	

材料(可扫码获取)
➤ 练习表 3.3:情绪日记
➤ 练习表 6.1:我的改变了的情绪风格:检验
➤ 练习表 6.2:我的新的处理情绪的道路

练习表 3.3

练习表 6.1   练习表 6.2

练习:完成练习表。

练习表 6.1	我的改变了的情绪风格:检验

引言:您的情绪风格表现为您已经可以轻松地、经常地、高强度地在他人面前表现出某些特定情绪,而不能如此表现出另外一些情绪(练习表 3.4)。为了更有效地利用情绪的潜能,您已经决定改变这种情绪风格。根据情绪硬币双面性模型理论,您想更多地表现和感受一些情绪,而较少地表现和感受另外一些(练习表 5.1)。通过这张练习表,您可以结合具体场景来检验情绪处理方式的改变产生了

怎样的影响。

练习指导：请您首先描述一个至今为止对您仍是挑战的场景，而且因为这个场景您希望改变处理情绪的方式。请您回答下列问题1到4。

场景：
_____
_____

1. 哪些情绪质量可能减轻我应对该场景时的负担（可能那些情绪的关键剧本会帮到您）？
_____
_____
_____

2. 哪种强度的情绪表达可能是有益的？
_____
_____
_____

3. 我怎样才能达成克服挑战的目标？（调节策略、想法、行为）
_____
_____
_____

4. 我的情绪风格的改变如何能帮助我？
_____
_____
_____
_____

练习表6.2	我的新的处理情绪的道路

引言：您已经开始改变您处理情绪的方式了。在接下来的时间里，您会再三想到您希望踏上的道路。这张练习表可以帮助您去检验您是否偏离了道路。我们推荐您在下面几周重复通读这张练习表，并且可能的话补充它。

练习指导：请您首先在练习表上方填写您是否有意愿改变处理情绪的方式。然后请您回答接下来的问题1到4。

情绪资源 // *Emotionen als Ressourcen*

新的道路　　　　　　　　　　　　　　　目标

停

我的新的道路——我想要改变我处理情绪方式：
_____
_____

1. 其他人如何评论现在在我面前的这条道路？
_____
_____

2. 会有人拒绝这条道路吗？为什么？
_____
_____

3. 如果再次离开现在正在走的这条道路，有什么势必发生的后果？
_____
_____

4. 哪些压力因素可能导致上述情况？这条路上有哪些障碍？
_____
_____

5. 我要怎样提醒自己留在这条路上？
_____
_____
_____

14 在不同工作领域的情绪作为资源

这本书可被应用于针对不同目标群体和不同治疗设置的情绪工作。但不变的原则是，情绪永远只是许多其他心理工作的基石。就像第 6 章中讲到的那样，在每一次治疗过程中，我们都要依个人情况验证适应证并确定情绪工作在整个心理治疗、咨询、训练或者督导以及自我体验的大背景中占据了什么地位。

14.1 心理治疗

心理治疗中的焦点是个体的人，他因怀疑自己患有某种心理疾病而前来进行一次原则上保险可以承担费用的治疗（在德国，无论社保还是商业保险原则上都要报销心理治疗的费用——译者注）。

每次心理治疗都应遵循的原则是：在测试课时结束之后，患者和治疗师要共同决定治疗的入门形式。在行为治疗的框架下，这一决定至少要求了对诊断结果的验证、生平既往病史、障碍模型的发展过程，以及有足够经得起考验的医患关系的建立作为前提。情绪作为资源的工作能够在大多数心理障碍的治疗中发挥效用并设定一个建设性的治疗目标。但这本书并不是一项危机干预方案，它不适用于当前正处在高度心理压力之下的人群。因此，只有具备了足够的情绪和整体的社会关系心理层面上的稳定性的患者才可以被纳入本书的治疗范围。心理治疗的工作领域有两种核心的设置：个人治疗和团体治疗。

个人治疗

个人治疗具有很高的灵活度，它能够充分依据患者的个体需要调整治疗进度。

在感觉的岛屿做短暂的逗留适用于那些"只想闻一下"的患者。障碍和处理情绪方式的关联在他们身上并不明确，或者根据他们分析情绪的方式，他们还有着一个尚未被清楚认识的动机。

情绪资源 // Emotionen als Ressourcen

简略版本 简略版本需要的时长至少是 3 个课时或者 150 分钟。它的执行内容是本书中每个相应模块最后总结出来的简略版本。如果患者在足够的激励之下拥有了改变情绪风格的意愿,那么他需要在日常生活中独立贯彻,以便在接下来的治疗工作中我们能够继续进行其他的主题和重点。

详细版本 如果障碍和处理情绪方式之间的密切关联能够被确定,并且患者和治疗师都有开展情绪工作的强烈动机,那么使用详细版本再合适不过。在这种情形下,训练层面占据了治疗的主要部分,因此,信息表和练习表需要在课时间隔期间被完成,而对它们的总结讨论则会占用一些课时时间。如果在治疗过程中没有出现危机,并且没有现场提问或者随时有可能出现的在治疗过程中绕弯路的情况,那么详细版本预计至少需要 10 个课时。

团体治疗

团体治疗被应用于许多心理障碍上(例如恐惧障碍、进食障碍以及抑郁),即使在门诊中贯彻这种治疗常常意味着巨大的后勤消耗。将整本书作为团体治疗中情绪工作相关的基本方案来执行将要持续至少 4 个双课时。下列建议可以作为每个模块的补充。

模块 1 和 2 应用了心理教育法的模块 1 和 2 可在团体治疗时作为非常实用和有效的方案来介绍和执行。我们有一系列的教学手段可以让团体每个成员都参与进来。例如,可以把做好的标有情绪名称的卡片混合,然后分发给每个人。参与者需要表演出卡片上的相应情绪,而其他人则可以猜测是哪种情绪。同时我们还会整理出一些原始模型式的面部表情、手势和行为动机,然后把它们总结并写在挂板／白板上。团体成员可以播放示例音乐或者利用其他的媒体方式来展示情绪,他们还能交流讨论有哪些基本情绪可以被归到这个音乐示例中。团体治疗设置的优势在于患者可以利用其他参与者的情绪资源和不同的应对情绪的经验,以及模型化的处理情绪方式。在团体治疗的设置中,这两个模块预计需要一个双课时。

模块 3 随着过渡到第三个模块以及患者较开始时更强烈地体验过了情绪,我们现在要做的是检验成员间的信任和联系是否足够稳固到每个人都能够敞开心扉诉说他们的经历。作为前提的团体法则包括了普遍意义上通用的人际交流规则和基本的相互尊重以及合理化认同原则。如果这些条件满足的话,那么个体情绪风格可以很好地在团体中被共同研究分析出来。这其中需要注意的是如何回到与该团体的主题的关联上,例如进食障碍通过暴食症来回避痛苦经历。在治疗场景中,参与者可以互相给出善意的回复,告诉大家他们处在这个团体中时如何体验彼此的情绪。每个参与者作为个人都能自主决定他们在多大程度上开放自己以及在多大程度上在不同的场景中讲述他们的情绪感受。在团体中研究情绪风格对于其他的情绪工作有着核心意义,因此也需要一个双课时。

模块 4　随着有关生平经历工作的展开,我们的工作方式在模块 4 中变得"热"起来了。虽然工作仍然以团体模式进行,但是我们必须格外仔细验证,团体中的信任在多大程度上有足够的承担能力以及在多大程度上可以保护那些开放内心的成员。可能课程的时间不足以支持团体的全部参与者都能在团体中探索他们的生平经历和吐露内心,所以有效的措施是通过阶段性的单独对话来补充和完善这个步骤。

模块 5　团体治疗也完全可以胜任一些通过支持和调节情绪来改变情绪风格的步骤。参与者个人能够自己陈述他们的改变目标。而组群则是一个重要的动机因素,它对目标的达成无疑起到了支持作用。如果个体的改变过程停滞不前的话,那么适当情况下进行辅助性的单独对话也是有必要的。

模块 6　就像在个体治疗中那样,把改变的步骤应用到日常生活中的方式也不尽相同。一些团体中的参与者可以独立完成,而另一些人需要利用团体模式下长期的有效相互激励和促进机制。

14.2　咨询和指导

既然情绪是无处不在的,那么在许多生活领域中就都存在关于适应性处理情绪的问题。相应的,结构化的预防方案的投入使用在教育和工作领域中对处理情绪问题起到了巨大成效(另见第 2 章)。如果一个人在基本需求和他的各种文化背景框架(例如伴侣关系、家庭、学校、工作场所、社会团体)的重合地带陷入了矛盾,那么以资源为导向的认知和利用情绪是大有裨益的。而这通常需要来自咨询和指导的支持(West-Leuer,2011;Schulze,2010)。

咨询和指导的设置要求从业人员具有高度的灵活性:目前的咨询或者指导工作常常因时间压力仅有几分钟可用。同时那些来访者之间以及他们的提问和背景之间都相互不同。这要求从业人员必须能够很快调整自己并适应患者们不同的"语言"。

有时候,我们在较为平和的工作形式中会设置一个规模较大的目标群体,虽然我们努力激发他们对情绪潜能的好奇心,但这不会发展为一个面面俱到的改变过程。这种情况下,咨询仅限于教授有关情绪意义的基本知识(模块 1 和 2 的节选)和处理情绪方式的基本技能(例如面对情绪体验时保持正念,不要与情绪抗争,学会命名情绪,以符合社会规范的方式表达情绪,另见模块 5),以及在以好奇心为基础的动机驱使之下研究自己的情绪风格和自己表现出以及感受到的或多或少的情绪。

如果人们带着非常明确的改变意愿前来咨询就会导致咨询过程的耗时长短不一。

这里我们可以划分为个人作为对象的咨询和指导工作以及若干人为对象的咨询和指导工作。

个人咨询和指导

咨询或者指导的程序和心理治疗的操作程序在很大程度上是不同的。但明确界定二者并不容易，我们通常只会根据治疗框架作为区分标准，比如预定的时长和费用。

模块1和2 如果前来咨询的人事先已经很好地掌握了相关知识，那么我们的速度和准备工作进度相较于原本的治疗设置安排得以明显加快，因为该咨询已经可以直接算作整个治疗计划的一部分。在咨询和指导过程中，模块1和2根据情况不同可能只需要花费几分钟时间来处理。

模块3 如果医患关系中的信任足够坚实，那么我们可以很快借助图像化表现出的和感受到的情绪而确定患者的情绪风格，从而抓住咨询工作的中心层面。而且，图像化手段被证明在不同的行为框架中，例如与同事、工作人员或者上级，和学生或者父母的交流中均能起到辅助作用且具有足够的灵活性。

模块4 原则上，理解生平经历的关联在咨询和指导的设置中并不像在心理治疗中那样占据很大的比例。

模块5 在掌握了患者和来访者在不同行为框架中的情绪风格后，具体的改变步骤可以按照支持还是调节来访者的特定情绪为总方针来制定。

模块6 在咨询的框架中，我们可以和来访者协商来决定改变步骤的执行是否需要陪同。

针对伴侣或者较大系统的咨询和指导

相对来说，以系统为对象的情绪工作的重点不在于个人和他的经验，而是更多的在于两个或者更多人之间的系统性关系。

伴侣或者家庭以及系统内部成员间的矛盾可能就是选择相应治疗设置（settings）的动机。另一个理由动机可能是某个成员的心理疾病，但是这种疾病和他与其他家庭成员或者伴侣间的互动关系的问题是交互影响的，至于互动关系的问题是心理疾病的结果抑或反过来是造成它的原因都是无关紧要的。两种情况都要求所有参与者做好最基本的准备工作，然后去迎接一个共同的治疗过程。

Greenberg(2012)将他的情绪聚焦疗法也应用到了针对伴侣的工作上，这意味着在伴侣关系和家庭关系的冲突中所有参与者都有过痛苦经历，体会过希望破灭和需求没被满足。为了应对痛苦，所有人都在为自己进行抗争，当然，有时候也为了彼此。但这些经历在抗争过程中往往是隐藏起来的。因此,逐一接受和合理化认同这些痛苦经历且同时不让自己陷于抗争之中就变得尤为重要。一般只有在被保护起来的房间内这种相互之间进行贬低的死循环才能被突破,因为参与者得以在里面表达出他们回避或者屏蔽的情绪。

模块1和2　如果作为参与者的互动伙伴能够让自己融入以情绪为主题的共同工作,那么我们便可以开始模块1和2的任务。就像前面讲过的,二者可以很好被团体形式的参与者接受。

模块3　通过表现出的和感受到的情绪描述情绪风格的工作可以首先针对每个成员分别进行(外在-内在-调节)。此外,针对伴侣和系统的情绪工作的重点体现在我-你-调节二人或多人不同方式的情绪表达中,圆周模型将此展示得一目了然。一个生动形象的故事可以帮助理解以系统为对象的情绪和情绪体验工作:沙发上的位子。

指导

"当人们一起生活的时候,他们共享一个生活的房间。比如,当沙发上的一个位子被人占据了的时候,那么它对别人来说就是不可能的了。

这也同样适用于情绪,请您想象一下,当一个人在情绪的沙发上占了一个位子,同时他还特别强烈地生活在这种情绪之中,那么这个位子对其他人来说就是不可能的。接下来这些人会为自己寻找别的位子,而在别的位子上他们可能会表达出一种不同的情绪。谁当时最先开始占据了位子(也就是说在这个过程中谁是鸡,谁是蛋的问题)在大多数情况下是无关紧要的。这种模式往往已经上演多年了。"

案例

➤ 如果在家族的一场葬礼之后某位成员的悲痛情绪格外强烈,那么悲伤的位子便被他占据了,而其他成员必须为自己寻找别的位子。这种情况会深化参与者们的情绪风格,即这个人的左侧圆(表现出的情绪的圆)被悲伤占据了大半空间,而同时在另外一个人那里,悲伤则成为次要的表现出的情绪。然而他们的右侧圆(感受到的情绪的圆)却显示:二人各自感受到的悲伤情绪的数量占据当时感受到的各种情绪总和的比重是完全相同的。

情 绪 资 源 // *Emotionen als Ressourcen*

> ➢ 在伴侣之间或者系统中可能发生的情况是，作为保护机制的因愤怒而划清界限的行为和因害怕而退缩的行为会相互助长。更为常见的情况是，男性一方非常擅长表现出愤怒（并以此保护自己），而女性一方则是更集中地通过害怕保护自己。两种策略会相互强化，从而产生了变为死循环的危险：男性越是愤怒，女性越是做出害怕的反应，而女性越是做出害怕的反应，男性便越是通过愤怒划清界限来保护自己。

模块 4 在下一步中，我们将在针对伴侣和系统的情绪工作中探索和命名互动关系伙伴的生平经历，它们可能导致了不适应性处理情绪的方式。这种情况，我们的关注点首先落在伴侣或者家庭共同的生平经历上，在进一步的观察中我们再聚焦于个体经历。

模块 5 在制定伴侣或者系统的处理情绪方式的改变步骤时，我们的工作重点在于外在调节，即对他人的情绪变化过程会产生的影响：一些人改变之后的情绪调节策略会对他人的情绪体验产生何种作用？互动关系中的伙伴要学会通过同理心、合理化认同和镇定策略来合理地支持和调节不仅是自己的也包括他人的情绪。咨询提供了一个能够练习合理的情绪表达方式的空间，例如："您能够告诉他，他是多么生气吗？"

由于系统咨询在多数时候是以改善交流为目的，这种改善既是指数量上的（双方进行更多的交谈）也是指质量上的（以充满尊重以及合理化认同的方式），因此，我们可以通过重点研究伴侣交流中的情绪体验而给出一个新方向。对此有效的训练项目是在关系系统中进行有关自己情绪体验的交流。同时，训练的关键在于通过谈论所有的基本情绪来调整回避策略。我们可以根据需要提升强度，通常可以先从普遍的情绪体验入手，直到最后再探讨那些直接与伴侣相关的体验。

指导

"请您为下面的训练至少准备 15 分钟的时间。您只要一周做一次就足够了，当然，多多益善。

您还记得哪几种基本情绪？——高兴、悲伤、害怕和生气。在这项训练中，请互相交流一下有关情绪的看法，但您要坚持自己的立场。您在过去几天因为什么高兴过？这是件什么样的事情？您是如何察觉到的？然后轮到您的伴侣。您不需要对您所听到的东西发表评论。他们讲述的事情不一定和您相关。请您务必牢记我们事先已经强调过的，每种情绪背后都隐藏着一个意义、一种潜能，所以您在伴侣关系中也可以利用它们。现在是关于悲伤的话题。在过去几天中，您在哪些时候感到了悲伤？请您给您的伴侣讲述一下。如果您想安慰您的伴侣，这当然是情理之中的。但您不是必须这么做。请您不要忘记其他的情绪。重要的是，您至少要谈论四种基本情绪，即使您不太记得具体细节了。也许您还能从伴侣那里获得启发进而认识到情绪体验本来应有的样子。无论您二人相互之间在交流时有多少矛盾，请您在开始讨论的时候务必停留在完全不涉及您伴侣的情绪体验的层面。如果有什么事情曾让您很悲伤或者十分愤怒抑或十分害怕，请您不要立刻在这项训练中说起这些强烈体验。您希望的是更好地认识处在情绪中的彼此以及相互之间通过情绪进行交流。而只有当您不立即讨论那些曾引爆了100%情绪强度的经历时，您才能更好地学到这些。训练开始的时候，我们可能讲一个有着25%情绪强度的经历就足够了。重要的是，您需要反复练习并有规律地针对情绪交流能力进行训练，就像您做其他训练那样。所以，请您为这个训练计划好自己的时间。"

模块6 就像其他咨询过程那样，在进行每个针对伴侣和系统的情绪工作时，我们也必须要协商清楚，来访者在实施制定好的具体改变步骤时需要治疗师在多大程度上进行陪同。

14.3 督导和自我体验

该工作的主要目标群体是心理治疗和咨询领域的从业人员。部分时候也会涉及还处在培训和继续教育阶段的人员，例如正在接受心理治疗师培训的人。此外，那些从业于心理社会学领域的专业人士也需要每天高强度地与他们的来访者和患者打交道，因此，他们自身也迫切需要处理自己的情绪。

患者和其他来访者会要求情绪上的共鸣和对他们情绪体验进行合理化认同。了解自己的情绪是治疗师和咨询师理解患者的情绪变化过程的关键钥匙，而且还能帮助拓展改变的可能性。这要求从业人员的注意力不仅要放在他们的工作对象身上，同样也要放在自己和自己的体验上。这包括认识自己的情绪和身体反应以及能够归类随之产生的评价和行为倾向（Silva Silvestre & Vandenberghe，2008）。自己的情绪体验一方面是绝佳的诊断资源，另一方面却也并非是毫无瑕疵的。

自己的情绪盲点会限制认知情绪的能力和合理处理它们的能力。这可能既会导致对某些情绪质量的回避,又会给合理调节它们的强度造成困难(Westra 等,2012)。

督导和自我体验可以帮助从业人员反思相关的情绪盲点。

个人督导和自我体验

在治疗和咨询设置下练习合理地处理情绪要求从业人员对治疗过程进行具体的反思,例如在以情绪体验为主题的督导中(Follette & Batten,2000;Neumann,2012)。

除此之外,合理处理情绪方式还要求彻底分析自己的情绪风格和它们的生平根源,例如在自我体验的框架内。情绪体验甚至将成为"自我体验的核心主题"(Kämmerer 等,2011,149 页)。

督导和自我体验的工作框架非常看重开放性,即在多大程度上允许深入加工自己的情绪风格以及它在生平经历中的根源。但培训人员在培训过程中会遇到一个不可调和的矛盾:作为进行专业反思的前提条件的必要的开放性和作为一个实习生因缺乏经验和不安全感而产生的自我保护心理。类似的矛盾还见于其他的职业背景,比如当业务领导在场的时候或者与同事处于不稳定的工作关系中。这些矛盾应该在真正开始情绪工作之前提出,并且在恰当的时机下与患者在信任问题上达成一致意见。

准备工作　绘有思考、感觉、行为的岛屿和与之相邻的身体以及社会关系陆地的导航图的图像比喻非常适用于在自我体验中探索个人偏好的训练任务。除此之外,它还能在督导治疗和咨询工作时用来检验治疗决定。如果来访者和患者在所有岛屿上都有问题的话,那么从业人员可以描述一下岛屿的状况,比如到目前为止的工作焦点都集中在哪里,以及是否还有其他的可选方案,特别是当整个过程遭遇瓶颈的时候。检验具体干预措施的合理性可以参考工作焦点转换的原因,看它是因为治疗决定而做出的还是出于情绪回避行为。

> **案例**
>
> 被督导人观看一段自己督导时的录像对治疗工作进行反思。这是针对一位有泛化恐惧症的女患者在治疗开始阶段的录像。女患者在初始治疗时表现出了极为低落的抑郁情绪。她哭着。而被督导人作为治疗师的角色首先对患者进行了观察,然后问她:"您正在想什么?"

> 选择观看这一录像片段是为了验证作为被督导人的治疗师出于什么动机提出了这个问题。女患者描述了她在感觉岛屿遇到的问题,她表现出了悲伤。而治疗师离开了这座岛屿转而登上了思考岛屿。该策略背后隐藏的意图是通过询问患者基本的认知评价来从理性角度下调情绪体验强度。与此同时,治疗师与患者的情绪体验之间的距离也产生了,她的情绪体验可能没有被合理化认同。按照岛屿的图像比喻,其他来自各个岛屿的可用干预措施可以通过这种方式在督导中被使用,同时治疗工作的决定过程也变得明朗起来。

模块1和2 参与情绪工作的同事已经掌握的专业情绪理论知识无疑大幅提升了心理教育模块的执行速度,以至于这实质上变成了知识内容复习。即便如此,我们也可以和同事就情绪相关的界限调节理论开展有意思的讨论。但重要的是要为这个讨论预留出时间,而且,这项工作关乎的是私人的情绪体验,要避免把对话变成学科研讨会从而回避了正面面对自己情绪的这个工作任务。

模块3 了解我们同事的情绪风格的步骤可以分为普遍表现出来的和感受到的情绪(外在-内在-调节)以及在不同行为框架中对它们的调节(例如工作-私人-调节)。诚然,我们建议将关注点放在具体的治疗和咨询关系中的情绪调节(我-你-调节)上。因此,督导过程与以系统为对象的情绪工作的操作程序类似。而它的特殊性体现在,原则上工作关系的第二个组成部分——患者或者来访者是缺席的。这就意味着,在被督导人描述不在场的来访者和患者的情绪体验时,我们在督导过程中要格外小心并持有保留意见,因为 Marcel Proust 的那句"我们在他人的脸上只看见了自己的想象"印证了其中存在的投射危险。

一方面,通过转述患者的表情和手势我们还能相对容易地判断代表表现出来的情绪的圆,例如可以询问"您上次见到来访者哭泣是什么时候?"另一方面,在判断感受到的情绪的圆时却大有错误解读和投射的危险。因此,被督导人对这个圆的描述只能被我们看作是他们的一种假设,并且也应该一直被作为假设来理解。

模块4 一些情况下,一种情绪风格的根源可能是生平经验性的(另见模块4的简略版),但是如果在督导中没有对此进行深入研究的话,它就变成了自我体验的主题。

模块5和6 鉴于督导和自我体验都是以改变情绪为目标,因此二者可以采纳同样的方法理念和干预措施,就像在第12章中讲到的那样。改变成功与否原则上取决于同事的自我责任意识。

情绪资源 // *Emotionen als Ressourcen*

案例

　　一位女性被督导人播放了一段她与一位女患者在最后一个治疗课时的视频，该患者十分内向并容易害怕。视频的焦点是一段作为治疗师的被督导人在给她的患者讲解训练内容的片段，她要求患者在课时间歇应该尝试主动正面接近她的害怕。后来发生的情况却是，女患者在接下来的课时中产生了更大的恐惧感，变得不安并不断退缩。随即，作为治疗师的被督导人也失去了耐心，她以很快的语速和患者交流，尝试说服她相信训练的必要性。在督导期间的反思中，被督导人能够指出她的互动行为必然是给患者留下了急躁、愤怒的印象。

　　我-你-调节中的第一步是根据患者和被督导人（治疗师）表现出来的基本情绪的圆得出下列结论：由于回避训练任务，患者越是表现出害怕情绪，被督导人（治疗师）越是变得丧失耐心而更加愤怒和生气。

　　第二步中的关注点是作为治疗师的被督导人的情绪体验（外在-内在-调节）。她的体验表现为在溢于言表的不耐烦背后隐藏的作为治疗师的她在该场景中感受到的而又有别于患者的恐惧情绪的害怕心理，即她希望自己在培训过程中的所作所为都是正确的，不要在患者面前犯错误。这些害怕其实是可以被合理化认同的，而且她还可以制定出一套以共同的害怕情绪为基础的与这位懈怠治疗任务的患者进行更好沟通的策略。

其他的针对督导和自我体验形式的情绪工作的案例可能是：
> 一位积极乐观的同事可以很快发现他经常在工作场合回避自己的悲伤，因为他作为专业人士的自我认知是必须要总是表现出积极乐观的心态，这样他才能成为一位优秀的治疗师。
> 一位女同事在一个特殊的心理治疗场景中遭遇了自己的恐惧心理，因为在该场景中，初次见面的患者便表现出了高强度的愤怒情绪，但实际上，作为治疗师的她所表现出的面对愤怒情绪的害怕心理实际上也有力证明了患者正是通过集中表达愤怒而在回避自己内心深处的某种害怕。

小组督导

　　关于情绪体验意义的讨论的重要性当然不仅局限于专业从业人员的个人角色，还更多地体现在小组上。

　　一旦治疗或者陪同在小组某位成员身上取得了成效，那么我们必须随即关注和明确整个小组的普遍情绪处理方式是否有类似问题。这也是小组性质的职业倦怠-预防措施的一个核心层面(Fengler & Sanz, 2011, 66页)。

模块1和2 此处的情绪作为资源的工作的操作程序类似于群体心理治疗,而且我们可以根据小组预先掌握相关知识的程度来介绍模块。

模块3 这一模块中不会过多涉及个人的情绪体验,而是以整个小组在与其中某位成员或者患者进行交流时的情绪体验为对象(我-你-调节)。过程中可能会产生各种不同的状况,我们可以继续在生平经历层面或者——如果信任条件允许——在情绪风格上针对个人开展更为深入的情绪工作。类似于针对伴侣或者系统的情绪工作,小组作为整体和个体成员在体验情绪时可能也会有不同的感受(另见第10章的案例)。同样可能出现的情况是,小组成员之中存在着情绪上的分化,例如,一些小组成员倾向于对表现出的情绪(左侧圆)做出反应,而另一些人则更愿意关注来访者在他们推测中可能拥有的情绪(右侧圆)。就像上文已经讲述过的,在没有来访者参与的督导和咨询过程中,我们的重心都要放在从业人员自己的情绪体验上,而且对他们做出的关于患者的情绪体验的解读应该持一贯的保留态度。

模块4到6 保护机制通过雨伞的形象比喻能够有助于改变对某个来访者或者患者反复发生的功能失调性反应的理解。其他的疗程模块也会根据小组督导中制定的改变目标而改变。

案例

在一次针对残疾人救护中心的工作小组的督导过程中,我们从小组成员口中了解到了那里一位频繁爆发极端愤怒情绪的残疾人住户。小组内部出现了分歧,一些人在该住户面前表现出了明显的拒绝态度,而另一些人则产生了害怕情绪,而且在他的面前不断退缩,还有一些人努力想要理解他,但是他们在整个过程中却把自己藏了起来。

在表现出的和感受到的情绪图像化之后,根据调查我们发现,这种住户的生活中充斥着许多只能以极不自然的方式表达出的高兴情绪以及许多极为强烈的愤怒情绪。在补充感受到的情绪的圆时,小组内展开了激烈的讨论。一些人很快指出,他们常常能感知患者心中的悲伤。另一些人根据之前讲过的关键剧本的知识赞同这个解读,因为这位住户在生活中有过许多丧失经历。特别引起我们注意的是,他因为丧失监护人而住进了救护中心,而且他本人还因行为异常而频繁更换室友。

小组成员一起为该住户画了一幅新的画像并命名为"伤心的傻瓜"。结合其他行为层面的建议,他们改变了与该住户的交流方式。虽然这位住户的愤怒还不时爆发一下,但是小组成员已经改变的应对处理方式不再给他的愤怒情绪留出过多的影响空间。

Literatur.

Abler, B. & Kessler, H. (2009). Emotion Regulation Questionnaire-Eine deutschsprachige Fassung des ERQ von Gross & John. Diagnostica, 55, 144–152.

Abraham, R. (2006). Emotionale Intelligenz am Arbeitsplatz: Literaturüberblick und Synthese. In R. Schulze, P. A. Freund & R. D. Roberts (Hrsg.), Emotionale Intelligenz (S. 257–273). Göttingen: Hogrefe.

Adorno, T. W. (2003). Marginalien zu Theorie und Praxis. In T. W. Adorno (Hrsg.), Kulturkritik und Gesellschaft II (S. 759–782). Frankfurt a. M. : Suhrkamp.

Adorno, T. W. (2008). Minima Moralia. Reflexionen aus dem beschädigten Leben (Gesammelte Schriften, Bd. 4). Frankfurt a. M. : Suhrkamp.

Aldao, A. & Nolen-Hoeksema, S. (2012). The influence of context on the implementation of adaptive emotion regulation strategies. Journal of Behavioral Research and Therapy, 50, 493–501.

Arntz, A. & Weertman, A. (1999). Treatment of childhood memories: Theory and practice. Behavior Research and Therapy, 37, 715–740.

Bach, T. (2004). Radical Acceptance: Embracing Your Life With the Heart of a Buddha. New York: Bantam.

Baer, U. & Frick-Baer, G. (2008). Das ABC der Gefühle. Weinheim: Beltz.

Bargh, J. A. & Williams, L. E. (2007). The nonconscious regulation of emotion. In J. J. Gross (Ed.), Handbook of emotion regulation (pp. 429–445). New York: The Guilford Press.

Barnow, S., Arens, E. A. & Balkir, N. (2011). Emotionsregulation und Psychopathologie unter Berücksichtigung kultureller Einflüsse. Psychotherapie in Psychiatrie, Psychotherapeutischer Medizin und Klinischer Psychologie, 16(1), 7–16.

Baumann, N. (2010). Kein Wachstum ohne Schmerz. Die Bedeutung emotionaler Dialektik für Intuition und Kreativität. In R. Rosenzweig (Hrsg.), Geistesblitz und Neuronendonner. Intuition, Kreativität und Phantasie (S. 139–154). Paderborn: mentis.

Beck, A. T., Rush, A. J., Shaw, B. F. & Emery, G. (1999). Kognitive Therapie der Depression. Weinheim: Beltz.

Beer, J. S. & Lombardo, M. V. (2007). Insights into emotion regulation from neuropsychology. In J. J. Gross (Ed.), Handbook of emotion regulation (pp. 69–86). New York: The Guilford Press.

Ben-Ze'ev, A. (2009). Die Logik der Gefühle. Kritik der emotionalen Intelligenz. Frankfurt: Suhrkamp.

Berking, M. (2010). Training emotionaler Kompetenzen (2., aktualisierte Aufl.). Berlin: Springer.

Berking, M. & Heizer, K. (2010). Förderung der Emotionsregulation. In W. Lutz (Hrsg.), Lehrbuch Psychotherapie (S. 393 - 411). Bern: Huber.

Berking, M., Neacsiu, A., Comtois, K. A. & Linehan, M. M. (2009). The impact of experiential avoidance on the reduction of depression in treatment for borderline personality disorder. Behaviour Research and Therapy, 47, 663 - 670.

Berking, M. & Znoj, H. (2008). Entwicklung und Validierung eines Fragebogens zur standardisierten Selbsteinschätzung emotionaler Kompetenzen (SEK - 27). Zeitschrift für Psychiatrie, Psychologie und Psychotherapie, 56(2), 141 - 153.

Berninger, A. & Döring, S. A. (2009). Emotionen und Werte. Einleitung. In S. A. Döring (Hrsg.), Philosophie der Gefühle (S. 433 - 438). Frankfurt a. M.: Suhrkamp.

Bischkopf, J. (2009). Emotionen in der Psychotherapie. Ergebnisse empirischer Psychotherapieforschung und ihre Umsetzung in der Emotionsfokussierten Therapie. In R. Esterbauer & S. Rinofner-Kreidl (Hrsg.), Emotionen im Spannungsfeld von Phänomenologie und Wissenschaften (S. 95 - 110). Frankfurt a. M.: Lang.

Böker, H. (2011). Psychotherapie der Depression. Bern: Huber.

Bohus, M., Dyer, A. S., Priebe, K., Krüger, A. & Steil, R. (2011). Dialektisch Behaviorale Therapie für Posttraumatische Belastungsstörung nach sexualisierter Gewalt in der Kindheit und Jugend (DBT-PTSD). Psychotherapie, Psychosomatik, Medizinische Psychologie, 61(3 - 4), 140 - 147.

Bohus, M. & Wolf, M. (2009). Interaktives SkillsTraining für Borderline-Patienten. Manual zur CD-ROM für die therapeutische Arbeit. Stuttgart: Schattauer.

Bonanno, G. A. (2012). Die andere Seite der Trauer. Bielefeld: Aisthesis.

Brandtstädter, J. (2011). Positive Entwicklung. Zur Psychologie gelingender Lebensführung. Heidelberg: Spektrum Akademischer Verlag.

Braus, D. F. (2011). EinBlick ins Gehirn. Eine andere Einführung in die Psychiatrie (2., vollständig überarbeitete und erweiterte Aufl.). Stuttgart: Thieme.

Bresner, T., Moussa, W. & Reschke, K. (2009). Emotionsregulation von Erwachsenen mit Aufmerksamkeits-/Hyperaktivitätsstörung. Aachen: Shaker.

Buchmann, A. F., Schmid, B., Blomeyer, D., Zimmermann, U. S., Jennen-Steinmetz, C., Schmidt, M. H., Esser, G., Banaschewski, T., Mann, K. & Laucht, M. (2010). Drinking against unpleasant emotions: Possible outcome of early onset of alcohol use? Alcoholism: Clinical and Experimental Research, 34(6), 1052 - 1057.

Butollo, W. (1984). Die Angst ist eine Kraft. München: Piper.

Campbell-Sills, L. & Barlow, D. H. (2007). Incorporating emotion regulation into conceptualizations and treatments of anxiety and mood disorders. In J. J. Gross (Ed.), Handbook of emotion regulation (pp. 542-559). New York: The Guilford Press.

Chapman, A. L., Gratz, K. L. & Brown, M. Z. (2005). Solving the puzzle of deliberate self-harm: The experiential avoidance model. Behaviour Research and Therapy, 44, 371-394.

Christmann, Fred (2000). Die neue Verhaltenstherapie-Studienbrief 1. Stuttgart: Gerhard-Alber-Stiftung.

Christmann, Fred & Beisswingert, Stefan (2001). Training emotionaler Kompetenz. Tiefgreifend. Entwicklungsfördernd. Klärend. Stuttgart: Gerhard-Alber-Stiftung.

Ciarrochi, J. & Godsell, C. (2006). Mindfulness als Basis emotionaler Intelligenz: Theorie und Literaturüberblick. In R. Schulze, P. A. Freund & R. D. Roberts (Hrsg.), Emotionale Intelligenz (S. 79-100). Göttingen: Hogrefe.

Ciompi, L. (1997). Die emotionalen Grundlagen des Denkens. Entwurf einer fraktalen Affektlogik. Göttingen: Vandenhoeck & Ruprecht.

Czaja, J., Rief, W. & Hilbert, A. (2009). Emotion regulation and binge eating in children. International Journal of Eating Disorders, 42(4), 356-362.

Damasio, A. R. (2000). Ich fühle, also bin ich. Die Entschlüsselung des Bewusstseins. Berlin: List.

Dietz, I. & Geiselhardt, E. (2000). Lernziel » emotionale Intelligenz «: Empathie und Menschenkenntnis. Personalführung, 33(8), 52-57.

Domes, G., Grabe, H. J., Czieschnek, D., Heinrichs, M., Herpertz, S. C. (2011). Alexithymic traits and facial emotion recognition in Borderline Personality Disorder. Psychotherapy and Psychosomatic, 80, 383-385.

Döring, S. A. (2009). Allgemeine Einleitung: Philosophie der Gefühle heute. In S. A. Döring (Hrsg.), Philosophie der Gefühle (S. 12-65). Frankfurt a. M.: Suhrkamp.

Dorman, C., Zapf, D. & Isic, A. (2002). Emotionale Arbeitsanforderungen und ihre Konsequenzen bei Call Center-Arbeitsplätzen. Zeitschrift für Arbeits-und Organisationspsychologie, 46, 201-215.

Duckworth, K. L., Bargh, J. A., Garcia, M. & Chaiken, S. (2002). The automatic evaluation of novel stimuli. Psychological Science, 13, 513-519.

Egloff, B. (2009). Emotionsregulation. In G. Stemmler (Hrsg.), Psychologie der Emotion (S. 487-526). Göttingen: Hogrefe.

Eisenberg, N. & Fabes, R. A. (1992). Emotion, regulation, and the development of social competence. In M. S. Clark (Ed.), Emotion and social behavior (pp. 119-150). Thousand Oaks: Sage.

Eisenberg, N., Fabes, R. A., Guthrie, I. K. & Reiser, M. (2000). Dispositional emotionality and regulation: Their role in predicting quality of social functioning. Journal of Personality and Social Psychology, 78, 136-157.

Ekman, P. (2010). Gefühle lesen. Wie Sie Emotionen erkennen und richtig interpretieren (2. Aufl.). Heidelberg: Spektrum.

Ellis, A. (1962). Reason and emotion in psychotherapy. New York: Lyle Stewart.

Engelberg, E. & Sjöberg, L. (2006). Emotionale Intelligenz und interpersonale Fertigkeiten. In R. Schulze, P. A. Freund & R. D. Roberts (Hrsg.), Emotionale Intelligenz (S. 291–309). Göttingen: Hogrefe.

Epstein, S. (1993). Emotion and self-theory. In M. Lewis & J. Haviland (Eds.), Handbook of emotions (pp. 313–326). New York: The Guilford Press.

Ernst, H. (2005). Herz plus Hirn: Emotionale Intelligenz im Alltag. Psychologie heute, 32(2), 20–27.

Faßnacht, G. (1995). Systematische Verhaltensbeobachtung. München: Reinhardt.

Fehr, B. & Russell, J. A. (1984). Concept of emotion viewed from a prototype perspective. Journal of Experimental Psychology, 113(3), 464–486.

Feil, N. (2010). Validation. Ein Weg zum Verständnis verwirrter alter Menschen (9. überarbeitete und erweiterte Aufl.). München: Ernst Reinhardt Verlag.

Fengler, J. & Sanz, A. (2011). Ausgebrannte Teams. Burnout-Prävention und Salutogenese. Stuttgart: Klett-Cotta.

Fischbach, A. (2003). Viele Mythen, erste Befunde und offene Fragen. Emotionale Intelligenz im Führungskontext. Personalführung, 42(6), 36–47.

Follette, V. M. & Batten, S. V. (2000). The role of emotion in psychotherapy supervision: A contextual behavioral analysis. Cognitive and Behavioral Practice, 7, 306–312.

Frede, U. (2012). Du darfst ruhig traurig sein! Plädoyer für die Traurigkeit bei chronischem Schmerz. Verhaltenstherapie & Verhaltensmedizin, 33(4), 335–349.

Friedlmeier, W. (2010). Emotionale Entwicklung im kulturellen Kontext. In B. Mayer & H.-J. Kornadt (Hrsg.), Psychologie-Kultur-Gesellschaft (S. 121–140). Wiesbaden: Verlag für Sozialwissenschaften.

Frijda, N. H. (1986). The emotion. Cambridge: Cambridge University Press.

Fruzzetti, A. E. (2011). Self-Validation Skills for use in DBT Group Skills Training. Handouts (Vers. 6.0). Unveröffentlichtes Manuskript.

Fuchs, T. & Schlimme, J. E. (2009). Embodiment and psychopathology: A phenomenological perspective. Current Opinion in Psychiatry, 22, 570–575.

Garcia Nuñez, D., Rufer, M., Leenen, K., Majohr, K.-L., Grabe, H. & Jenewein, J. (2010). Lebensqualität und alexithyme Merkmale bei Patienten mit somatoformer Schmerzstörung. Der Schmerz, 24(1), 62–68.

Gardner, H. (1993). Multiple intelligences: The theory in practice. New York: Basic Books.

Garnefski, N. & Kraaij, V. (2006). Cognitive emotion regulation questionnaire-development of a short 18-item version (CERQ-short). Personality and Individual Differences, 41, 1045–1053.

Garnefski, N., Kraaij, V. & Spinhoven, P. (2001). Negative life events, cognitive emotion regulation and depression. Personality and Individual Differences, 30, 1311–1327.

Geller, S. & Greenberg, L. S. (2011). Therapeutic presence: A mindful approach to effective therapy. Washington, D. C.: American Psychological Association.

Gilbert, P. (2009). Introducing compassion-focused therapy. Advances in Psychiatric Treatment, 15, 199 - 208.

Glasenapp, J. (2010a). Über das unendliche Streben nach psychischem Wohlbefinden, Orientierung, Heft 2, 32 - 33.

Glasenapp, J. (2010b). Im Spannungsfeld von Sicherheit und Freiheit. Über Deinstitutionalisieren in der Behindertenhilfe. Münster: Lit-Verlag.

Gloster, A. T., Klotsche, J., Höfler, M., Chaker, S., Hummel, K., Kämpfe, C., Einsle, F., Hoyer, J. & Wittchen, H.-U. (2009). Psychologische Flexibilität-wie nützlich ist dieses Konstrukt? Poster, präsentiert auf dem 6. Workshopkongress für Klinische Psychologie und Psychotherapie am 21.- 23. 05. 2009 in Zürich.

Goetz, T., Frenzel, A. C., Pekrun, R. & Hall, N. (2006). Emotionale Intelligenz im Lern-und Leistungskontext. In R. Schulze, P. A. Freund & R. D. Roberts (Hrsg.), Emotionale Intelligenz (S. 237 - 256). Göttingen: Hogrefe.

Götz, T., Frenzel, A. C. & Pekrun, R. (2007). Emotionale Intelligenz beim Lernen. In J. Zumbach & H. Mandl (Hrsg.), Pädagogische Psychologie in Theorie und Praxis (S. 255 - 263). Göttingen: Hogrefe.

Goleman, D. (1997). EQ. Emotionale Intelligenz. München: dtv.

Gottman, J. M., Katz, L. F., & Hooven, C. (1996). Parental meta-emotion philosophy and the emotional life of families: Theoretical models and preliminary data. Journal of Family Psychology, 10(3), 243 - 268.

Gottman, J. M., Katz, L. F. & Hooven, C. (1997). Meta-emotion: How families communicate emotionally. Mahwah, NJ: Erlbaum.

Grabe, H. J. & Rufer, M. (2009). Alexithymie: Eine Störung der Affektregulation. Bern: Huber.

Gräff, C. (2009). Die verlorene Aggression-Therapeutische Arbeit mit KBT bei aggressionsgehemmten Menschen. Psychotherapie in Psychiatrie, Psychotherapeutischer Medizin und Klinischer Psychologie, 14(1), 82 - 90.

Gratz, K. L. & Roemer, L. (2004). Multidimensional assessment of emotion regulation and dysregulation: Development, factor structure, and initial validation of the Difficulties in Emotion Regulation Scale. Journal of Psychopathology and Behavioral Assessment, 26, 41 - 54.

Grawe, K. (2005). Allgemeine Psychotherapie. In F. Petermann & H. Reinecker (Hrsg.), Handbuch der Klinischen Psychologie und Psychotherapie (S. 294 - 310). Göttingen: Hogrefe.

Grawe, K. (1998). Psychologische Therapie. Göttingen: Hogrefe.

Greenberg, L. S. (2012). Emotion-focused couple therapy. Workshop gehalten am 21.- 23. 06. 2012 in Berlin.

Greenberg, L. S. (2010). Mündlicher Hinweis auf dem Plenum » Visions of Psychotherapy « der APA-Tagung am 13. 08. 2010 in San Diego, USA.

Greenberg, L. S. (2006). Emotionsfokussierte Therapie. Lernen, mit den eigenen Gefühlen umzugehen. Tübingen: dgvt.

Greenberg, L. S., Auszra, L. & Herrmann, I. R. (2007). The relationship between emotional productivity, emotional arousal and outcome in experiential therapy of depression. Psychotherapy Research, 17(4), pp. 482–493.

Gross, J. J. (Ed.) (2007). Handbook of emotion regulation. New York: The Guilford Press.

Gross, J. J. & John, O. P. (2003). Individual differences in two emotion regulation processes: Implications for affect, relationships, and well-being. Journal of Personality and Social Psychology, 85, 348–362.

Gross, J. J. & Thompson, R. A. (2007). Emotion regulation. Conceptual foundations. In J. J. Gross (Ed.), Handbook of emotion regulation (pp. 3–24). New York: The Guilford Press.

Hahlweg, K. & Baucom, D. H. (2008). Partnerschaft und psychische Störung. Göttingen: Hogrefe.

Hayes, S. C. (2012). Akzeptanz-und Commitment-Therapie (ACT). Workshop gehalten am 07.–09. 03. 2012 in Berlin.

Hayes, S. C. (2004). Acceptance and commitment therapy, relational frame theory, and the third wave of behavioral and cognitive therapies. Behavior Therapy, 35(4), 639–665.

Hayes, S. C., Strosahl, K. D. & Wilson, K. (2004). Akzeptanz und Commitment Therapie. München: CIP-Medien.

Hayes, S. C., Strosahl, K. D., Wilson, K. G., Bissett, R. T., Pistorello, J., Toarmino, D. et al. (2004). Measuring experiential avoidance: A preliminary test of a working model. The Psychological Record, 54, 553–578.

Hayes, S. C., Wilson, K. G., Gifford, E. V., Follette, V. M. & Strosahl, K. D. (1996). Experiential avoidance and behavioral disorders. Journal of Consulting and Clinical Psychology, 64, 1152–1168.

Hédervári-Heller, É. (2011). Emotionen und Bindung bei Kleinkindern. Weinheim: Beltz.

Helm, B. (2002). Felt evaluations: A theory of pleasure and pain. American Philosophical Quarterly, 39, 13–30.

Helmsen, J. & Petermann, F. (2010). Emotionsregulationsstrategien und aggressives Verhalten im Kindergartenalter. Praxis der Kinderpsychologie und Kinderpsychiatrie, 59(10), 775–791.

Herrmann, I. & Auszra, L. (2009). Emotionsfokussierte Therapie der Depression. Psychotherapie in Psychiatrie, Psychotherapeutischer Medizin und Klinischer Psychologie, 14(1), 15–25.

Herpertz, S. C. (2011). Affektregulation und ihre neurobiologischen Grundlagen. In B. Dulz, S. C. Herpertz, O. F. Kernberg & U. Sachsse (Hrsg.), Handbuch der Borderline-Störungen (S. 75–85). Stuttgart: Schattauer.

Hessel, S. (2011). Empört Euch! Berlin: Ullstein.

Hewig, J., Hagemann, D., Seifert, J., Gollwitzer, M., Naumann, E. & Bartussek, D. (2005). A revised film set for the induction of basic emotions. Cognition and Emotion, 19(7), 1095–1109.

Hochschild, A. R. (1990). Das gekaufte Herz. Zur Kommerzialisierung der Gefühle. Frankfurt: Campus.

Hoffmann, H., Kessler, J., Eppel, T., Rukavina, S. & Traue, H. C. (2010). Expression intensity, gender and facial emotion recognition: Women recognize only subtle facial emotions better than men. Acta Psychologica, 135, 278–283.

Holodynski, M. (2006). Emotionen-Entwicklung und Regulation. Heidelberg: Springer.

Horowitz, M. J., Znoj, H. & Stinson, C. (1996). Defensive control processes for coping with excessively emotional states of mind. In M. Zeidner & N. Endler (Eds.), Handbook of coping: Theory, research, applications (pp. 532–553). New York: Wiley.

Hunter, E. C., Katz, L. F., Shortt, J. W., Davis, B., Leve, C., Allen, N. B. & Sheeber, L. B. (2011). How do I feel about feelings? Emotion socialization in families of depressed and healthy adolescents. Journal of Youth and Adolescence, 40(4), 428–441.

Jacob, G. A. & Tuschen-Caffier, B. (2011). Imaginative Techniken in der Verhaltenstherapie. Psychotherapeutenjournal, 10, 139–145.

Jagers, R. J., Burrus, J., Preckel, F. & Roberts, R. D. (2010). Emotionale Intelligenz bei Kindern und Jugendlichen: Konzeptualisierungen und Möglichkeiten der Erfassung. In E. Walther, F. Preckel & S. Mecklenbräuker (Hrsg.), Befragung von Kindern und Jugendlichen (S. 153–176). Göttingen: Hogrefe.

John, O. P. & Gross, J. J. (2007). Individual differences in emotion regulation. In J. J. Gross (Ed.), Handbook of emotion regulation (pp. 351–372). New York: The Guilford Press.

Kals, E. & Kals, U. (2009). Entwicklung, Ausdruck und Regulierung kindlicher Gefühle. In W.-A. Liebert & H. Schwinn (Hrsg.), Mit Bezug auf Sprache. Festschrift für Rainer Wimmer (S. 401–424). Tübingen: Narr.

Kämmerer, A., Kapp, F. & Rehahn-Sommer, S. (2011). Selbsterfahrung in der modernen Verhaltenstherapieausbildung. Psychotherapeutenjournal, 10(2), 146–151.

Kanfer, F. H., Reinecker, H. & Schmelzer, D. (1996). Selbstmanagement-Therapie (2., überarbeitete Aufl.). Berlin: Springer.

Kaschka, W. P., Korczak, D. & Broich, K. (2011). Modediagnose Burn-out. Deutsches Ärzteblatt, 108(46), 781–787.

Kast, V. (1994). Sich einlassen und loslassen. Neue Lebensmöglichkeiten bei Trauer und Trennung. Freiburg: Herder.

Katz, L. F., & Hunter, E. C. (2007). Maternal meta-emotion philosophy and adolescent depressive symptomatology. Social Development, 16(2), 343–360.

Kellogg, S. (2011). Veränderungen durch Stühlearbeit (transformational chairwork): Eine Einführung in psychotherapeutische Dialoge. In E. Roediger & G. Jacob (Hrsg.), Fortschritte der Schematherapie (S. 74–85). Göttingen: Hogrefe.

Kessler, H., Bayerl, P., Deighton, R. M. & Traue, H. C. (2002). Facially Expressed Emotion Labeling (FEEL): PC-gestützter Test zur Emotionserkennung. Verhaltenstherapie und

Verhaltensmedizin, 23(3), 297–306.

Kessler, H., Kammerer, M., Hoffmann, H. & Traue, H. C. (2010). Regulation von Emotionen und Alexithymie: Eine korrelative Studie. Psychotherapie, Psychosomatik, Medizinische Psychologie, 60(5), 169–174.

Kleinginna, P. R. & Kleinginna, A. M. (1981). A categorized list of emotion definitions, with suggestions for a consensual definition. Motivation Emotion, 5, 345–359.

Koemeda-Lutz, M. (2009). Intelligente Emotionalität. Vom Umgang mit unseren Gefühlen. Stuttgart: Kohlhammer.

Koèrner, K. (2011). Examples of emotion focused work in DBT. Vortrag gehalten auf der ISITDBT Annual Conference am 10. 11. 2011 in Toronto.

Kraaij, V., Garnefski, N. & Van Gerwen, L. (2003). Cognitive coping and anxiety symptoms among people who seek for fear of flying. Aviation, Space, and Environmental Medicine, 74(3), 273–277.

Kraft, T. L. & Pressman, S. D. (2012). Grin and bear it: The influence of manipulated facial expression on the stress response. Psychological Science, 23(11), 1372–1378.

Kröger, C., Vonau, M., Kliem, S. & Kosfelder, J. (2011). Emotion dysregulation as a core feature of borderline personality disorder: Comparison of the discriminatory ability of two self-rating measures. Psychopathology, 44(4), 253–260.

Krohne, H. W. (2009). Individuelle Differenzen in Emotionsprozessen. In G. Stemmler (Hrsg.), Psychologie der Emotion (S. 571–622). Göttingen: Hogrefe.

Kühn, S., Gallinat, J. & Brass, M. (2011). » Keep calm and carry on «: Structural correlates of expressive suppression of emotions. PloS ONE, 6(1).

Kullik, A. & Petermann, F. (2012). Emotionsregulation im Kindesalter. Göttingen: Hogrefe.

Kunzmann, U. (2008). Emotionale Entwicklung im Alter: Verlust oder Gewinn? In W. Janke, M. Schmidt-Daffy & G. Debus (Hrsg.), Experimentelle Emotionspsychologie (S. 887–910). Lengerich: Pabst.

Kunzmann, U. & von Salisch, M. (2009). Die Entwicklung von Emotionen und emotionalen Kompetenzen über die Lebensspanne. In G. Stemmler (Hrsg.), Psychologie der Emotion (S. 527–569). Göttingen: Hogrefe.

Lammers, C.-H. (2007). Emotionsbezogene Psychotherapie. Grundlagen, Strategien und Techniken. Stuttgart: Schattauer.

Lammers, C.-H. (2011). Emotionsbezogene Techniken und Strategien. Workshop gehalten während der 22. Stuttgarter Therapietage am 30. 09.–01. 10. 2011 in Stuttgart.

Lazarus, R. S. (1991). Emotion and adaptation. New York: Oxford University Press.

Lazarus, R. S. & Folkman, S. (1984). Stress, appraisal, and coping. New York: Springer.

Leahy, R. L. (2002). A model of emotional schemas. Cognitive and Behavioral Practice, 9, 177–190.

Leahy, R. L., Tirch, D. & Napolitano, L. A. (2011). Emotion regulation in psychotherapy. A practitioner's guide. New York: The Guilford Press.

LeDoux, J. (2001). Das Netz der Gefühle. Wie Emotionen entstehen. München: dtv.

Levenson, R. W. (1999). The intrapersonal functions of emotions. Cognition and Emotion, 13(5), 481–504.

Liechti Braune, U. (2010). Ausstieg aus der Zwangsspirale. Das Training emotionaler Kompetenz (TEK) bei Zwangsstörungen. Psychoscope, 31(4), 8–11.

Linehan, M. M. (1996a). Dialektisch-Behaviorale Therapie der Borderline-Persönlichkeitsstörung. München: CIP-Medien.

Linehan, M. M. (1996b). Trainingsmanual zur Dialektisch-Behaviorale Therapie der Borderline-Persönlichkeitsstörung. München: CIP-Medien.

Linehan, M. M. & Rodriguez Gonzales, M. E. (2011). Dialectical Behavior Therapy: Updates to emotion regulation and crisis survival skills. Workshop gehalten am 06.–07. 06. 2011 in Austin, TX.

Loch, N., Hiller, W. & Witthöft, M. (2011). Der Cognitive Regulation Questionnaire (CERQ). Erste teststatistische Überprüfung einer deutschen Adaption. Zeitschrift für Klinische Psychologie und Psychotherapie, 40(2), 94–106.

Loewenstein, G. (2007). Affect regulation and affect forecasting. In J. J. Gross (Ed.), Handbook of emotion regulation (pp. 180–203). New York: The Guilford Press.

Lück, J., Scheller, C., Grutschpalk, J., Berbalk, H., Lammers, C.-H. & Schweiger, U. (2011). Schemavermeidung bei Patienten mit Borderline-Persönlichkeitsstörung. Verhaltenstherapie & Verhaltensmedizin, 32, 150–159.

Luoma, J. B., Hayes, S. C. & Wilson, R. D. (2009). ACT-Training. Paderborn: Junfermann.

Lynch, T. R. (2011). DBT für therapieresistente Depression: Blickpunkt emotionale Überkontrolle. Vortrag gehalten auf dem DBT Netzwerktreffen am 21. 05. 2011 in Bad Tölz.

Malatesta, C. Z. & Haviland, J. M. (1985). Signals, symbols, and socialization: The modification of emotional expression in human development. In M. Lewis & C. Saarni (Eds.), The socialization of affect (pp. 89–116). New York: Plenum.

Mayer, J. D. & Salovey, P. (1997). What is emotional intelligence? In P. Salovey & D. Sluyter (Eds.), Emotional development and emotional intelligence (pp. 3–31). New York: Basic Books.

Mayer, J. D., Salovey, P., Caruso, D. R. & Sitarenios, G. (2002). The Mayer, Salovey, and Caruso Emotional Intelligence Test: Technical manual. Toronto: Multi-Health Systems.

McCullough, J. P. (2007). Behandlung von Depressionen mit dem Cognitive Behavioral Analysis System of Psychotherapy CBASP. München CIP-Medien.

Meichenbaum, D. (1996). Posttraumatisches Stresssyndrom und narrativ-konstruktive Therapie. Ein Gespräch mit Donald Meichenbaum. Systhema, 10(2), 6–19.

Mennin, D. S. (2004). Emotion regulation therapy for generalized anxiety disorder. Clinical Psychology & Psychotherapy, 11(1), 17–29.

Missirilian, T. M., Toukmanian, S. G., Warwar, S. H. & Greenberg, L. S. (2005). Emotional arousal, client perceptual processing, and the working alliance in experiential psychotherapy for depression. Journal of Consulting and Clinical Psychology, 73(5), 861 - 871.

Mitmansgruber, H., Beck, T. N., Höfer, S. & Schüßler, G. (2008). When you don't like what you feel: Experiential avoidance, mindfulness and meta-emotion in emotion regulation. Personality and Individual Differences, 46, 448 - 453.

Morina, N. (2008). Der Zusammenhang zwischen Erlebnisvermeidung und posttraumatischen Belastungssymptomen nach Kriegstraumatisierung. Psychotherapie, Psychosomatik, Medizinische Psychologie, 58(2), 60 - 71.

Moritz, S. & Hauschildt, M. (2011). Erfolgreich gegen Zwangsstörungen. Metakognitives Training-Denkfallen erkennen und entschärfen (2., aktualisierte und erweiterte Aufl.). Berlin: Springer.

Neff, K. (2011). Self-Compassion: Stop beating yourself up and leave insecurity behind. New York: William Morrow.

Nerdinger, F. W. (2003). Emotionsarbeit und Burnout in der gesundheitsbezogenen Dienstleistung. In A. Büssing & J. Glaser (Hrsg.), Dienstleistungsqualität und Qualität des Arbeitslebens im Krankenhaus (S. 181 - 197). Göttingen: Hogrefe.

Neubach, B. (2005). Psychische Kosten von Formen der Selbstkontrolle bei der Arbeit. Entwicklung, Rekonzeptualisierung und Validierung eines Messinstruments. Dortmund: Universität, Fachbereich Humanwissenschaften und Theologie. Zugriff am 23. 02. 2009 von http://eldorado.uni-dortmund.de:8080/handle/2003/20033

Neubauer, A. C. & Freudenthaler, H. H. (2006). Modelle emotionaler Intelligenz. In R. Schulze, P. A. Freund & R. D. Roberts (Hrsg.), Emotionale Intelligenz (S. 39 - 59). Göttingen: Hogrefe.

Neumann, A. (2012). Anwendung schematherapeutischer Elemente in der Supervision im Rahmen der Verhaltenstherapie-Ausbildung. Verhaltenstherapie, 22, 114 - 120.

Neumann, A. & Koot, H. M. (2011). Emotionsregulationsprobleme im Jugendalter. Zusammenhänge mit Erziehung und der Qualität der Mutter-Kind-Beziehung. Zeitschrift für Entwicklungspsychologie und Pädagogische Psychologie, 43(3), 153 - 160.

Niewiem, M. (2010). Emotionale Intelligenz für Kinder? Bildung und Erziehung, 63(3), 329 - 346.

Nijenhuis, E. R. S. & Matthess, H. (2006). Traumabezogene strukturelle Dissoziation der Persönlichkeit. Psychotherapie im Dialog, 4, 393 - 398.

Ochsner, K. N. & Gross, J. J. (2007). The neural architecture of emotion regulation. In J. J. Gross (Ed.), Handbook of emotion regulation (pp. 87 - 109). New York: The Guilford Press.

Otto, J. H. (2008). Emotionsbezogene Kognitionen und Lernen. In W. Janke, M. Schmidt-Daffy & G. Debus (Hrsg.), Experimentelle Emotionspsychologie (S. 797 - 807). Lengerich: Pabst.

Parker, J. D. A. (2006). Die Relevanz emotionaler Intelligenz für die klinische Psychologie. In R. Schulze, P. A. Freund & R. D. Roberts (Hrsg.), Emotionale Intelligenz (S. 275 - 290).

Göttingen: Hogrefe.

Pérez, J. C., Petrides, K. V. & Furnham, A. (2006). Die Messung von emotionaler Intelligenz als Trait. In R. Schulze, P. A. Freund & R. D. Roberts (Hrsg.), Emotionale Intelligenz (S. 191 – 211). Göttingen: Hogrefe.

Petrides, K. V. & Furnham, A. (2001). Trait emotional intelligence: Psychometric investigation with reference to established trait taxonomies. European Journal of Personality, 15, 425 – 448.

Philipp, A. (2010). Emotionsregulation im Unterricht und deren Relevanz für das Befinden und die Arbeitsfähigkeit von Lehrkräften in Abhängigkeit von der Dauer im Schuldienst. Freiburg: Universität, Wirtschafts-und Verhaltenswissenschaftliche Fakultät. Zugriff am 08. 02. 2013, von http://nbn-resolving.de/urn:nbn:de:bsz:25-opus-75609

Piaget, J. (1976). Die Äquilibration der kognitiven Strukturen. Stuttgart: Ernst Klett.

Pictet, A., Coughtrey, A., Mathews, A. & Holmes, E. (2011). Fishing for happiness: The effects of generating positive imagery on mood and behaviour. Behaviour Research and Therapy, 49, 885 – 891.

Preiser, S. & Ziessler, B. (2009). Extremausdauersport als Bewältigung von Lebensenttäuschungen? Report Psychologie, 34, 212 – 222.

Rando, T. A. (2003). Trauern: Die Anpassung an Verlust. In J. Wittkowski (Hrsg.), Sterben, Tod und Trauer (S. 173 – 192). Stuttgart: Kohlhammer.

Reddemann, L. (2001). Imagination als heilsame Kraft. Zur Behandlung von Traumafolgen mit ressourcenorientierten Verfahren. Stuttgart: Pfeiffer bei Klett-Cotta.

Reedy, W. M. (2010). Wie schreibt man die Geschichte der Gefühle? William Reddy, Barbara Rosenwein und Peter Stearns im Gespräch mit Jan Plamper. Werkstattgeschichte, Heft 54, 39 – 69.

Reichardt, A. (2010). Das Training emotionaler Kompetenzen-Eine störungsübergreifende Intervention zur Verbesserung der Emotionsregulation. In BDP e. V., Arbeitskreis Klinische Psychologie in der Rehabilitation (Hrsg.), Trends in der medizinischen Rehabilitation (S. 209 – 216). Bonn: Deutscher Psychologen Verlag.

Revenstorf, D. (2012). Emotionen, Achtsamkeit & Körper in der Psychotherapie. Workshop-Materialien. Zugriff am 01. 02. 2013 von http://www.meg-tuebingen.de/downloads/2012%20Koerpertherapie%20~%20Emotion%20Achtsamkeit%20und%20Koerper%20Folien.pdf

Rimé, B. (2007). Interpersonal emotion regulation. In J. J. Gross (Ed.), Handbook of emotion regulation (pp. 466 – 485). New York: The Guilford Press.

Rindermann, H. (2009). EKF-Emotionale-Kompetenz-Fragebogen. Göttingen: Hogrefe.

Rizvi, S. L. & Linehan, M. M. (2005). The treatment of maladaptive shame in Borderline Personality Disorder: A pilot study of » opposite action «. Cognitive and Behavioral Practice, 12, 437 – 447.

Roberts, R. D., Schulze, R., Zeidner, M., Matthews, G., Freund, P. A. & Kuhn, J.-T. (2006). Emotionale Intelligenz: Verstehen, Messen und Anwenden-Ein Resümee. In R. Schulze, P. A.

Freund & R. D. Roberts (Hrsg.), Emotionale Intelligenz (S. 313 – 341). Göttingen: Hogrefe.

Roberts, R. D., Schulze, R. & MacCann, C. (2008). The measurement of emotional intelligence: A decade of progress? In G. J. Boyle, G. Matthews & D. H. Saklofske (Eds.), The Sage handbook of personality theory and assessment. Vol. 2: Personality measurement and testing (pp. 461 – 482). Los Angeles: Sage.

Roediger, E. (2011). Praxis der Schematherapie. Lehrbuch zu Grundlagen, Modell und Anwendung (2. Aufl.). Stuttgart: Schattauer.

Rogers, C. R. (2009). Eine Theorie der Psychotherapie, der Persönlichkeit und der zwischenmenschlichen Beziehung. München: Ernst Reinhardt.

Rosenwein, B. H. (2010). Wie schreibt man die Geschichte der Gefühle? William Reddy, Barbara Rosenwein und Peter Stearns im Gespräch mit Jan Plamper. Werkstattgeschichte, Heft 54, 39 – 69.

Ryback, D. (2000). Emotionale Intelligenz im Management. Köln: GwG-Verlag.

Sachse, R. (2004). Persönlichkeitsstörungen. Leitfaden für die Psychologische Psychotherapie. Göttingen: Hogrefe.

Salisch, M. von & Kraft, U. (2010). Störungen der Emotionsregulation im Kindergartenalter und ihre Folgen. In R. Kißgen & N. Heinen (Hrsg.), Frühe Risiken und frühe Hilfen (S. 84 – 104). Stuttgart: Klett-Cotta.

Salovey, P. & Mayer, J. D. (1990). Emotional intelligence. Imagination, Cognition and Personality, 9, 185 – 211.

Sapolsky, R. M. (2007). Stress, stress-related disease, and emotional regulation. In J. J. Gross (Ed.), Handbook of emotion regulation (pp. 606 – 615). New York: The Guilford Press.

Schauer, M., Neuner, F. & Elbert, T. (2011). Narrative exposure therapy: A short-term treatment for traumatic stress disorders (2nd Ed.). Boston, MA: Hogrefe Publishing.

Schellknecht, S. (2007). Entwicklung emotionaler Kompetenz. Saarbrücken: VDM-Verlag Dr. Müller.

Schultz, D., Izard, C. E. & Abe J. A. (2006). Die Emotionssysteme und die Entwicklung emotionaler Intelligenz. In R. Schulze, P. A. Freund & R. D. Roberts (Hrsg.), Emotionale Intelligenz (S. 61 – 77). Göttingen: Hogrefe.

Schulze, R., Freund, P. A. & Roberts, R. D. (Hrsg.) (2006). Emotionale Intelligenz. Ein Internationales Handbuch. Göttingen: Hogrefe.

Schulze, W. (2010). Coaching im Rahmen von Bedrohungsmanagement. Emotionsregulation und Handlungsoptimierung in bedrohlichen Situationen. OSC Organisationsberatung-Supervision-Coaching, 17(4), 373 – 385.

Seidl, W. (2008). Emotionale Kompetenz. Gehirnforschung und Lebenskunst. Heidelberg: Spektrum Akademischer Verlag

Sharp, C., Pane, H., Ha, C., Venta, A. Stops, Panel, A. B., Sturek, J., Fonagy, P. (2011). Theory of mind and emotion regulation difficulties in adolescents with borderline traits. Journal of American Academy of Child and Adolescent Psychiatry, 50(6), 563-573.

Sher, K. J. & Grekin, E. R. (2007). Alcohol and affect regulation. In J. J. Gross (Ed.), Handbook of emotion regulation (pp. 560-580). New York: The Guilford Press.

Sieben, B. (2007). Management und Emotionen. Frankfurt: Campus.

Sifneos, P. E. (1973). The prevalence of »alexithymic« characteristics in psychosomatic patients. Psychotherapy and Psychosomatics, 22, 255-262.

Silva Silvestre, R. & Vandenberghe, L. (2008). The therapist's feelings. International Journal for Behavioral Consultation and Therapy, 4, 355-359.

Simchen, S., Hertel, J. & Schütz, A. (2007). Gezeigte und berichtete emotionale Intelligenz bei Führungskräften. Wirtschaftspsychologie, 9(3), 6-12.

Simson, U., Martin, K., Schäfer, R., Franz, M. & Janssen, P. (2006). Veränderung der Wahrnehmung von Emotionen im Verlauf stationärer psychotherapeutischer Behandlung. Psychotherapie, Psychosomatik, Medizinische Psychologie, 56(9-10), 376-382.

Sinderhauf, R. (2009). Wie sich Lachen und Weinen herzlich begegnen. Über die verhaltenstherapeutische Bearbeitung traumatischer Erlebnisse im Zusammenspiel von emotionalen, imaginativen, kognitiven, behavioralen und physiologischen Prozessen. Psychotherapie in Psychiatrie, Psychotherapeutischer Medizin und Klinischer Psychologie, 14(1), 5-14.

Sipos, V. & Schweiger, U. (2012). Therapie der Essstörungen durch Emotionsregulation. Stuttgart: Kohlhammer.

Sousa, R. de (2009). Die Rationalität der Emotionen. In S. A. Döring (Hrsg.), Philosophie der Gefühle (S. 110-137). Frankfurt a. M.: Suhrkamp.

Steinmayr, R., Schütz, A., Hertel, J. & Schröder-Abé, M. (2011). MSCEIT-Mayer-Salovey-Caruso Test zur Emotionalen Intelligenz. Göttingen: Hogrefe.

Sulz, S. K. D. (2010). Wut ist eine vitale Kraft, die durch Wutexposition in der Psychotherapie nutzbar wird. In T. Bronisch & S. K. D. Sulz (Hrsg.), Psychotherapie der Aggression-Keine Angst vor Wut (S. 176-189). München: CIP-Medien.

Sulz, S. K. D. (2000). Lernen, mit Gefühlen umzugehen-Training der Emotionsregulation. In S. K. D. Sulz & G. Lenz (Hrsg.), Von der Kognition zur Emotion. Psychotherapie mit Gefühlen (S. 407-448). München CIP-Medien.

Sulz, S. K. D. & Hauke, G. (2010). Was ist SBT? Und was war SKT? » 3rd wave «-Therapie bzw. Kognitiv-Behaviorale Therapie (CBT) der dritten Generation. Psychotherapie in Psychiatrie, Psychotherapeutischer Medizin und Klinischer Psychologie, 15(1), 10-19.

Sulz, S. K. D. & Lenz, G. (Hrsg.) (2000). Von der Kognition zur Emotion. Psychotherapie mit Gefühlen. München CIP-Medien.

Sulz, S. K. D., Schrenker, L. & Schricker, C. (Hrsg.) (2005). Die Psychotherapie entdeckt den Körper-oder: Keine Psychotherapie ohne Körperarbeit? München: CIP-Medien.

Sulz, S. K. D. & Sulz, J. (2005). Emotionen. Gefühle erkennen, verstehen und handhaben.

München: CIP.

Taylor, G. J., Ryan, D. & Bagby, R. M. (1986). Towards the development of a new self-report alexithymia scale. Psychotherapy and Psychosomatics, 44, 191–199.

Thoits, P. A. (1985). Self-labeling processes in mental illness: The role of emotional deviance. American Journal of Sociology, 91(2), 221–249.

Trautmann-Voigt, S. & Voigt, B. (2009). Grammatik der Körpersprache. Körpersignale in Psychotherapie und Coaching entschlüsseln und nutzen. Stuttgart: Schattauer.

Turk, C. L., Heimberg, R. G., Luterek, J. A., Mennin, D. S. & Fresco, D. M. (2005). Emotion dysregulation in generalized anxiety disorder: A comparison with social anxiety disorder. Cognitive Therapy and Research, 29(1), 89–106.

Vingerhoets, Ad J. J. M. (2009). Weinen. Modell des biopsychosozialen Phänomens und gegenwärtiger Forschungsstand. Psychotherapeut, 54(2), 90–100.

Vogt, R. (Hrsg.) (2010). Ekel als Folge traumatischer Erfahrungen. Gießen: Psychosozial-Verlag.

Watson, J. B. & Rayner, R. (1920). Conditioned emotional reactions. Journal of Experimental Psychology, 3(1), 1–14.

Watzlawick, P., Beavin, J. H. & Jackson, D. D. (1969). Menschliche Kommunikation: Formen, Störungen, Paradoxien. Bern: Huber.

Wedding, D., Boyd, M. A. & Niemiec, R. M. (2011). Psyche im Kino. Wie Filme uns helfen, psychische Störungen zu verstehen. Bern: Huber.

Wegge, J., Van Dick, R. & von Bernstorff, C. (2010). Emotional dissonance in call center work. Journal of Managerial Psychology, 25(6), 596–619.

Weis, S., Seidel, K. & Süß, H.-M. (2004). Soziale vs. Emotionale Intelligenz-Alter Wein in neuen Schläuchen? Poster präsentiert auf dem 44. Kongress der Deutschen Gesellschaft für Psychologie. Georg-August-Universität Göttingen.

West-Leuer, B. (2011). Affekt-Coaching. In H. Schnoor (Hrsg.), Psychodynamische Beratung (S. 165–178). Göttingen: Vandenhoeck & Ruprecht.

Westphal, M., Seifert, N. & Bonanno, G. A. (2010). Expressive flexibility. Emotion, 10(1), 92–100.

Westen, D. & Blagov, P. S. (2007). A clinical-empirical model of emotion regulation: From defense and motivated reasoning to emotional constraint satisfaction. In J. J. Gross (Ed.), Handbook of emotion regulation (pp. 373–392). New York: The Guilford Press.

Westra, H. A., Aviram, A., Connors, L., Kertes, A. & Ahmed, M. (2012). Therapist emotional reactions and client resistance in Cognitive Behavior Therapy. Psychotherapy, 49(2), 163–172.

Wilhelm, O. (2006). Messinstrumente emotionaler Intelligenz: Praxis und Standards. In R. Schulze, P. A. Freund & R. D. Roberts (Hrsg.), Emotionale Intelligenz (S. 141–163). Göttingen: Hogrefe.

Wolf, K. (2010). Emotionale Kompetenz als Voraussetzung für sichere Bindung und ihre Relevanz für psychiatrische Erkrankungen. Sexuologie, 17(1-2), 45-50.

Wolf, K., Lambert, M. & Peters, S. (Hrsg.) (2012). Emotionale Kompetenz bei Schizophrenie. Stuttgart: Thieme.

Wolgast, M., Lundh, L. & Viborg, G. (2011). Cognitive reappraisal and acceptance: An experimental comparison of two emotion regulation strategies. Behaviour Research and Therapy, 49, 858-866.

Young, J. E., Klosko, J. S. & Weishaar, M. E. (2005). Schematherapie. Ein praxisorientiertes Handbuch. Paderborn: Junfermann.

Zapf, D., Seifert, C., Mertini, H., Voigt, C., Holz, M., Vondran, E., Isic, A. & Schmutte, B. (2000). Emotionsarbeit in Organisationen und psychische Gesundheit. In H.-P. Musahl & T. Eisenhauer (Hrsg.), Psychologie der Arbeitssicherheit. Beiträge zur Förderung von Sicherheit und Gesundheit in Arbeitssystemen (S. 99-106). Heidelberg: Asanger.

Zapf, D. & Holz, M. (2006). On the positive and negative effects of emotion work in organizations. European Journal of Work and Organizational Psychology, 15(1), 1-28.

Znoj, H. (2011). Emotionen in der allgemeinen Psychotherapie: Ein » vergessener « Aspekt. Vortrag gehalten auf den 22. Stuttgarter Therapietagen am 30. 09. 2011 in Stuttgart.

Znoj, H. & Abegglen, S. (2011). Training emotionaler Regulationskompetenz. Praxis Klinische Verhaltensmedizin und Rehabilitation, 88, 55-64.

Zubin, J. & Spring, B. (1977). Vulnerability: A new view of schizophrenia. Journal of Abnormal Psychology, 86(2), 103-126.